COMPLÉMENT

DES

ÉLÉMENS D'ALGÈBRE.

Le *Cours de Mathématiques à l'usage de l'Ecole Centrale des Quatre-Nations*, se trouve,

A Angers, chez FOURIER-MAME.
A Angoulême, chez BARGEAS et chez BROQUISSE.
A Arras, chez la V° NICOLAS.
A Autun, chez DAUPHIN.
A Bayonne, chez la V° TREBOSC.
A Beauvais, chez DESJARDINS.
A Bourg, chez VERNAREL et chez BOTTIER.
A Bruxelles, chez BERTHOT.
A Caen, chez MANOURY jeune.
A Colmar, chez FONTAINE.
A Clermont-Ferrand, chez ROUSSET.
A Dijon, chez COQUET.
A Dôle, chez JOLY.
A Evreux, chez ANCELLE.
A Gand, chez DE GOESIN-VERHAEGHE.
A Genève, chez PASCHOUD.
A Grenoble, chez madame GIROUD.
A Lafère, chez TRONQUET.
A Lille, chez VANACKERE.
A Lyon, chez PÉRISSE-MARSIL.
A Marseille, chez MOSSY.
A Metz, chez DEVILLY.
A Montauban, chez P. BALLARD.
A Nancy, chez Mme BONTOUX.
A Orléans, chez BERTHEVIN.
A Reims, chez LE BASTARD.
A Rennes, chez BLOUET.
A Riom, chez LANDRIOT.
A Rouen, chez VALLÉE frères, et chez RENAULT.
A Strasbourg, chez LEVRAULT frères.
A Toul, chez CAREZ.
A Toulouse, chez MANAVIT.
A Tulle, chez CHIRAC.

COMPLÉMENT

DES

ÉLEMENS D'ALGÈBRE,

A L'USAGE

DE L'ÉCOLE CENTRALE

DES QUATRE-NATIONS.

PAR S. F. LACROIX.

DEUXIÈME ÉDITION,

revue et corrigée.

DE L'IMPRIMERIE DE CRAPELET.

A PARIS,

Chez DUPRAT, Libraire pour les Mathématiques,
quai des Augustins.

AN IX = 1801.

TABLE.

COMPLÉMENT

COMPLÉMENT

DES

ÉLÉMENS D'ALGÈBRE.

Des fonctions symétriques des racines des équations.

1. QUOIQU'ON ne puisse obtenir en général les racines d'une équation que par approximation ou avec des radicaux, il y a cependant des quantités qui dépendent de ces racines, et qui pourtant s'expriment d'une manière rationnelle au moyen des coefficiens de l'équation proposée. Les quantités dont je parle sont celles qui renferment toutes les racines combinées d'une manière semblable, soit entre elles, soit avec d'autres quantités, et que pour cela je nommerai *fonctions symétriques* (*). La somme des racines, celle de leurs produits deux à

(*) On appelle fonction d'une ou de plusieurs quantités, toute expression composée de ces quantités, ou dont la valeur en dépend : x^n, $\frac{1}{x^m}$, sont des fonctions de x ; $ax+b$, $\frac{ax^n+b}{cx^m+d}$, etc. sont encore des fonctions de x, lorsqu'on regarde les quantités a et b, c et d, comme déterminées ou connues. L'expression $axy = by^2$, considérée par rapport aux quantités x et y seules, est une fonction de x et de y.

2. A

deux , trois à trois , etc. respectivement égales aux coefficiens du second, du troisième, du quatrième, etc. termes,
sont des fonctions symétriques.

On reconnoît en général une fonction symétrique à ce
qu'elle ne change point de valeur, quelque permutation
qu'on y fasse entre les quantités dont elle dépend.

La raison de ce fait se trouve dans une propriété bien
remarquable de l'Analyse, et qui est une suite nécessaire
de sa généralité ; c'est que l'équation d'où dépend la
détermination d'une fonction quelconque, renferme toujours toutes les valeurs dont cette fonction est susceptible,
en y échangeant, les unes dans les autres, les quantités
sur l'ordre et la valeur desquelles les conventions n'ont
rien établi de particulier.

Les questions suivantes, quoique très-simples, répan-
dront le plus grand jour sur tout ceci.

2. Proposons-nous d'abord de *trouver deux quantités
dont la somme soit* p , *et le produit* q.

En représentant par x et par y ces deux quantités,
on aura

$$\left. \begin{array}{l} x + y = p \\ x\,y = q \end{array} \right\} \text{d'où on tirera} \left\{ \begin{array}{l} x^2 - p\,x + q = 0 \\ y^2 - p\,y + q = 0 \end{array} \right.$$

les deux inconnues x et y seront les racines d'une même
équation, parce qu'elles entrent toutes deux de la même
manière dans les conditions du problême.

Supposons maintenant qu'au lieu de chercher immédiatement les quantités x et y, on se borne à demander
la valeur de leur différence $x - y$: on l'obtiendra sans
peine, car en vertu des équations proposées, on aura

$$x^2 + 2\,xy + y^2 = p^2 , \quad 4\,xy = 4q ;$$

retranchant le second résultat du premier, il viendra

$$x^2 - 2xy + y^2 = (x - y)^2 = p^2 - 4q,$$

d'où

$$x - y = \pm \sqrt{p^2 - 4q}.$$

On pouvoit prévoir d'avance que la fonction $x - y$ auroit deux valeurs, et que par conséquent elle dépendroit d'une équation du second degré; car rien dans l'énoncé de la question et dans la manière de la résoudre, n'indiquoit qu'on cherchât $x - y$ ou $y - x$. La fonction $x^2 + y^2$, au contraire, dâns laquelle il est indifférent de changer x en y, et réciproquement, n'étant susceptible que d'une seule valeur, ne dépendra que d'une équation du premier degré. En effet, si de l'équation $x^2 + 2xy + y^2 = p^2$, on retranche celle-ci, $2xy = 2q$, il en résultera

$$x^2 + y^2 = p^2 - 2q.$$

Ces remarques seront d'autant mieux senties, qu'on sera plus habitué à la marche de l'Analyse.

3. Il est facile de voir que si α, β, γ, δ et ε, désignent les racines d'une équation du cinquième degré, les quantités

$$\alpha + \beta + \gamma + \delta + \varepsilon$$
$$\alpha^2 + \beta^2 + \gamma^2 + \delta^2 + \varepsilon^2$$
$$\alpha^3 + \beta^3 + \gamma^3 + \delta^3 + \varepsilon^3$$
etc.

sont des fonctions symétriques de ces racines. Il en seroit de même des puissances semblables des racines d'une équation d'un degré quelconque. Newton a donné des formules très-élégantes pour les calculer sans qu'il soit besoin de résoudre l'équation proposée. Ces formules, qu'il ne démontra point, sont de la plus grande impor-

tance dans la théorie des équations ; nous allons y parvenir d'une manière simple , au moyen de la proposition
générale démontrée dans les n°*. 183 et 184 des *Elémens*.

4. Soit $x^m + P x^{m-1} + Q x^{m-2} + R x^{m-3} \ldots + T x + U = 0$
l'équation proposée ; on aura pour le résultat de la division de cette équation par $x - \alpha$, ordonné par rapport à x,

$$
\begin{array}{l|l|l|l}
x^{m-1} + \alpha & x^{m-2} + \alpha^2 & x^{m-3} + \alpha^3 & x^{m-4} \ldots + \alpha^{m-1} \\
\phantom{x^{m-1}} + P & \phantom{x^{m-2}} + \alpha P & \phantom{x^{m-3}} + \alpha^2 P & \phantom{x^{m-4} \ldots} + \alpha^{m-2} P \\
& \phantom{x^{m-2}} + Q & \phantom{x^{m-3}} + \alpha Q & \phantom{x^{m-4} \ldots} + \alpha^{m-3} Q \\
& & \phantom{x^{m-3}} + R & \phantom{x^{m-4} \ldots} + \alpha^{m-4} R \\
& & & \phantom{x^{m-4} \ldots} \ldots \ldots \\
& & & \phantom{x^{m-4} \ldots} + T
\end{array}
$$

Il est évident que si on divise aussi l'équation proposée
par $x - \beta$, on aura

$$
\begin{array}{l|l|l|l}
x^{m-1} + \beta & x^{m-2} + \beta^2 & x^{m-3} + \beta^3 & x^{m-4} \ldots + \beta^{m-1} \\
\phantom{x^{m-1}} + P & \phantom{x^{m-2}} + \beta P & \phantom{x^{m-3}} + \beta^2 P & \phantom{x^{m-4} \ldots} + \beta^{m-2} P \\
& \phantom{x^{m-2}} + Q & \phantom{x^{m-3}} + \beta Q & \phantom{x^{m-4} \ldots} + \beta^{m-3} Q \\
& & \phantom{x^{m-3}} + R & \phantom{x^{m-4} \ldots} + \beta^{m-4} R \\
& & & \phantom{x^{m-4} \ldots} \ldots \ldots \\
& & & \phantom{x^{m-4} \ldots} + T
\end{array}
$$

de même, en la divisant par $x - \gamma$, on trouvera

$$
\begin{array}{l|l|l|l}
x^{m-1} + \gamma & x^{m-2} + \gamma^2 & x^{m-3} + \gamma^3 & x^{m-4} \ldots + \gamma^{m-1} \\
\phantom{x^{m-1}} + P & \phantom{x^{m-2}} + \gamma P & \phantom{x^{m-3}} + \gamma^2 P & \phantom{x^{m-4} \ldots} + \gamma^{m-2} P \\
& \phantom{x^{m-2}} + Q & \phantom{x^{m-3}} + \gamma Q & \phantom{x^{m-4} \ldots} + \gamma^{m-3} Q \\
& & \phantom{x^{m-3}} + R & \phantom{x^{m-4} \ldots} + \gamma^{m-4} R \\
& & & \phantom{x^{m-4} \ldots} \ldots \ldots \\
& & & \phantom{x^{m-4} \ldots} + T
\end{array}
$$

En continuant ainsi , on obtiendra autant de quotiens
qu'il y a de racines ; et pour les ajouter ensemble , on
représentera par S, la somme des premières puissances
des racines , par S_2 celle de leurs secondes puissances,

par S, celle de leurs troisièmes, enfin par S_m la somme des puissances du degré m : on aura ainsi

$$S_1 = \alpha + \beta + \gamma + \delta + \varepsilon$$
$$S_2 = \alpha^2 + \beta^2 + \gamma^2 + \delta^2 + \varepsilon^2$$
$$S_3 = \alpha^3 + \beta^3 + \gamma^3 + \delta^3 + \varepsilon^3$$
$$\cdots\cdots\cdots\cdots\cdots\cdots$$
$$S_m = \alpha^m + \beta^m + \gamma^m + \delta^m + \varepsilon^m.$$

A l'aide de cette notation, on trouvera pour la somme de tous les quotiens donnés ci-dessus, l'expression suivante :

$$
\left.
\begin{array}{llll}
mx^{m-1}+S_1 & x^{m-2}+S_2 & x^{m-3}+S_3 & x^{m-4}\ldots+S_{m-1} \\
\quad +mP & \quad +PS_1 & \quad +PS_2 & \quad +PS_{m-2} \\
\quad +mQ & \quad +QS_1 & \quad +QS_2 & \quad +QS_{m-3} \\
 & \quad +mR & \quad +RS_3 & \quad +RS_{m-4} \\
 & & & \cdots\cdots \\
 & & & \quad +\ mT
\end{array}
\right\} (A)
$$

Nous observerons maintenant que chaque quotient particulier est le produit de tous les facteurs de la proposée, excepté celui par lequel on a divisé. Le premier de ces quotiens, par exemple, renferme tous les facteurs, excepté $x - \alpha$: le coefficient de son second terme sera donc la somme de toutes les racines, excepté α, prises avec des signes contraires; celui de son troisième terme, la somme de tous leurs produits deux à deux, excepté ceux qui seroient formés de la lettre α, combinée avec chacune des autres : le coefficient du quatrième terme contiendroit de même tous les produits trois à trois, à l'exception de ceux qui résulteroient de la lettre α, combinée avec deux autres quelconques, et ainsi des coefficiens suivans. Ce qui vient d'être dit sur le premier quotient et pour la lettre α, aura lieu également par rapport au second et à la lettre β, au troisième et à la lettre γ, etc.

Il résulte de-là que le coefficient du second terme dans la somme des quotiens, ou dans la fonction (A), est égal à $(m-1)$ fois la somme des racines prises avec un signe contraire ; car si toutes les lettres se trouvoient dans chaque quotient, on auroit m fois cette somme ; mais comme chaque lettre manquera une fois, d'après ce qui a été dit ci-dessus, elles ne se trouveront toutes répétées que $(m-1)$ fois. On aura donc $(m-1)P$ pour le coefficient du second terme de (A), et par conséquent

$$S_1 + mP = (m-1)P.$$

Le coefficient du troisième terme de la fonction (A) contiendra plusieurs fois les divers produits des racines α, β, γ, δ, etc. combinées deux à deux ; mais chacun de ces produits manquera dans deux quotiens : $\alpha\beta$, par exemple, ne se trouvera ni dans le premier ni dans le second ; tous ne seront donc répétés que $m-2$ fois ; et comme leur somme est exprimée par Q dans la proposée, on aura $(m-2)Q$ pour le coefficient du troisième terme de la fonction (A), d'où il résultera

$$S_2 + PS_1 + mQ = (m-2)Q.$$

Le coefficient du quatrième terme de la fonction (A) sera formé des produits des racines prises avec des signes contraires et combinées trois à trois ; mais chacun de ces produits manquera dans trois quotiens : $-\alpha\beta\gamma$, par exemple, ne se trouvera ni dans le premier, ni dans le second, ni dans le troisième ; tous ne seront donc répétés que $(m-3)$ fois : leur somme étant R dans la proposée, $(m-3)R$ sera le coefficient cherché, et on aura par conséquent

$$S_3 + PS_2 + QS_1 + mR = (m-3)R.$$

On peut pousser ces raisonnemens aussi loin que l'on voudra, et on en tirera

$$S_1 + mP = (m-1)P$$
$$S_2 + PS_1 + mQ = (m-2)Q$$
$$S_3 + PS_2 + QS_1 + mR = (m-3)R$$
etc.

d'où

$$S_1 + P = 0$$
$$S_2 + PS_1 + 2Q = 0$$
$$S_3 + PS_2 + QS_1 + 3R = 0$$
etc.

5. On obtiendra par ces formules la somme des puissances des racines, tant que l'exposant de ces puissances sera moindre que m; mais rien n'est plus facile que de la trouver passé ce terme. En effet, il suffit pour cela, comme Euler l'a remarqué, de multiplier l'équation proposée par x^n, il viendra alors

$$x^{m+n} + Px^{m+n-1} + Qx^{m+n-2} + Rx^{m+n-3}\ldots + Tx^{n+1} + Ux^n = 0;$$

mettant successivement α, β, γ, δ, etc. au lieu de x, il viendra

$$\alpha^{m+n} + P\alpha^{m+n-1} + Q\alpha^{m+n-2} + R\alpha^{m+n-3}\ldots + T\alpha^{n+1} + U\alpha^n = 0$$
$$\beta^{m+n} + P\beta^{m+n-1} + Q\beta^{m+n-2} + R\beta^{m+n-3}\ldots + T\beta^{n+1} + U\beta^n = 0.$$
etc.

En ajoutant ces résultats entre eux, on aura, en vertu de la notation adoptée,

$$S_{m+n} + PS_{m+n-1} + QS_{m+n-2} + RS_{m+n-3}\ldots + TS_{n+1} + US_n = 0.$$

Cette équation se lie parfaitement avec les précédentes, car en faisant $n = 0$, on a

$$S_n = S_0 = \alpha^0 + \beta^0 + \gamma^0 + \delta^0 + \text{etc.}$$

Pour savoir ce que cette expression signifie, il faut se rappeler que $\alpha^0 = 1$, $\beta^0 = 1$, $\gamma^0 = 1$, $\delta^0 = 1$, etc. et il suit de-là que S_0 égale l'unité répétée autant de fois qu'il y a de racines, ou égale m.

Par cette observation, l'équation ci-dessus devient

$$S_m + PS_{m-1} + QS_{m-2} + RS_{m-3}\ldots + TS_1 + mU = 0,$$

résultat dont la forme répond à celle de la dernière des équations du numéro précédent, qui seroit

$$S_{m-1} + P S_{m-2} + Q S_{m-3} + R S_{m-4} \dots + (m-1) T = 0.$$

Ces équations, dont la loi est facile à saisir, renferment le théorème que Newton a énoncé dans son Arithmétique universelle, et qu'il a appliqué à l'équation

$$x^4 - x^3 - 19 x^2 + 49 x - 30 = 0 :$$

dans ce cas particulier, où $P = -1$, $Q = -19$, $R = +49$, $S = -30$, il a trouvé

$$S_1 = 1, \quad S_2 = 39, \quad S_3 = -89, \quad S_4 = 723.$$

On trouveroit de même

$$S_5 = -2849.$$

Il est visible que si l'on multiplioit l'équation

$$x^m + P x^{m-1} + Q x^{m-2} \dots + T x + U = 0$$

par le facteur x^{-n}, et que dans le produit

$$x^{-n+m} + P x^{-n+m-1} \dots + T x^{-n+1} + U x^{-n} = 0,$$

on substituât successivement, au lieu de x, ses valeurs α, β, etc. puis qu'on ajoutât entre eux les divers résultats, on auroit les relations des sommes des puissances négatives. En désignant par S_{-n} la quantité..........

$$\alpha^{-n} + \beta^{-n} + \text{etc. il viendroit}$$

$$S_{m-n} + P S_{m-1-n} \dots + T S_{1-n} + U S_{-n} = 0.$$

6. Avec le secours des résultats du numéro précédent, toute fonction algébrique, rationnelle et symétrique des racines d'une équation quelconque, pourra s'exprimer par les coefficiens de cette équation; l'exemple qui va suivre, quoique particulier, montrera suffisamment de quelle manière la chose doit s'exécuter en général.

Soient α, β et γ les racines d'une équation du troisième degré : si on multiplie l'une par l'autre les quantités $\alpha^n + \beta^n + \gamma^n = S_n$ et $\alpha^p + \beta^p + \gamma^p = S_p$, il en résultera

$$\left.\begin{array}{l} \alpha^{n+p} + \beta^{n+p} + \gamma^{n+p} \\ + \alpha^n\beta^p + \alpha^p\beta^n + \alpha^n\gamma^p + \alpha^p\gamma^n + \beta^n\gamma^p + \beta^p\gamma^n \end{array}\right\} = S_n S_p \, ;$$

mais la première ligne du premier membre est égale à S_{n+p}, et la seconde est une fonction symétrique des racines α, β et γ, formée en les combinant deux à deux, et en les affectant chacune à leur tour de l'exposant n et de l'exposant p : on aura donc

$$\alpha^n\beta^p + \alpha^p\beta^n + \alpha^n\gamma^p + \alpha^p\gamma^n + \beta^n\gamma^p + \beta^p\gamma^n = S_n S_p - S_{n+p}.$$

Il est facile de voir qu'en quelque nombre que soient les racines α, β, γ, etc. la valeur d'une fonction symétrique de la forme $\alpha^n\beta^p + $ etc. sera toujours $S_n S_p - S_{n+p}$, les sommes $S_n S_p$ et S_{n+p} étant calculées pour le nombre de racines que l'on considère.

Multiplions par $\alpha^q + \beta^q + \gamma^q = S_q$, l'équation à laquelle nous venons de parvenir, et nous aurons

$$\left.\begin{array}{l} \alpha^{n+q}\beta^p + \alpha^p\beta^{n+q} + \alpha^{n+q}\gamma^p + \alpha^p\gamma^{n+q} + \beta^{n+q}\gamma^p + \beta^p\gamma^{n+q} \\ + \alpha^{p+q}\beta^n + \alpha^n\beta^{p+q} + \alpha^{p+q}\gamma^n + \alpha^n\gamma^{p+q} + \beta^{p+q}\gamma^n + \beta^n\gamma^{p+q} \\ + \alpha^n\beta^p\gamma^q + \alpha^n\beta^q\gamma^p + \alpha^p\beta^n\gamma^q + \alpha^p\beta^q\gamma^n + \alpha^q\beta^n\gamma^p + \alpha^q\beta^p\gamma^n \end{array}\right\}$$
$$= S_n S_p S_q - S_{n+p}S_q.$$

Les deux premières lignes du premier membre de cette équation étant des fonctions symétriques formées de produits de deux lettres, seront d'après ce qui précède, exprimées respectivement par

$$S_{n+q} S_p - S_{n+p+q} \quad \text{et} \quad S_{p+q} S_n - S_{n+p+q},$$

et on en conclura que la troisième ligne, qui est une fonction symétrique formée de produits de trois lettres, sera égale à

$$S_n S_p S_q - S_{n+p}S_q - S_{n+q}S_p - S_{p+q}S_n + 2S_{n+p+q}.$$

On auroit encore ici, comme dans le cas précédent, un résultat de la même forme, quel que fût le nombre des racines; en sorte que l'expression ci-dessus est celle de toute fonction symétrique composée de produits de trois racines.

Le procédé dont nous avons fait usage pour découvrir les deux formules précédentes est général; et en continuant les multiplications, on parviendra à exprimer une fonction symétrique quelconque, qui ne peut jamais offrir qu'une suite de termes tels que $\alpha^n \beta^p \gamma^q \delta^r$, etc. et dans lesquels chacune des lettres α, β, γ, etc. se trouve affectée successivement de tous les exposans.

La formule que nous avons donnée ci-dessus pour l'expression de la fonction symétrique $\alpha^n \beta^p \gamma^q +$ etc. doit être modifiée lorsque quelques-uns des exposans n, p, q, deviennent égaux. Pour fixer les idées, supposons qu'il n'y ait que les racines α, β, γ, δ.

La fonction $\alpha^n \beta^p \gamma^q +$ etc. composée de tous les arrangemens possibles des exposans n, p, q, sur les lettres α, β, γ, δ, prises trois à trois, renferme en général vingt-quatre termes distincts; mais lorsque deux de ces exposans deviennent égaux, comme dans la fonction......
$\alpha^2 \beta \gamma + \alpha^2 \beta \delta +$ etc. elle ne contient plus que douze termes différens répétés chacun deux fois, et la valeur que donne dans ce cas l'expression ci-dessus, est double de celle que doit avoir l'ensemble des douze termes inégaux. Si les trois exposans n, p et q devenoient égaux entre eux, la fonction $\alpha^n \beta^p \gamma^q +$ etc. ne renfermeroit plus que quatre termes différens répétés chacun six fois, et dans cette hypothèse, il faudroit prendre pour la valeur de ces quatre termes le sixième de son expression générale.

Toutes les fonctions symétriques sont susceptibles de semblables réductions lorsqu'il y a égalité entre quelques-uns de leurs exposans ; en comparant leur forme réduite avec leur développement général, on verra facilement par quel nombre il faut diviser l'expression que donne pour ce dernier la méthode ci-dessus.

Les fonctions fractionnaires ne doivent pas faire un article à part, car lorsqu'elles sont symétriques, il en résulte, après qu'on leur a donné le même dénominateur, une fraction dont les deux termes sont des fonctions symétriques et entières. La fonction.........
$\dfrac{\alpha}{\gamma} + \dfrac{\beta}{\gamma} + \dfrac{\alpha}{\beta} + \dfrac{\gamma}{\beta} + \dfrac{\beta}{\alpha} + \dfrac{\gamma}{\alpha}$, par exemple, conduit à $\dfrac{\alpha^2\beta + \alpha\beta^2 + \alpha^2\gamma + \alpha\gamma^2 + \beta^2\gamma + \beta\gamma^2}{\alpha\beta\gamma}$, résultat dont le numérateur et le dénominateur sont des fonctions symétriques. Plusieurs Géomètres se sont occupés spécialement de ces recherches, et Vandermonde, en particulier, a imaginé une espèce de signe, ou un *algorithme*, au moyen duquel il a construit des formules générales qui donnent immédiatement l'expression d'une fonction symétrique quelconque. Ceux qui seront curieux de connoître ces formules, pourront consulter son Mémoire (*Acad. des Scienc. ann.* 1771).

7. Si on avoit une fonction dans laquelle il n'entrât que quelques-unes des racines de l'équation proposée, on pourroit encore, à l'aide de ce qui précède, parvenir à former la nouvelle équation dont elle doit dépendre. Supposons qu'il s'agisse de déterminer la somme de deux quelconques des racines de l'équation générale du troisième degré ; comme il n'y auroit pas de raison pour représenter cette somme par $\alpha + \beta$ plutôt que par $\alpha + \gamma$,

ou par $\beta + \gamma$, ces trois expressions doivent être regardées comme autant de valeurs dont elle est susceptible : elle dépendra par conséquent d'une équation du troisième degré, ayant pour racines $\alpha + \beta$, $\alpha + \gamma$ et $\beta + \gamma$, et qu'on formera en égalant à zéro le produit des facteurs

$$z - (\alpha + \beta), \quad z - (\alpha + \gamma), \quad z - (\beta + \gamma).$$

En effectuant le calcul, on trouvera

$$\left.\begin{array}{l} z^3 - 2(\alpha + \beta + \gamma)z^2 + [\alpha^2 + \beta^2 + \gamma^2 + 3\alpha\beta + 3\alpha\gamma + 3\beta\gamma]z \\ - (\alpha^2\beta + \alpha\beta^2 + \alpha^2\gamma + \alpha\gamma^2 + \beta^2\gamma + \beta\gamma^2) - 2\alpha\beta\gamma \end{array}\right\} = 0;$$

les coefficiens des différentes puissances de z dans ce résultat, sont des fonctions symétriques, dont on trouvera facilement l'expression, et les valeurs de l'inconnue z seront aussi celles de la fonction cherchée.

L'équation générale du troisième degré étant représentée par $x^3 + P x^2 + Q x + R = 0$, on aura

$$\alpha + \beta + \gamma = - P,$$

$$\alpha^2 + \beta^2 + \gamma^2 + 3\alpha\beta + 3\alpha\gamma + 3\beta\gamma = P^2 + Q,$$

et $\alpha^2\beta + \alpha\beta^2 + \alpha^2\gamma + \alpha\gamma^2 + \beta^2\gamma + \beta\gamma^2 = S_1 S_2 - S_3;$

mais on a par les équations du n°. 4,

$$S_1 = - P, \quad S_2 = P^2 - 2Q, \quad S_3 = - P^3 + 3PQ - 3R;$$

et de plus

$$- \alpha\beta\gamma = R :$$

il viendra donc

$$- (\alpha^2\beta + \alpha\beta^2 + \alpha^2\gamma + \alpha\gamma^2 + \beta^2\gamma + \beta\gamma^2) - 2\alpha\beta\gamma = + PQ - R,$$

et en dernier résultat,

$$z^3 + 2P z^2 + (P^2 + Q)z + PQ - R = 0.$$

Cet exemple fait voir que pour trouver l'équation d'où dépend une fonction quelconque des racines de la proposée, il faut faire dans cette fonction toutes les permutations possibles entre les lettres α, β, γ, δ, etc. et désignant par α', β', γ', etc. les différens résultats obtenus ainsi, on égalera à zéro le produit des facteurs $z - \alpha'$, $z - \beta'$, $z - \gamma'$, $z - \delta'$, etc. Les coefficiens des puissances de z dans l'équation à laquelle on parviendra, étant des fonctions symétriques des quantités α', β', γ', δ', etc. qui renferment entre elles toutes les combinaisons qu'on peut faire des quantités α, β, γ, δ, etc. dans la fonction cherchée, seront aussi des fonctions symétriques de ces dernières, et pourront par conséquent s'exprimer sous une forme rationnelle par les coefficiens de l'équation donnée. En effet, il est facile de voir qu'aucune des fonctions symétriques de α', β', γ', δ', etc. ne peut changer, de valeur, de quelque manière qu'on permute entre elles les lettres α, β, γ, δ, etc. et cette invariabilité est, comme nous l'avons fait remarquer plus haut, le caractère essentiel des fonctions symétriques.

8. En renversant les expressions de S_1, S_2, S_3, etc. données dans le n°. 4, on obtient les suivantes :

$$P = - S_1,$$
$$Q = - \frac{P S_1 + S_2}{2},$$
$$R = - \frac{Q S_1 + P S_2 + S_3}{3},$$

etc.

par le moyen desquelles on peut trouver les coefficiens P, Q, R, etc. d'une équation $x^m + P x^{m-1} + $ etc. $= 0$, lorsqu'on connoîtra les sommes S_1, S_2, S_3, etc. des puissances de ses racines.

Ces formules sont commodes pour former l'équation aux quarrés des différences des racines d'une équation donnée (*Elém.* 213).

Soit pour exemple l'équation $x^3 - 7x + 7 = 0$. Désignant par α, β, γ, les racines de la proposée, il viendra

$$\left\{z-(\alpha-\beta)^2\right\}\left\{z-(\alpha-\gamma)^2\right\}\left\{z-(\beta-\gamma)^2\right\} = 0 \; (D).$$

La somme de ses racines est

$$(\alpha-\beta)^2+(\alpha-\gamma)^2+(\beta-\gamma)^2 =$$
$$2(\alpha^2+\beta^2+\gamma^2)-2(\alpha\beta+\beta\gamma)=2S_2-2Q,$$

celle de leurs quarrés,

$$(\alpha-\beta)^4+(\alpha-\gamma)^4+(\beta-\gamma)^4 =$$
$$2(\alpha^4+\beta^4+\gamma^4)-4(\alpha^3\beta+\alpha\beta^3+\alpha^3\gamma+\alpha\gamma^3+\beta^3\gamma+\beta\gamma^3)$$
$$+6(\alpha^2\beta^2+\alpha^2\gamma^2+\beta^2\gamma^2)=3S_4-4S_3S_1+3S_1^2;$$

celle de leurs cubes,

$$(\alpha-\beta)^6+(\alpha-\gamma)^6+(\beta-\gamma)^6 =$$
$$2(\alpha^6+\beta^6+\gamma^6)-6(\alpha^5\beta+\alpha\beta^5+\alpha^5\gamma+\alpha\gamma^5+\beta^5\gamma+\beta\gamma^5)$$
$$+15(\alpha^4\beta^2+\alpha^2\beta^4+\alpha^4\gamma^2+\alpha^2\gamma^4+\beta^4\gamma^2+\beta^2\gamma^4)$$
$$-20(\alpha^3\beta^3+\alpha^3\gamma^3+\beta^3\gamma^3)=3S_6-6S_5S_1+15S_4S^2-10S_1^3;$$

mais on trouvera par les formules du n°. 4,

$$S_1=0, S_2=14, S_3=-21, S_4=98, S_5=-245, S_6=833$$

nommant donc $\int_1$, $\int_2$, $\int_3$, les sommes rapportées ci-dessus, on aura

$$\int_1=42, \qquad \int_2=882, \qquad \int_3=18669;$$

et comme il existe entre $\int_1$, $\int_2$, $\int_3$, et les coefficiens p, q, r, etc. les mêmes relations qu'entre S_1, S_2, S_3, etc. et les coefficiens P, Q, R, etc. on aura encore par les formules citées plus haut,

$$p=-\int_1=-42$$
$$q=\frac{-p\int_1-\int_2}{2}=+441$$
$$r=\frac{-q\int_1-p\int_2-\int_3}{3}=-49,$$

et par conséquent l'équation (D) deviendra

$$z^3 - 42\,z^2 + 441\,z - 49 = 0,$$

comme dans le n°. 213 des *Elémens*.

9. La théorie de l'élimination, dans les équations à deux inconnues, dérive d'une maniere bien simple de celle des fonctions symétriques, exposée dans les articles précédens.

Soient les deux équations

$$x^m + P\,x^{m-1} + Q\,x^{m-2} + R\,x^{m-3}\dots + T\,x + U = 0\dots(1),$$
$$x^n + P'\,x^{n-1} + Q'\,x^{n-2} + R'\,x^{n-3}\dots + Y'\,x + Z' = 0\dots(2);$$

le moyen qui s'offre le premier pour chasser x de ces équations, consiste à prendre dans l'une d'elles la valeur de x, pour la substituer ensuite dans l'autre. Supposons donc que l'équation (1) soit résolue, et qu'on en ait tiré les diverses valeurs $x = \alpha$, $x = \beta$, $x = \gamma$, $x = \delta$, etc. comme elles appartiennent toutes à la question proposée, elles doivent être substituées indistinctement dans l'équation (2), et produiront ainsi autant de résultats délivrés de x, que l'équation (1) a de racines : on aura donc séparément

$$
\left.
\begin{aligned}
\alpha^n + P'\,\alpha^{n-1} + Q'\,\alpha^{n-2} + R'\,\alpha^{n-3}\dots + Y'\,\alpha + Z' = 0 \\
\beta^n + P'\,\alpha^{n-1} + Q'\,\beta^{n-2} + R'\,\beta^{n-3}\dots + Y'\,\beta + Z' = 0 \\
\gamma^n + P'\,\gamma^{n-1} + Q'\,\gamma^{n-2} + R'\,\gamma^{n-3}\dots + Y'\,\gamma + Z' = 0 \\
\delta^n + P'\,\delta^{n-1} + Q'\,\delta^{n-2} + R'\,\delta^{n-3}\dots + Y'\,\delta + Z' = 0
\end{aligned}
\right\}\dots(3)
$$

etc.

Aucune de ces équations, considérées en particulier, ne peut être la résultante cherchée ; mais cette dernière doit les comprendre toutes, et avoir lieu en même temps que chacune d'elles, condition qu'on remplira en les multipliant entre elles, et en égalant le produit à zéro, puisque ce produit deviendra identiquement nul, quand l'un quelconque de ses facteurs s'évanouira : on voit de plus qu'il ne changera point, quelque permutation qu'on fasse dans l'ordre des quantités α, β, γ, δ, etc. qui concourent toutes de la même manière à sa formation ; il ne renfermera donc que des fonctions symétriques de ces quantités, et pourra par conséquent s'exprimer rationnellement par les coefficiens de l'équation (1).

Si les équations (1) et (2) ne renferment que deux inconnues, x et y, et sont du même degré par rapport à l'une que par rapport à l'autre, l'équation finale en y ne s'élèvera point au-delà du degré mn. En effet, la somme des exposans de x et de y, ne pouvant surpasser m dans chaque terme de l'équation (1), y ne se trouvera qu'au premier degré dans P, au deuxième dans Q, au troisième dans R....au $(m-1)^{eme}$ dans T, et enfin au m^{eme} dans U. En examinant la composition des équations qui donnent S_1, S_2, S_3, etc. (4), on verra que S_1 ne pourra être que du premier degré en y, S_2 du deuxième, etc. A l'aide de ces remarques, on concevra facilement que l'exposant de y dans une fonction symétrique quelconque $\alpha^n \beta^p \gamma^q \delta^r$, etc. (6) ne surpassera point le nombre $n + p + q + r +$ etc. qui marque le degré de cette fonction : on pourra donc regarder les diverses puissances de α, β, γ, δ, etc. comme des fonctions de y du degré marqué par l'exposant dont elles sont affectées. Mais dans l'équation (2), la somme des exposans de x et y n'étant jamais plus grande que n, P' sera du premier degré en y, Q' du second, R' du troisième, Y' du $(n-1)^{eme}$, et enfin Z' du n^{eme} ; tous les termes des équations (3) pourront donc aussi être regardés comme des fonctions de y du degré n au plus. Maintenant si on fait attention que chaque terme du produit des équations (3) aura pour facteurs un nombre m de termes de ces équations, on sera convaincu que y

ne pourra s'y trouver affecté d'un exposant supérieur à mn.

Ceux qui auront quelque peine à saisir les raisonnemens précédens, à cause de leur grande généralité, feront bien de développer le produit des équations (3) dans quelques cas particuliers.

Nous avons donc prouvé cette proposition, comprise dans celle du n°. 196 des *Elémens*, et qu'on a souvent occasion de rappeler : *L'exposant du degré de l'équation finale résultante de l'élimination d'une inconnue entre deux équations à deux inconnues, ne sauroit surpasser le produit des exposans qui marquent le degré de chacune des proposées.*

10. Pour éclaircir ce qui précède, nous allons en faire l'application aux deux équations

$$x^2 + Px + Q = 0, \quad x^2 + P'x + Q' = 0 \ (\textit{Elém. } 190):$$

α et β étant les racines de la première, on aura, en les substituant dans la seconde,

$$\alpha^2 + P'\alpha + Q' = 0, \quad \beta^2 + P'\beta + Q' = 0.$$

Le produit de ces deux équations sera

$$\alpha^2\beta^2 + P'(\alpha\beta^2 + \alpha^2\beta) + P'^2\alpha\beta + Q'(\alpha^2 + \beta^2) + P'Q'(\alpha + \beta) + Q'^2 = 0;$$

mais $\alpha^2\beta^2 = Q^2$, $\alpha\beta^2 + \alpha^2\beta = \alpha\beta(\alpha + \beta) = -PQ$

$$\alpha^2 + \beta^2 = P^2 - 2Q \qquad \alpha + \beta = -P.$$

A l'aide de ces valeurs, le résultat ci-dessus devient

$$\left. \begin{array}{c} Q^2 - 2QQ' + Q'^2 + P^2Q' - P'PQ \\ + P'^2Q - PP'Q' \end{array} \right\} = 0,$$

ou, comme dans le numéro cité des *Elémens*,

$$(Q - Q')^2 + (PQ' - P'Q)(P - P') = 0.$$

Remplaçant les lettres P et P', Q et Q' par les quantités qu'elles représentent, on aura l'équation finale en y.

De la Résolution générale des équations.

11. Nous avons montré (*Elém.* 187, *note*) que la recherche immédiate des racines d'une équation par leurs relations
avec ses coefficiens, fait toujours retomber sur la proposée ; mais il n'en seroit pas de même si l'on cherchoit
d'autres fonctions des racines, et si l'on pouvoit trouver
de ces fonctions qui dépendissent d'équations d'un degré
moins élevé que la proposée ; il en résulteroit un moyen
de résoudre celle-ci, comme on va le voir pour les 2e,
3e, et 4e degrés.

Soit d'abord l'équation du second degré

$$x^2 + px + q = 0;$$

nommons a et b ses deux racines : nous aurons

$$a + b = -p, \qquad ab = q \ (\textit{Elém. } 187).$$

En cherchant à déterminer a et b par ces deux équations,
on trouveroit en a ou en b une équation semblable à la
proposée ; mais si, par quelque moyen que ce fût, on
parvenoit à obtenir, entre les racines a et b et les coefficiens p et q, une seconde équation du premier degré,
on auroit sans peine leurs valeurs. Il faut donc que la
fonction des racines qui composera cette équation soit
de la forme $la + mb$; en sorte qu'on ait $la + mb = z$,
l, m et z étant des quantités indéterminées.

Cette fonction, $la + mb$, est susceptible de deux
combinaisons différentes, en y changeant a en b, et réciproquement ; car on forme par ce moyen les deux combinaisons $la + mb$ et $lb + ma$.

Il suit de-là et de ce que l'on a vu n°. 7, que la fonction
$la + mb$ ou z dépend d'une équation du second degré,

excepté dans le cas où $m = l$, car alors elle devient
$l(a+b)$, et ne donne que la somme des racines qui est
déjà connue.

Puis donc que la fonction cherchée dépend nécessairement d'une équation du second degré, tâchons au moins
que cette équation soit une équation à deux termes, qui
puisse par conséquent se résoudre par une simple extraction de racine ; et pour la ramener à ce degré de simplicité, déterminons les coefficiens arbitraires l et m, de
manière que cette condition soit remplie.

Dans une équation du second degré à deux termes,
et qui ne contient par conséquent que le quarré de l'inconnue, les deux racines sont nécessairement égales et
de signes contraires ; il faut donc faire que les quantités
$la + mb$ et $lb + ma$, qui sont les racines de l'équation
cherchée, jouissent de cette propriété, c'est-à-dire,
qu'il faut poser l'équation

$$la + mb = -lb - ma,$$

d'où l'on tire

$$l(a+b) = -m(a+b),$$

et en divisant tout par $a+b$,

$$l = -m.$$

Cette condition étant la seule à laquelle il nous faille
satisfaire pour remplir l'objet que nous nous proposons,
nous supposerons encore, pour plus de simplicité,
$l = -m = 1$; la fonction cherchée sera donc $a - b$,
et, suivant ce qu'on a vu dans le numéro cité, elle dépendra de l'équation suivante :

$$\{z - (a-b)\}\ \{z - (b-a)\} = 0,$$

ou, en développant,

$$z^2 - a^2 - b^2 + 2ab = 0 :$$

or, on a

$$a^2 + b^2 - 2\,ab = (a+b)^2 - 4\,ab = p^2 - 4q\,;$$

substituant dans l'équation précédente, il vient

$$z^2 = p^2 - 4q,$$

d'où l'on tire

$$z = \pm \sqrt{p^2 - 4q}.$$

Mettant pour z sa valeur $a - b$, et combinant cette équation avec celle-ci :

$$a + b = -p,$$

on en tirera, pour a et b, les valeurs suivantes :

$$a = \frac{-p + \sqrt{p^2 - 4q}}{2}, \qquad b = \frac{-p - \sqrt{p^2 - 4q}}{2},$$

qui sont les mêmes que celles que donne la méthode ordinaire.

12. Avant d'aller plus loin, il nous sera utile de faire connoître quelques propriétés des racines de l'équation $y^n - 1 = 0$, que nous avons déjà considérée dans les *Elémens*, n°. 178.

Soit pour exemple le cas particulier $y^5 - 1 = 0$, dont les cinq racines seront désignées par 1, α, β, γ et δ. En le comparant à l'équation

$$y^5 + Py^4 + Qy^3 + Ry^2 + Sy + T = 0,$$

on trouvera

$$P = 0, \quad Q = 0, \quad R = 0, \quad S = 0, \quad T = -1\,;$$

et d'après ces valeurs, les formules du n°. 4 donneront

$$S_1 = 1 + \alpha + \beta + \gamma + \delta = 0$$
$$S_2 = 1 + \alpha^2 + \beta^2 + \gamma^2 + \delta^2 = 0$$
$$S_3 = 1 + \alpha^3 + \beta^3 + \gamma^3 + \delta^3 = 0$$
$$S_4 = 1 + \alpha^4 + \beta^4 + \gamma^4 + \delta^4 = 0$$
$$S_5 = 1 + \alpha^5 + \beta^5 + \gamma^5 + \delta^5 = 5$$

En poursuivant, on trouveroit

$S_6 = 0$, $S_7 = 0$, $S_8 = 0$, $S_9 = 0$, $S_{10} = 5$, $S_{11} = 0$, et ainsi de suite.

Posant ensuite $y = \dfrac{1}{z}$, l'équation $y^5 - 1 = 0$ se change en $\dfrac{1}{z^5} - 1 = 0$, ou $z^5 - 1 = 0$, et les racines de cette dernière seront 1, $\dfrac{1}{\alpha}$, $\dfrac{1}{\beta}$, $\dfrac{1}{\gamma}$, $\dfrac{1}{\delta}$, expressions qui auront les mêmes propriétés que 1, α, β, γ et δ, puisqu'elles appartiendront à une équation entièrement semblable à $y^5 - 1 = 0$; on aura donc encore

$$1 + \frac{1}{\alpha} + \frac{1}{\beta} + \frac{1}{\gamma} + \frac{1}{\delta} = 0$$

$$\dotfill$$

$$1 + \frac{1}{\alpha^5} + \frac{1}{\beta^5} + \frac{1}{\gamma^5} + \frac{1}{\delta^5} = 5$$

etc.

Il est facile de voir que les racines de toutes les équations de la forme $y^n - 1 = 0$ jouissent de propriétés analogues à celles qu'on vient d'exposer pour l'équation $y^5 - 1 = 0$, et qui se prouveroient de la même manière : ainsi, 1, α, β, γ, δ, ε, etc. étant les racines de l'équation $y^n - 1 = 0$, on aura

$$S_m = 1 + \alpha^m + \beta^m + \gamma^m + \delta^m + \varepsilon^m + \text{etc.} = 0,$$

si m n'est point un multiple de n; et la même quantité deviendra égale à n, lorsque m sera un multiple de n. La quantité inverse

$$1 + \frac{1}{\alpha^m} + \frac{1}{\beta^m} + \frac{1}{\gamma^m} + \frac{1}{\delta^m} + \frac{1}{\varepsilon^m} + \text{etc.}$$

aura les mêmes valeurs dans les mêmes circonstances.

Enfin les racines α, β, γ, δ, ε, etc. peuvent toutes se déduire de l'une quelconque d'entre elles. Prenons, par exemple, α; puisque α est une racine de $y^n - 1 = 0$, on doit avoir

$$\alpha^n - 1 = 0, \quad \text{ou} \quad \alpha^n = 1;$$

en élevant successivement cette équation à la deuxième, à la troisième, à la quatrième puissance, il viendra

$$\alpha^{2n} = 1, \quad \alpha^{3n} = 1, \quad \alpha^{4n} = 1, \quad \alpha^{5n} = 1, \text{etc}.$$

équations qui équivalent aux suivantes :

$$(\alpha^2)^n - 1 = 0, (\alpha^3)^n - 1 = 0, (\alpha^4)^n - 1 = 0, (\alpha^5)^n - 1 = 0, \text{etc}.$$

d'où l'on voit que α étant une des racines de l'équation $y^n - 1 = 0$, autres que l'unité, α^2, α^3, α^4, α^5, etc. seront aussi des racines de la même équation.

Il ne faut pas croire, d'après ce qui vient d'être dit, que le nombre des racines de l'équation $y^n - 1 = 0$ soit indéfini ; on trouveroit bien, à la vérité, que

$$\alpha^n, \quad \alpha^{n+1}, \quad \alpha^{n+2}, \quad \alpha^{n+3}, \quad \text{etc}.$$

satisfont à cette équation ; mais

$$\alpha^n = 1, \quad \alpha^{n+1} = \alpha^n . \alpha = \alpha, \quad \alpha^{n+2} = \alpha^n . \alpha^2 = \alpha^2, \quad \text{etc}.$$

Lors donc que dans les élévations indiquées plus haut, on aura passé la puissance n, les mêmes résultats reviendront, et dans le même ordre qu'auparavant.

Il suit de-là qu'en prenant pour α l'une quelconque des racines de $y^n - 1 = 0$, autres que l'unité, les racines de cette équation seront

$$1, \alpha, \alpha^2, \alpha^3, \ldots \ldots \alpha^{n-1};$$

et puisque

$$\alpha^{n-1} = \frac{\alpha^n}{\alpha} = \frac{1}{\alpha}, \quad \alpha^{n-2} = \frac{\alpha^n}{\alpha^2} = \frac{1}{\alpha^2} \ldots \alpha = \frac{\alpha^n}{\alpha^{n-1}} = \frac{1}{\alpha^{n-1}},$$

on en conclura que $\dfrac{1}{\alpha}, \dfrac{1}{\alpha^2}, \dfrac{1}{\alpha^3} \ldots \dfrac{1}{\alpha^{n-1}}$, sont, dans un ordre inversé du premier, les expressions des $(n-1)$ racines différentes de l'unité.

Enfin, en mettant ces valeurs dans celles de S_m et de son inverse rapportées ci-dessus, on aura

$$1 + \alpha^m + \alpha^{2m} + \alpha^{3m} \ldots + \alpha^{(n-1)m} = 0 \text{ ou } = n$$

$$1 + \frac{1}{\alpha^m} + \frac{1}{\alpha^{2m}} + \frac{1}{\alpha^{3m}} \ldots + \frac{1}{\alpha^{(n-1)m}} = 0 \text{ ou } = n,$$

selon que m ne sera pas ou sera un multiple de n.

13. Appliquons maintenant la méthode du numéro 11 à l'équation générale du troisième degré, que nous supposerons, pour plus de simplicité, privée de son second terme, ce qui lui donnera la forme suivante :

$$x^3 + p x + q = 0.$$

Soient a, b, c, ses trois racines ; et guidés par les raisonnemens du problème précédent, cherchons à *priori* une fonction de ces racines qui ne dépende qué d'une équation du second degré, et qui les détermine facilement. La forme la plus simple que l'on puisse donner à cette fonction, est $l a + m b + n c$; en y changeant entre elles les racines a, b, c, elle offre six combinaisons différentes ; ainsi, l'équation dont elle dépend est du sixième degré. Pour faire usage de cette équation, il faut qu'elle soit résoluble à la manière de celles du second, et qu'elle ait par conséquent la forme $z^6 + A z^3 + B = 0$; dans cette hypothèse, on en tirera

$$z^3 = -\frac{A}{2} \pm \sqrt{\frac{A^2}{4} - B}.$$

Si, pour abréger, on fait

$$-\frac{A}{2} + \sqrt{\frac{A^2}{4} - B} = z'^3, \quad -\frac{A}{2} - \sqrt{\frac{A^2}{4} - B} = z''^3,$$

et que l'on désigne par 1, α, β, les trois racines cubiques de l'unité, les six valeurs de z seront

$$z', \quad \alpha z', \quad \beta z', \quad z'', \quad \alpha z'', \quad \beta z'',$$

sur quoi il faut observer que $\beta = \alpha^2$ (12).

Considérons maintenant les six combinaisons suivantes que donne la fonction $la + mb + nc$,

$$la + mb + nc, \qquad lb + ma + nc,$$
$$lc + ma + nb, \qquad lc + mb + na,$$
$$lb + mc + na, \qquad la + mc + nb;$$

ce devront être là les six racines de l'équation cherchée ; et pour qu'elle soit résoluble à la manière du second degré, il faudra que ces racines aient entre elles les mêmes relations que les valeurs de z rapportées ci-dessus, c'est-à-dire, qu'en supposant, par exemple,

$$la + mb + nc = z', \qquad lb + ma + nc = z'',$$

il en résulte les équations suivantes :

$$lc + ma + nb = \alpha\,(la + mb + nc),$$
$$lc + mb + na = \alpha\,(lb + ma + nc),$$
$$lb + mc + na = \alpha^2(la + mb + nc),$$
$$la + mc + nb = \alpha^2(lb + ma + nc),$$

d'où l'on tire, en transposant,

$$(l - \alpha n)\,c + (m - \alpha l)\,a + (n - \alpha m)\,b = 0,$$
$$(l - \alpha n)\,c + (m - \alpha l)\,b + (n - \alpha m)\,a = 0,$$
$$(l - \alpha^2 m)\,b + (m - \alpha^2 n)\,c + (n - \alpha^2 l)\,a = 0,$$
$$(l - \alpha^2 m)\,a + (m - \alpha^2 n)\,c + (n - \alpha^2 l)\,b = 0.$$

Comme ces équations doivent se vérifier indépendamment des valeurs particulières de a, b, c, on égalera séparément à zéro les coefficiens de ces diverses quantités, ce qui donnera entre les inconnues l, m, n, les équations suivantes :

$$l - \alpha n = 0, \qquad m - \alpha l = 0, \qquad n - \alpha m = 0,$$
$$l - \alpha^2 m = 0, \qquad m - \alpha^2 n = 0, \qquad n - \alpha^2 l = 0.$$

Si l'on détermine l, m, n, au moyen des trois premières, on trouvera

$$l = \alpha n, \qquad m = \alpha^2 n, \qquad n = \alpha^3 n,$$

et si l'on se rappelle que $\alpha^3 = 1$, on verra que ces valeurs de l et de m satisfont aux trois équations de la seconde ligne ; en sorte que le coefficient n reste indéterminé et arbitraire. Nous le supposerons, pour plus de simplicité, égal à 1, et nous aurons pour l, m, n, les valeurs suivantes,

$$l = \alpha, \qquad m = \alpha^2, \qquad n = 1 ;$$

c'est-à-dire que les coefficiens l, m, n, seront les racines cubiques de l'unité ; les valeurs de z' et de z'' seront par conséquent

$$z' = \alpha a + \alpha^2 b + c, \qquad z'' = \alpha^2 a + \alpha b + c,$$

et représentant par z la fonction $l a + m b + n c$, dont le cube ne doit avoir que les deux valeurs z'^3 et z''^3, il viendra (7)

$$\{z^3 - (\alpha a + \alpha^2 b + c)^3\}\{z^3 - (\alpha^2 a + \alpha b + c)^3\} = 0.$$

Ce produit est facile à exprimer, au moyen des coefficiens de l'équation $x^3 + p x + q = 0$; car après en avoir chassé la quantité α, à l'aide des relations rapportées dans le numéro 12, il ne contiendra plus que des fonctions symétriques des racines a, b, c. En ne développant pas d'abord les seconds termes de chaque facteur, on trouve

$$z^6 - \left.\begin{array}{l}(\alpha a + \alpha^2 b + c)^3 \\ -(\alpha^2 a + \alpha b + c)^3\end{array}\right\} z^3 + (\alpha a + \alpha^2 b + c)^3 (\alpha^2 a + \alpha b + c)^3 = 0 ;$$

mais

$$(\alpha a + \alpha^2 b + c)^3 (\alpha^2 a + \alpha b + c)^3 = [(\alpha a + \alpha^2 b + c)(\alpha^2 a + \alpha b + c)]^3 ;$$

développant le produit $[(\alpha a + \alpha^2 b + c)(\alpha^2 a + \alpha b + c)]^3$,
avec l'attention de substituer 1 au lieu de α^3, —1 au lieu
de $\alpha + \alpha^2$ et de $\alpha^3 + \alpha^4$ (12), il viendra

$$a^2 + b^2 + c^2 - ac - ab - bc,$$

quantité équivalente à

$$\left.\begin{array}{l} a^2+b^2+c^2+2ab+2ac+2bc \\ \quad -3ab-3ac-3bc \end{array}\right\} = (a+b+c)^2 - 3(ab+ac+bc)$$
$$= -3p,$$

puisque l'équation proposée étant sans second terme, on
doit avoir

$$a + b + c = 0:$$

et de-là on tire

$$(\alpha a + \alpha^2 b + c)^3 (\alpha^2 a + \alpha b + c)^3 = -27\,p^3.$$

Faisant ensuite le cube de $\alpha\,a + \alpha^2\,b + c$, ainsi que
celui de $\alpha^2\,a + \alpha\,b + c$, prenant la somme des résultats,
et mettant 1 pour α^3 et pour α^6, —1 pour $\alpha + \alpha^2$,
$\alpha^3 + \alpha^4$ et $\alpha^4 + \alpha^5$ (12), il viendra

$$\left.\begin{array}{l} 2\,a^3 + 2\,b^3 + 2\,c^3 + 12\,abc \\ -3\,a^2c - 3\,ac^2 - 3\,a^2b - 3\,ab^2 - 3\,b^2c - 3\,bc^2 \end{array}\right\}$$

expression qui, ne renfermant que des fonctions symétriques, peut être déterminée par les formules du n°. 6.
Avec un peu d'attention, on voit aussi qu'elle est équivalente à

$$\begin{array}{l} 2(a+b+c)^3 - 9\,[ac(a+b+c) - abc] \\ \qquad\qquad -9\,[ab(a+b+c) - abc] \\ \qquad\qquad -9\,[bc(a+b+c) - abc] \\ \qquad\qquad = -27\,q. \end{array}$$

On a donc enfin

$$z^6 + 27\,q\,z^3 - 27\,p^3 = 0;$$

équation dont les racines, que nous avons désignées ci-
dessus par z' et z'', sont

$$3\sqrt[3]{-\tfrac{1}{2}q+\sqrt{\tfrac{1}{27}p^3+\tfrac{1}{4}q^2}}\,,\quad 3\sqrt[3]{-\tfrac{1}{2}q-\sqrt{\tfrac{1}{27}p^3+\tfrac{1}{4}q^2}}.$$

Mais les équations

$$z'=\alpha a+\alpha^2 b+c,\qquad z''=\alpha^2 a+\alpha b+c,$$

jointes à l'équation $a+b+c=0$, résultante de l'évanouissement du second terme de la proposée, et au moyen de réductions indiquées numéro 12, donnent

$$c=\frac{z'+z''}{3},\qquad b=\frac{\alpha z'+\alpha^2 z''}{3},\qquad a=\frac{\alpha^2 z'+\alpha z''}{3};$$

et si on met pour les quantités z', z'', α, α^2, leurs valeurs, on trouvera

$$c=\sqrt[3]{-\tfrac{1}{2}q+\sqrt{\tfrac{1}{27}p^3+\tfrac{1}{4}q^2}}+\sqrt[3]{-\tfrac{1}{2}q-\sqrt{\tfrac{1}{27}p^3+\tfrac{1}{4}q^2}}$$

$$b=-\frac{1-\sqrt{-3}}{2}\sqrt[3]{-\tfrac{1}{2}q+\sqrt{\tfrac{1}{27}p^3+\tfrac{1}{4}q^2}}$$
$$-\frac{1+\sqrt{-3}}{2}\sqrt[3]{-\tfrac{1}{2}q-\sqrt{\tfrac{1}{27}p^3+\tfrac{1}{4}q^2}}$$

$$a=-\frac{1+\sqrt{-3}}{2}\sqrt[3]{-\tfrac{1}{2}q+\sqrt{\tfrac{1}{27}p^3+\tfrac{1}{4}q^2}}$$
$$-\frac{1-\sqrt{-3}}{2}\sqrt[3]{-\tfrac{1}{2}q-\sqrt{\tfrac{1}{27}p^3+\tfrac{1}{4}q^2}}$$

De ces trois racines, la première seule paroît réelle; les deux autres sont sous une forme imaginaire.

Nous reviendrons dans la suite sur ces formules, pour faire connoître les diverses circonstances que présente la résolution des équations du troisième degré; pour le moment, nous nous bornerons à observer que les quantités z' et z'' ayant chacune trois valeurs, puisqu'elles désignent des racines cubiques, il pourroit résulter de l'emploi successif de ces valeurs trois systèmes de racines

a, b, c; mais celui que nous avons rapporté plus haut est le seul qui satisfasse à l'équation

$$x^3 + px + q = 0.$$

Les deux autres offriroient respectivement les racines des équations $x^3 + \alpha px + q = 0$, $x^3 + \alpha^2 px + q = 0$, liées à la proposée, de manière à former avec elle, par la multiplication, une équation rationnelle du neuvième degré, et qui conduiroient également à l'équation en z, obtenue ci-dessus, parce que cette dernière ne contient que le cube de p, qui est aussi celui de αp et de $\alpha^2 p$.

Pour s'assurer du système des racines qu'il faut employer, il suffit d'essayer s'il rend la fonction......
$ab + ac + bc$ égale au coefficient de x dans l'équation proposée : or, les valeurs trouvées ci-dessus donnent

$$ab + ac + bc = -\tfrac{1}{3} z'z'',$$

et on a d'ailleurs

$$z'z'' = -3p.$$

14. Passons au quatrième degré ; désignons par a, b, c, d, les racines de l'équation sans second terme

$$x^4 + px^2 + qx + r = 0;$$

cherchons encore à trouver une fonction des racines qui soit de la forme $ka + lb + mc + nd$, et qui dépende d'une équation moins élevée ou moins difficile à résoudre que la proposée. Dans une telle fonction, les lettres a, b, c, d peuvent être combinées de vingt-quatre manières différentes, et par conséquent elle doit dépendre d'une équation du vingt-quatrième degré ; mais on peut en établissant des relations entre les coefficiens indéterminés k, l, m et n, réduire le nombre des combinaisons. En supposant d'abord $k = l$, il ne reste plus que douze changemens possibles dans la distribution des lettres a, b, c, d, et ces changemens se réduiront à six, si on fait $m = n$: la fonction ci-dessus deviendra alors

$$l(a+b)+m(c+d),$$

susceptible de cinq autres changemens,

$$l(a+c)+m(b+d)$$
$$l(a+d)+m(b+c)$$
$$l(b+c)+m(a+d)$$
$$l(b+d)+m(a+c)$$
$$l(c+a)+m(a+b)$$

On ne peut plus diminuer le nombre de ces combinaisons sans les rendre toutes identiques; mais en posant $l=-m$, on aura les six quantités

$$l(a+b-c-d), \qquad l(c+d-a-b)$$
$$l(a+c-b-d), \qquad l(b+d-a-c)$$
$$l(a+d-b-c), \qquad l(b+c-a-d)$$

Les deux qui sont sur une même ligne ne diffèrent que par le signe, en sorte que l'équation du sixième degré, dont elles dépendent, doit avoir trois racines positives, et autant de négatives respectivement égales à chacune des premières. Cette équation sera donc de la forme

$$z^6 + Az^4 + Bz^2 + C = 0 \ (Elém.\ 213),$$

et réductible au troisième degré quand on fera $z^2 = y$. Mais si, au lieu des quantités

$$l(a+b-c-d), \text{etc.}$$

on prend leurs quarrés, on n'aura que trois fonctions différentes, puisque

$$l^2(a+b-c-d)^2 = l^2(c+d-a-b)^2,$$

et ainsi des autres ; et faisant $l=1$ dans ces dernières fonctions, l'équation qui doit les donner sera le produit des trois facteurs

$$z - (a + b - c - d)^2$$
$$z - (a + c - b - d)^2$$
$$z - (a + d - b - c)^2.$$

Or,

$$(a + b - c - d)^2 =$$
$$a^2 + b^2 + c^2 + d^2 + 2ab - 2ac - 2ad - 2bc - 2bd + 2cd =$$
$$(a + b + c + d)^2 - 4ac - 4ad - 4bc - 4bd;$$

et comme l'équation proposée manque de second terme, on a

$$a + b + c + d = 0,$$

d'où

$$(a + b - c - d)^2 = - 4ac - 4ad - 4bc - 4bd;$$

mais puisque, d'après la composition des équations,

$$p = ab + ac + ad + bc + bd + cd,$$

il en résultera

$$- 4ac - 4ad - 4bc - 4bd = - 4p + 4ab + 4cd:$$

donc enfin

$$(a + b - c - d)^2 = - 4p + 4ab + 4cd.$$

On trouvera de même

$$(a + c - b - d)^2 = - 4p + 4ac + 4bd$$
$$(a + d - b - c)^2 = - 4p + 4ad + 4bc.$$

Pour plus de simplicité, nous supposerons l'inconnue z égale au $\frac{1}{4}$ des fonctions $(a + c - b - d)^2$, etc. l'équation en z sera alors le produit des trois facteurs

$$z + p - (ab + cd)$$
$$z + p - (ac + bd)$$
$$z + p - (ad + bc).$$

Il ne s'agit plus maintenant que de développer ce produit, et d'exprimer en p, q et r les fonctions symétriques de a, b, c et d qui s'y trouvent contennes.

Pour effectuer le calcul avec plus de facilité, on posera
$$s + p = u,$$
ce qui donnera les trois facteurs
$$u - (ab + cd), \quad u - (ac + bd), \quad u - (ad + bc).$$
Le coefficient du second terme de l'équation en u sera égal à
$$- (ab + ac + ad + bc + bd + cd),$$
ou, ce qui est la même chose, à $-p$; celui du troisième sera
$$\begin{aligned} & a^2 b c + a^2 b d + a^2 c d \\ &+ a b^2 c + a b^2 d + b^2 c d \\ &+ a b c^2 + a c^2 d + b c^2 d \\ &+ a b d^2 + a c d^2 + b c d^2 \end{aligned}$$

Cette fonction est symétrique, car elle ne change point, quelque permutation qu'on fasse entre les quantités a, b, c, d, et elle n'est qu'un cas particulier de la fonction $a^n b^p c^q +$ etc. dont l'expression est
$$S_n S_p S_q - S_{n+p} S_q - S_{n+q} S_p - S_{p+q} S_n + 2 S_{n+p+q} \quad (6).$$
Pour en avoir la valeur, supposons $n = 2$, $p = 1$, $q = 1$, dans la formule ci-dessus, dont nous ne prendrons que la moitié, à cause que $p = q$; il viendra
$$\tfrac{1}{2} (S_2 S_1^2 - 2 S_3 S_1 - S_2^2 + 2 S_4):$$
cherchant ensuite les valeurs de S_1, S_2, S_3, S_4, et observant que le second terme manque dans l'équation proposée, on trouvera $- 4 r$ pour résultat.

On y arrive immédiatement en observant que la fonction $a^2 b c +$ etc. est équivalente à
$$\left.\begin{aligned} & a(abc + abd + acd + bcd) - abcd \\ &+ b(abc + abd + acd + bcd) - abcd \\ &+ c(abc + abd + acd + bcd) - abcd \\ &+ d(abc + abd + acd + bcd) - abcd \end{aligned}\right\} =$$
$$(a + b + c + d)(abc + abd + acd + bcd) - 4 abcd,$$

et se réduit par conséquent à $-4\,abcd$, puisque

$$a + b + c + d = 0.$$

Le dernier terme de l'équation en u étant égal à

$$-(ab+cd)(ac+bd)(ad+bc),$$

a pour développement

$$-\left\{ \begin{array}{l} a^3\,bc\,d + ab^3\,cd + abc^3\,d + abcd^3 \\ + a^2\,b^2\,c^2 + a^2\,b^2\,d^2 + a^2\,c^2\,d^2 + b^2\,c^2\,d^2 \end{array} \right\}.$$

La valeur de la première ligne se déduiroit de l'expression générale dés fonctions de la forme $a^n\,b^p\,c^q\,d^r +$ etc. en y faisant $n=3$, $p=q=r=1$; mais on voit bien aisément qu'elle n'est autre chose que

$$abcd\,(a^2 + b^2 + c^2 + d^2) = r\,S_2 = -2pr.$$

La seconde ligne aura pour expression, d'après ce qui précède,

$$\tfrac{1}{6}(S_2^3 - 3\,S_4\,S_2 + 2\,S_6) = -2pr + q^2;$$

réunissant ces deux parties, et changeant leurs signes, on trouvera $+4\,pr-q^2$ pour le dernier terme de l'équation cherchée, qui sera par conséquent

$$u^3 - p\,u^2 - 4\,ru + 4pr - q^2 = 0 :$$

mettant $z+p$ au lieu de u, il viendra

$$z^3 + 2p\,z^2 + (p^2 - 4r)\,z - q^2 = 0.$$

Soient maintenant z', z'', z''' les trois racines de cette équation, on aura

$$\left. \begin{array}{l} (a+b-c-d)^2 = 4z' \\ (a+c-b-d)^2 = 4z'' \\ (a+d-b-c)^2 = 4z''' \end{array} \right\} \text{ d'où } \left\{ \begin{array}{l} a+b-c-d = \pm 2\sqrt{z'} \\ a+c-b-d = \pm 2\sqrt{z''} \\ a+d-b-c = \pm 2\sqrt{z'''} \end{array} \right.$$

Les trois dernières équations traitées conjointement avec l'équation $a+b+c+d=0$, qui résulte de l'évanouisse-

ment

ment du second terme, donnent, en prenant les signes supérieures des radicaux,

$$a = \tfrac{1}{2}(+\sqrt{z'} + \sqrt{z''} + \sqrt{z'''})$$
$$b = \tfrac{1}{2}(+\sqrt{z'} - \sqrt{z''} - \sqrt{z'''})$$
$$c = \tfrac{1}{2}(-\sqrt{z'} + \sqrt{z''} - \sqrt{z'''})$$
$$d = \tfrac{1}{2}(-\sqrt{z'} - \sqrt{z''} + \sqrt{z'''})$$

et en prenant les signes inférieurs,

$$a = \tfrac{1}{2}(-\sqrt{z'} - \sqrt{z''} - \sqrt{z'''})$$
$$b = \tfrac{1}{2}(-\sqrt{z'} + \sqrt{z''} + \sqrt{z'''})$$
$$c = \tfrac{1}{2}(+\sqrt{z'} - \sqrt{z''} + \sqrt{z'''})$$
$$d = \tfrac{1}{2}(+\sqrt{z'} + \sqrt{z''} - \sqrt{z'''})$$

Les premières valeurs sont relatives au cas où le produit $\sqrt{z'} \cdot \sqrt{z''} \cdot \sqrt{z'''}$ doit être positif, et les secondes appartiennent au cas où la même quantité est négative. Cette espèce d'ambiguité tient à ce qu'on n'a pas déterminé immédiatement les fonctions $a + b - c - d$, etc. mais leur quarré, qui reste le même, quoique chacune d'elles soit positive ou négative, et quelque signe qu'ait le coefficient q, puisque l'équation en z ne contient que le quarré de ce coefficient. Il suit de-là que les racines trouvées doivent également satisfaire au cas où q est négatif comme à celui où il est positif; en sorte que ces huit valeurs réunies sont les racines de l'équation résultante du produit des deux suivantes :

$$x^4 + px^2 + qx + r = 0, \qquad x^4 + px^2 - qx + r = 0,$$

qui ne diffèrent que par le signe de q.

Celui des deux systêmes de valeurs qui répond à la première équation, doit donc donner la somme des produits des racines prises trois à trois avec un signe con-

·traire, égale à une quantité positive, et l'autre doit conduire, dans la même circonstance, à un résultat négatif.

Or, si on effectue ce calcul, on verra que le second système remplit la première condition, et que le premier satisfait à la seconde, car l'un donne pour ce produit

$$+ \sqrt{z'} \cdot \sqrt{z''} \cdot \sqrt{z'''},$$

et l'autre

$$- \sqrt{z'} \cdot \sqrt{z''} \cdot \sqrt{z'''}.$$

On peut encore parvenir à la même conclusion en multipliant entre elles les trois équations

$$a + b - c - d = 2\sqrt{z'}$$
$$a + c - b - d = 2\sqrt{z''}$$
$$a + d - b - c = 2\sqrt{z'''};$$

car en réduisant les fonctions symétriques qui se trouvent dans le premier membre du résultat, il vient

$$- q = \sqrt{z'} \cdot \sqrt{z''} \cdot \sqrt{z'''},$$

ce qui fait voir que les signes des radicaux doivent être tels que leur produit soit d'un signe contraire à celui de q, et que par conséquent le second système répond au cas où q est positif, et le premier à celui où il est négatif.

15. La forme des fonctions qui nous ont servi à résoudre les équations des deuxième, troisième et quatrième degrés, n'est pas la seule qui puisse convenir à cet objet. Lagrange, qui a présenté le premier la théorie de la résolution générale des équations, sous le point de vue d'après lequel nous venons de l'exposer (*Mém. de l'Acad.*

des Sciences de Berlin, années 1770 et 1771), a montré comment on pouvoit trouver les fonctions propres à donner l'expression des racines d'une équation proposée, et déterminer le degré des équations dont ces fonctions dépendent; mais on n'a pu jusqu'à présent en former pour le cinquième degré qui dépendissent d'un degré moins élevé. Dans les Mémoires que nous venons de citer, Lagrange ne s'est pas borné à présenter une nouvelle manière de résoudre les équations; il y examine aussi les méthodes proposées par les analystes qui l'ont précédé dans cette carrière. Ne pouvant développer dans un ouvrage de la nature de celui-ci, tous les détails d'un sujet aussi important, j'ai suivi, pour en donner une idée, la marche tracée par Laplace dans le Journal des séances de l'Ecole Normale (Leçons, T. II, pag. 302).

Observations sur les expressions des racines des équations du troisième et du quatrième degré.

16. Lorsque l'équation du troisième degré est de la forme $x^3 + p\,x + q = 0$, c'est-à-dire, que le coefficient p est positif, des trois racines qu'elle comporte, deux sont imaginaires, une seule est réelle (13); mais si p est négatif, ou qu'on ait

$$x^3 - p\,x + q = 0,$$

le radical quarré $\sqrt{\frac{1}{27}p^3 + \frac{1}{4}q^2}$, qui entre dans l'expression des trois racines, se changeant en $\sqrt{-\frac{1}{27}p^3 + \frac{1}{4}q^2}$, devient imaginaire si $\frac{1}{27}p^3$ surpasse $\frac{1}{4}q^2$. Toutes les racines sont alors affectées d'imaginaires, et paroissent par conséquent telles. Cependant on a vu (*Elém.* 218) que toute équation de degré impair avoit nécessairement une racine réelle ; il y a donc pour le cas qui nous occupe une contradiction au moins apparente, et qu'il faut lever.

Cette contradiction tient à ce que l'on auroit tort de prononcer qu'une expression composée, renfermant des imaginaires, est imaginaire, à moins qu'on n'ait prouvé qu'elle les conserve lorsqu'elle est développée. La formule

$$x = \sqrt[3]{-\tfrac{1}{2}q + \sqrt{\tfrac{1}{4}q^2 - \tfrac{1}{27}p^3}} + \sqrt[3]{-\tfrac{1}{2}q - \sqrt{\tfrac{1}{4}q^2 - \tfrac{1}{27}p^3}}$$

peut s'écrire ainsi :

$$x = \sqrt[3]{a + b\sqrt{-1}} + \sqrt[3]{a - b\sqrt{-1}},$$

si l'on fait, pour abréger,

$$-\tfrac{1}{2}q = a, \qquad \tfrac{1}{27}p^3 - \tfrac{1}{4}q^2 = b^2 ;$$

et s'il arrivoit que les quantités $a + b\sqrt{-1}$ et $a - b\sqrt{-1}$ fussent des cubes parfaits de la forme

$$(A + B\sqrt{-1})^3 \text{ et } (A - B\sqrt{-1})^3,$$

A et B étant des quantités réelles, on auroit alors

$$x = A + B\sqrt{-1} + A - B\sqrt{-1} = 2A,$$

valeur réelle.

Si l'on avoit, par exemple,

$$\sqrt[3]{2 + 11\sqrt{-1}} + \sqrt[3]{2 - 11\sqrt{-1}},$$

on s'assureroit, par l'élévation au cube, que

$$\sqrt[3]{2 + 11\sqrt{-1}} = 2 + \sqrt{-1},$$

$$\sqrt[3]{2 - 11\sqrt{-1}} = 2 - \sqrt{-1},$$

et on trouveroit 4 pour la somme des deux radicaux.

Les premiers analystes qui s'occupèrent de la résolution des équations des degrés supérieurs, après avoir remarqué l'espèce de paradoxe développé ci-dessus, parvinrent en effet à tirer de l'expression même de la première racine un résultat délivré des imaginaires, lorsque les quantités comprises sous les radicaux cubiques étoient des cubes parfaits.

17. « C'est de cette manière, dit Lagrange (*), que » Bombelli s'est convaincu de la réalité de l'expression » imaginaire de la formule du cas *irréductible* (c'est le nom qu'on donne à celui qui nous occupe); » mais cette » extraction n'étant possible en général que par les » séries, l'on ne peut parvenir de cette manière à une » démonstration générale et directe de la proposition » dont il s'agit.

» Il n'en est pas de même des radicaux quarrés et de » tous ceux dont l'exposant est une puissance de 2. En » effet, si on a la quantité

$$\sqrt{a + b\sqrt{-1}} + \sqrt{a - b\sqrt{-1}},$$

» composée de deux radicaux imaginaires, son quarré » sera

$$2a + 2\sqrt{a^2 + b^2},$$

***

(*) Séances des Ecoles Normales, (Leçons, T. III, page 295).

C 3

» quantité nécessairement positive : donc, en extrayant
» la même racine quarrée, on aura

$$\sqrt{2a + 2\sqrt{a^2 + b^2}}$$

» pour la valeur réelle de la quantité proposée. Mais si,
» au lieu de la somme, on avoit la différence des mêmes
» radicaux, alors son quarré seroit $2a - 2\sqrt{a^2 + b^2}$,
» quantité nécessairement négative ; et tirant la racine,
» on auroit l'expression imaginaire simple

$$\sqrt{2a - 2\sqrt{a^2 + b^2}}.$$

» Si on avoit la quantité

$$\sqrt[4]{a + b\sqrt{-1}} + \sqrt[4]{a - b\sqrt{-1}},$$

» on l'élèveroit d'abord au quarré, ce qui donneroit

$$\sqrt{a + b\sqrt{-1}} + \sqrt{a - b\sqrt{-1}} + 2\sqrt[4]{a^2 + b^2} =$$
$$\sqrt{2a + 2\sqrt{a^2 + b^2}} + 2\sqrt[4]{a^2 + b^2},$$

» quantité réelle et positive ; on aura donc aussi, en ex-
» trayant la racine quarrée, une valeur réelle de la quan-
» tité proposée, et ainsi de suite. Mais si on vouloit ap-
» pliquer cette méthode aux radicaux cubiques, on
» retomberoit dans une équation du troisième degré,
» dans le cas irréductible.

» Soit en effet

$$\sqrt[3]{a + b\sqrt{-1}} + \sqrt[3]{a - b\sqrt{-1}} = x ;$$

» en élevant d'abord au cube, on aura

$$2a + 3\sqrt[3]{a^2 + b^2}\left(\sqrt[3]{a + b\sqrt{-1}} + \sqrt[3]{a - b\sqrt{-1}}\right) = x^3,$$

» savoir :

$$2a + 3x\sqrt[3]{a^2 + b^2} = x^3,$$

» ou bien

$$x^3 - 3x\sqrt[3]{a^2 + b^2} - 2a = 0,$$

» formule générale du cas irréductible, puisque

$$\tfrac{1}{4}(2a)^2 + \tfrac{1}{27}(-3\sqrt[3]{a^2 + b^2})^3 = -b^2.$$

» Si $b = 0$, on aura

$$x = 2\sqrt[3]{a};$$

» il faudra donc prouver que b ayant une valeur quel-
» conque réelle, x aura aussi une valeur correspondante
» réelle. Or, l'équation précédente donne

$$\sqrt[3]{a^2 + b^2} = \frac{x^3 - 2a}{3x},$$

» et élevant au cube, on trouve

$$a^2 + b^2 = \frac{x^9 - 6ax^6 + 12a^2x^3 - 8a^3}{27x^3},$$

» d'où

$$b^2 = \frac{x^9 - 6ax^6 - 15a^2x^3 - 8a^3}{27x^3},$$

» équation qu'on peut mettre sous cette forme :

$$b^2 = \frac{(x^3 - 8a)(x^3 + a)^2}{27x^3},$$

» ou bien sous celle-ci :

$$b^2 = \tfrac{1}{27}\left(1 - \frac{8a}{x^3}\right)(x^3 + a)^2.$$

» Cette dernière forme fait voir que b est nul, lorsque
» $x^3 = 8a$, qu'ensuite b augmentera toujours sans in-
» terruption, lorsque x augmentera; car le facteur
» $(x^3 + a)^2$ augmentera toujours, et l'autre facteur
» augmentera aussi, parce que le dénominateur x^3 aug-

» mentant, la partie négative $\dfrac{8\,a}{x^3}$, qui est d'abord $= 1$,
» deviendra toujours moindre que 1. Ainsi, en faisant
» augmenter par degrés insensibles la valeur de x^3 depuis
» $8\,a$ jusqu'à l'infini, la valeur de b^2 augmentera aussi
» par degrés insensibles et correspondans, depuis zéro
» jusqu'à l'infini. Donc réciproquement à chaque valeur
» de b^2, depuis zéro jusqu'à l'infini, il répondra une
» valeur de x^3 comprise entre $8\,a$ et l'infini ; et comme
» cela a lieu, quelle que soit la valeur de a, on en peut
» conclure légitimement que, quelles que soient les
» valeurs de a et de b, la valeur correspondante de x^3,
» et par conséquent aussi de x, sera toujours réelle.
» Mais comment assigner cette valeur ? Il ne paroît pas
» qu'elle puisse être représentée autrement que par l'ex-
» pression imaginaire, ou par une expression en série,
» qui en est le développement (que nous ferons connoître
» par la suite); aussi doit-on regarder ces sortes d'ex-
» pressions imaginaires, qui répondent à des quantités
» réelles, comme formant une nouvelle classe d'expres-
» sions algébriques qui, quoiqu'elles n'aient pas, comme
» les autres expressions, l'avantage de pouvoir être éva-
» luées en nombres dans l'état où elles sont, ont néan-
» moins celui qui est le seul nécessaire dans les opéra-
» tions algébriques, de pouvoir être employées dans ces
» opérations, comme si elles ne contenoient point d'ima-
» ginaires » (*).

C'est l'impossibilité de réduire sous une forme en même

(*) On emploie ces expressions avec succès dans l'application de l'Analyse à la Géométrie, par rapport à la division des angles. Cette théorie se trouve développée dans l'Introduction et dans le chapitre III de mon *Traité du Calcul différentiel et du Calcul intégral*.

temps réelle et composée d'un nombre limité de termes algébriques, les racines d'une équation du troisième degré, dans le cas où $\frac{1}{27} p^3$ surpasse $\frac{1}{4} q^2$, qui a fait donner à ce cas le nom de *cas irréductible*, l'expression de la première racine n'est alors qu'un cas particulier de celle-ci :

$$\sqrt[n]{a + b\sqrt{-1}} + \sqrt[n]{a - b\sqrt{-1}},$$

qui appartient aussi, comme nous le verrons dans la suite, à une quantité réelle, mais inassignable algébriquement, et d'une manière finie, par tous les moyens connus jusqu'ici.

18. Non-seulement dans le cas irréductible la première racine est réelle, mais les deux dernières, qui sont imaginaires dans tous les autres cas, deviennent réelles dans celui-ci. On peut d'abord le voir immédiatement lorsque les quantités $a + b\sqrt{-1}$ et $a - b\sqrt{-1}$ sont des cubes parfaits; car en substituant leurs racines....

$A + B\sqrt{-1}$ et $A - B\sqrt{-1}$ à la place des radicaux cubes dans la deuxième et la troisième racine (13), et effectuant les multiplications conformément au n°. 133 des *Élémens*, on trouve

$$\left(\frac{-1 + \sqrt{-3}}{2}\right)(A + B\sqrt{-1}) + \left(\frac{-1 - \sqrt{-3}}{2}\right)(A - B\sqrt{-1})$$
$$= -A - B\sqrt{3}.$$

$$\left(\frac{-1 - \sqrt{-3}}{2}\right)(A + B\sqrt{-1}) + \left(\frac{-1 + \sqrt{-3}}{2}\right)(A - B\sqrt{-1})$$
$$= -A + B\sqrt{3},$$

19. On peut, sans le secours de l'extraction des racines, démontrer que lorsque les trois racines de l'équation $x^3 + px + q = 0$ sont réelles, p est négatif, qu'on

a nécessairement $\frac{1}{27} p^3 > \frac{1}{4} q^2$, et que, réciproquement ;
lorsque $\frac{1}{27} p^3$ surpasse $\frac{1}{4} q^2$, les trois racines sont réelles.

En effet, soit a une racine réelle de l'équation
$x^3 + p x + q = 0$, on aura

$$a^3 + p a + q = 0,$$

d'où
$$q = - a^3 - p a,$$

et par conséquent

$$x^3 - a^3 + p(x - a) = 0,$$

ce qui donnera, en divisant par $x - a$, l'équation

$$x^2 + ax + a^2 + p = 0,$$

dans laquelle sont renfermées les deux autres racines de
la proposée, et dont on tire

$$x = - \tfrac{1}{2} a \pm \sqrt{- \tfrac{1}{4} a^2 - p}.$$

On voit d'abord, par l'inspection de ce résultat, que
les racines qu'il fournit ne pourront être réelles, à moins
que p ne soit négatif et en même temps égal ou plus grand
que $\frac{1}{4} a^2$.

Changeons donc le signe de p, et supposons.....
$p = \frac{1}{4} a^2 + d$, nous aurons

$$x^3 - p x + q = 0, \qquad a^3 - p a + q = 0;$$

les trois racines seront a, $- \frac{1}{2} a + \sqrt{d}$, $- \frac{1}{2} a - \sqrt{d}$, et
en mettant pour p sa valeur dans l'équation $a^3 - p a + q = 0$,
nous trouverons

$$q = - \tfrac{1}{4} a^3 + a d.$$

Pour comparer cette valeur de q à celle de p, sans connoître celle de a, nous éleverons p au cube, et q au
quarré, afin que la plus haute puissance de a soit la
même dans les deux résultats ; il viendra ainsi

$$p^3 = \tfrac{27}{64} a^6 + \tfrac{27}{16} a^4 d + \tfrac{9}{4} a^2 d^2 + d^3$$
$$q^2 = \tfrac{1}{16} a^6 - \tfrac{1}{4} a^4 d + a^2 d^2,$$

d'où

$$\tfrac{1}{27}p^3 = \tfrac{1}{64}a^6 + \tfrac{1}{16}a^4 d + \tfrac{1}{12}a^2 d^2 + \tfrac{1}{27}d^3$$
$$\tfrac{1}{4}q^2 = \tfrac{1}{64}a^6 - \tfrac{1}{8}a^4 d + \tfrac{1}{4}a^2 d^2,$$

et par conséquent

$$\tfrac{1}{27}p^3 - \tfrac{1}{4}q^2 = \tfrac{3}{16}a^4 d - \tfrac{1}{6}a^2 d^2 + \tfrac{1}{27}d^3$$
$$= 3 d\left[\tfrac{1}{16}a^4 - \tfrac{1}{18}a^2 d + \tfrac{1}{18}d^2\right]$$
$$= 3 d\left(\tfrac{1}{4}a^2 - \tfrac{1}{9}d\right)^2.$$

La dernière valeur $3 d\left(\tfrac{1}{4}a^2 - \tfrac{1}{9}d\right)^2$ étant toujours positive, tant que d sera positif, puisque son second facteur est un quarré, donne évidemment

$$\tfrac{1}{27}p^3 > \tfrac{1}{4}q^2,$$

et le contraire ne pourra avoir lieu, à moins que d ne soit négatif, c'est-à-dire, à moins que les deux dernières racines de la proposée ne soient imaginaires. En faisant $d = 0$, on a

$$\tfrac{1}{27}p^3 = \tfrac{1}{4}q^2,$$

et les trois racines qui sont encore réelles ont entre elles une relation remarquable indiquée par les valeurs suivantes : $a,\ -\tfrac{1}{2}a,\ -\tfrac{1}{2}a.$

Il est donc prouvé par ce qui précède, que *si une équation du troisième degré a au moins, dans tous les cas, une de ses racines qui soit réelle, toutes le deviennent lorsque* p *est négatif, et que* $\tfrac{1}{27}$p³ *surpasse* $\tfrac{1}{4}$q². Or, on a vu (*Elém.* 218) que *toute équation d'un degré impair a au moins une racine réelle, quelques valeurs qu'aient ses coefficiens.*

20. En attendant que nous puissions parvenir aux séries qui expriment les valeurs approchées des racines des équations du troisième degré dans le cas irréductible, nous rapporterons ici un procédé beaucoup plus simple, donné par Clairaut dans ses Elémens d'Algèbre.

Ce procédé consiste à ramener l'équation.........

$x^3 - px + q = 0$ à la forme $z^3 - z = r$, en faisant $x = mz$, et déterminant la quantité m de manière à rendre le coefficient de z égal à l'unité. Par la substitution indiquée, il vient

$$z^3 - \frac{pz}{m^2} = -\frac{q}{m^3},$$

et posant $m^2 = p$, on a seulement

$$z^3 - z = -\frac{q}{m^3}.$$

Des deux valeurs, $m = \pm \sqrt{p}$, la première convient au cas où q est négatif dans le premier membre, et la seconde à celui où il y est positif ; en sorte qu'on ait toujours $r = \frac{q}{p\sqrt{p}}$. Cela posé, l'équation $z^3 - z = r$ ne peut tomber dans le cas irréductible que lorsque $\frac{1}{27} > \frac{1}{4} r^2$, c'est-à-dire, lorsque $r < \sqrt{\frac{4}{27}} < \frac{2}{3\sqrt{3}}$, ce qui ne peut avoir lieu qu'autant que la valeur positive de z est entre les limites 1 et $\frac{2}{\sqrt{3}}$. En effet, il est visible que z doit surpasser l'unité pour que la quantité $z^3 - z$ soit positive ; mais si l'on faisoit $z = \frac{2}{\sqrt{3}} = \sqrt{\frac{4}{3}}$, on auroit pour résultat $\frac{2}{3\sqrt{3}}$, nombre plus grand que r.

Si donc on suppose $z = 1 + \delta$, la lettre δ ne pourra représenter qu'une petite fraction, moindre que la différence $0,1547$ qui se trouve entre 1 et $\sqrt{\frac{4}{3}}$; le cube $0,0037$ de cette fraction peut être négligé ; et le résultat de la substitution de $1 + \delta$ à la place de z dans l'équation proposée, en omettant δ^3, conduit à

$$2\delta + 3\delta^2 = r,$$

d'où l'on tire

$$\delta = -\tfrac{1}{3} \pm \tfrac{1}{3}\sqrt{1 + 3r},$$

et par conséquent

$$z = 1 + \delta = \frac{2 + \sqrt{1 + 3r}}{3},$$

puisqu'on ne cherche que la valeur de z qui surpasse l'unité. La limite de l'erreur que l'on peut commettre par cette méthode ne s'élève, sur la valeur de z, qu'à un millième d'unité. En effet, si l'on suppose $z = \sqrt{\tfrac{4}{3}}$, valeur qui répond à $r = \tfrac{1}{3}\sqrt{\tfrac{4}{3}}$, et pour laquelle δ est le plus grand possible, la formule ci-dessus donnera

$$z = \frac{2 + \sqrt{1 + \sqrt{\tfrac{4}{3}}}}{3} \quad \text{au lieu de } \sqrt{\tfrac{4}{3}},$$

ce qui ne diffère du vrai que de $0{,}00126$.

Prenons pour exemple l'équation $x^3 - 13x + 5 = 0$; nous ferons $x = -z\sqrt{13}$, et nous aurons

$$z^3 - z = \frac{5}{13\sqrt{13}},$$

d'où nous déduirons

$$r = \frac{5}{13\sqrt{13}}, \qquad z = \frac{2 + \sqrt{1 + \dfrac{15}{13\sqrt{13}}}}{3},$$

$$x = \frac{-2\sqrt{13} - \sqrt{13 + \dfrac{15}{\sqrt{13}}}}{3} = -3{,}784.$$

Si l'on veut pousser plus loin l'exactitude, on emploiera la méthode donnée dans le n°. 220 des *Élémens*; on trouvera par cette méthode

$$x = -3{,}78434.$$

21. Occupons-nous maintenant des racines de l'équation du quatrième degré,

$$x^4 + 2p\,x^2 + q\,x + r = 0.$$

Ces racines dépendent de celles de l'équation

$$z^3 + 2p\,z^2 + (p^2 - 4r)\,z - q^2 = 0 \dots\dots (\text{R}),$$

que l'on nomme *la réduite*, et l'on a par le n°. 14,

$$
\left.
\begin{aligned}
x &= \tfrac{1}{2}(+\sqrt{z'} + \sqrt{z''} + \sqrt{z'''})\\
x &= \tfrac{1}{2}(+\sqrt{z'} - \sqrt{z''} - \sqrt{z'''})\\
x &= \tfrac{1}{2}(-\sqrt{z'} + \sqrt{z''} - \sqrt{z'''})\\
x &= \tfrac{1}{2}(-\sqrt{z'} - \sqrt{z''} + \sqrt{z'''})
\end{aligned}
\right\}
\text{ ou }
\left\{
\begin{aligned}
&= \tfrac{1}{2}(-\sqrt{z'} - \sqrt{z''} - \sqrt{z'''})\\
&= \tfrac{1}{2}(-\sqrt{z'} + \sqrt{z''} + \sqrt{z'''})\\
&= \tfrac{1}{2}(+\sqrt{z'} - \sqrt{z''} + \sqrt{z'''})\\
&= \tfrac{1}{2}(+\sqrt{z'} + \sqrt{z''} - \sqrt{z'''})
\end{aligned}
\right.
$$

selon que q est négatif ou positif.

1°. Il est visible par la forme de ces valeurs, que si les racines de la *réduite* sont toutes trois positives et réelles, celles de l'équation proposée seront aussi toutes quatre réelles.

2°. L'équation (R), ayant son dernier terme négatif, doit, lorsque ses trois racines sont réelles, les avoir toutes positives, ou seulement une positive et deux négatives ; car ce dernier terme étant le produit de toutes les racines prises avec un signe contraire, ne peut résulter négatif que de la multiplication de trois facteurs négatifs, ou de celle de deux facteurs positifs par un négatif. Dans le dernier cas, parmi les quantités z', z'', z''', il y en a donc deux qui sont affectées du signe —, et par conséquent les quatre racines de la proposée sont imaginaires, excepté pourtant le cas où les deux quantités négatives seroient égales entre elles, car alors elles se détruiroient dans deux racines qui deviendroient réelles et égales. En effet, si on suppose, par exemple, que les racines z'' et z''' soient négatives et égales, les deux premières valeurs de x, dans chaque colonne, deviennent imaginaires; et on a dans la première colonne

$$x = -\tfrac{1}{2}\sqrt{z'} \qquad x = -\tfrac{1}{2}\sqrt{z'},$$

et dans la seconde,

$$x = +\tfrac{1}{2}\sqrt{z'}, \qquad x = +\tfrac{1}{2}\sqrt{z'}.$$

3°. Lorsque l'équation (R) a une racine réelle et deux imaginaires, sa racine réelle ne peut être que positive, car les deux imaginaires ne pouvant provenir que d'une équation du second degré, dont le dernier terme soit positif, et qui soit par conséquent de la forme......
$z^2 + Az + B = 0$, il faut nécessairement que le facteur du premier degré, qui contient la racine réelle, soit de la forme $z - \gamma$, sans quoi le dernier terme du produit du premier facteur par le second, seroit positif.

En résolvant l'équation $z^2 + Az + B = 0$, on aura

$$z = -\frac{A}{2} \pm \sqrt{\frac{A^2}{4} - B};$$

mais pour que ses racines soient imaginaires, il faut que

$$\frac{A^2}{4} < B:$$

faisant donc pour abréger

$$-\frac{A}{2} = \alpha, \qquad B - \frac{A^2}{4} = \beta^2,$$

il viendra

$$z = \alpha \pm \sqrt{-\beta^2} = \alpha \pm \beta\sqrt{-1},$$

et l'on aura

$$z' = \alpha + \beta\sqrt{-1}, \quad z'' = \alpha - \beta\sqrt{-1}, \quad z''' = \gamma.$$

On trouvera ensuite dans deux des quatre valeurs de x, la quantité

$$\sqrt{\alpha + \beta\sqrt{-1}} + \sqrt{\alpha - \beta\sqrt{-1}},$$

qui, quoiqu'affectée de symboles imaginaires, est réelle et égale à

$$\sqrt{2\alpha + 2\sqrt{\alpha^2 + \beta^2}} \quad (17);$$

ces deux racines seront par conséquent réelles : les deux autres contenant la quantité

$$\sqrt{\alpha - \beta\sqrt{-1}} - \sqrt{\alpha - \beta\sqrt{-1}},$$

qui revient à

$$\sqrt{2\alpha - 2\sqrt{\alpha^2 + \beta^2}},$$

seront par conséquent imaginaires.

Pour reconnoître par les coefficiens même de la proposée, dans quel cas l'équation (R) a ses trois racines réelles, il n'y a qu'à faire disparoître le second terme de cette dernière, afin de pouvoir la comparer avec la formule $y^3 + Py + Q = 0$; pour cela, on supposera $z = y - \dfrac{2p}{3}$, ce qui donnera

$$y^3 - \left(\frac{p^2}{3} + 4r\right)y - \frac{2p^3}{27} + \frac{8rp}{3} - q^2 = 0,$$

équation dont les trois racines seront réelles quand

$$\frac{1}{27}\left(\frac{p^2}{3} + 4r\right)^3 > \frac{1}{4}\left(\frac{2p^3}{27} - \frac{8rp}{3} + q^2\right)^2.$$

22. Nous ne quitterons pas ce sujet sans faire remarquer que les racines imaginaires des équations du quatrième degré sont de la même forme que celles des équations du second. En effet, lorsque la réduite a deux racines négatives, z'' et z''', en les représentant par $-\alpha^2$ et $-\beta^2$, les quatre valeurs de x deviendront

$$x = \tfrac{1}{2}\sqrt{z} + (\alpha + \beta)\sqrt{-1}$$
$$x = \tfrac{1}{2}\sqrt{z} - (\alpha + \beta)\sqrt{-1}$$
$$x = -\tfrac{1}{2}\sqrt{z} + (\alpha - \beta)\sqrt{-1}$$
$$x = -\tfrac{1}{2}\sqrt{z} - (\alpha - \beta)\sqrt{-1}$$

Les deux premières, combinées ensemble, donneront un facteur réel du second degré ; il en sera de même des deux dernières.

Quand la réduite a deux racines imaginaires de la forme $\alpha + \beta\sqrt{-1}$ et $\alpha - \beta\sqrt{-1}$, les deux racines imaginaires de la proposée deviennent

$$x = -\tfrac{1}{2}\gamma + \sqrt{2\alpha - 2\sqrt{\alpha^2 + \beta^2}} = -\tfrac{1}{2}\gamma + \delta\sqrt{-1},$$
$$x = -\tfrac{1}{2}\gamma - \sqrt{2\alpha - 2\sqrt{\alpha^2 + \beta^2}} = -\tfrac{1}{2}\gamma - \delta\sqrt{-1},$$

en faisant $2\alpha - 2\sqrt{\alpha^2 + \beta^2} = -\delta^2$.

La proposée pourra donc encore dans ce cas être formée par la multiplication de deux facteurs réels du second degré.

Des racines imaginaires en général.

23. On a vu par la résolution des équations des 2e, 3e et 4e degrés, que les racines imaginaires pouvoient se ramener à la même forme, et qu'elles étoient toujours distribuées par couples,

$$x = A + B\sqrt{-1}, \qquad x = A - B\sqrt{-1},$$

en sorte que chaque couple donnoit un facteur du second degré, dont les coefficiens étoient réels.

Les Analystes ont aussi reconnu que toute équation de degré pair est décomposable en facteurs réels du second degré. Voici la démonstration qu'en a donnée Laplace (*Journal des séances de l'Ecole Normale, Leçons*, T. II, pag. 3i5).

Il faut prouver d'abord que *toute équation d'un degré quelconque p, aura un facteur réel du second degré, si toute équation du degré* $\dfrac{p\,(p-1)}{2}$ *a un facteur réel, soit du premier, soit du second degré.*

Je représente par (P) l'équation du degré p, et ses racines par α, β, γ, δ, etc. Cela posé, j'observe que les facteurs du second degré de cette équation, formés nécessairement par la multiplication des facteurs du premier degré combinés deux à deux, seront

$$x^2 - (\alpha + \beta)\, x + \alpha \beta$$
$$x^2 - (\alpha + \gamma)\, x + \alpha \gamma$$
$$\dots\dots\dots\dots\dots\dots$$
$$x^2 - (\beta + \gamma)\, x + \beta \gamma$$
etc.

et dépendront par conséquent de la recherche des fonctions de la forme $\alpha + \beta$ et $\alpha \beta$. Ces fonctions seroient déterminées si l'on en connoissoit deux de la forme

$$\alpha + \beta + M \alpha \beta, \qquad\qquad \alpha + \beta + M' \alpha \beta,$$

les lettres M et M' désignant des nombres donnés, car en faisant

$$\alpha + \beta + M \alpha \beta = N, \qquad\qquad \alpha + \beta + M' \alpha \beta = N',$$

on trouveroit

$$\alpha + \beta = \frac{M'\,N - N'\,M}{M' - M}, \qquad \alpha \beta = \frac{N' - N}{M' - M};$$

mais pour parvenir à l'équation de laquelle dépend la

fonction $\alpha + \beta + M\alpha\beta$, il faut former toutes les valeurs qu'elle prend, en y mettant successivement, au lieu de α et de β, toutes les racines α, β, γ, δ, etc. de la proposée, combinées deux à deux (7), ce qui donne......

$\dfrac{p(p-1)}{2}$ résultats, et fait voir par conséquent que l'équation cherchée, que je désignerai par (Q), monteroit au degré $\dfrac{p(p-1)}{2}$.

Supposons, 1°. que cette équation ait toujours une racine réelle. En donnant à M une infinité de valeurs, on formera une infinité d'équations semblables, dont chacune aura une racine réelle, renfermant une des combinaisons qu'on peut faire des racines de la proposée dans la formule $\alpha + \beta + M\alpha\beta$; or, le nombre de ces combinaisons étant limité, il faudra nécessairement que la même combinaison soit répétée plusieurs fois avec diverses valeurs de M. On peut donc affirmer qu'il existe au moins deux fonctions de la forme

$$\alpha + \beta + M\alpha\beta, \qquad \alpha + \beta + M'\alpha\beta,$$

contenant les mêmes racines α et β, et dont les valeurs N et N' sont réelles, d'où il résulte que les valeurs correspondántes de $\alpha + \beta$ et de $\alpha\beta$ le sont aussi.

2°. Si l'équation (Q) n'a point de racines réelles, mais seulement un facteur réel du second degré, dont les racines soient imaginaires, en donnant à M une infinité de valeurs, on obtiendra une infinité de fonctions $\alpha + \beta + M\alpha\beta$, dont l'expression sera de la forme $A + B\sqrt{-1}$, et on prouvera, comme ci-dessus, qu'il doit s'en trouver plusieurs qui ne diffèrent que par les valeurs de M. On aura donc

$$\alpha + \beta + M\alpha\beta = A + B\sqrt{-1},$$
$$\alpha + \beta + M'\alpha\beta = A' + B'\sqrt{-1},$$

d'où on tirera

$$\alpha + \beta = \frac{M'\,(A + B\sqrt{-1}) - M\,(A' + B'\sqrt{-1})}{M' - M},$$

$$\alpha\beta = \frac{A' + B'\sqrt{-1} - A - B\sqrt{-1}}{M' - M}.$$

En réunissant les termes réels entre eux et les termes imaginaires entre eux, on pourra représenter ces expressions par

$$2\,(C + D\sqrt{-1}) \quad \text{et} \quad E + F\sqrt{-1};$$

et par-là le facteur $x^2 - (\alpha + \beta)x + \alpha\beta$ deviendra

$$x^2 - 2\,(C + D\sqrt{-1})x + E + F\sqrt{-1}.$$

L'existence de ce facteur entraîne celle d'un autre, qui seroit

$$x^2 - 2\,(C - D\sqrt{-1})x + E - F\sqrt{-1};$$

car soit $X - Y\sqrt{-1}$ le quotient que donne l'équation (P) lorsqu'on la divise par le premier : les quantités X et Y doivent être nécessairement telles, que les parties imaginaires contenues dans le produit de ce facteur, par $X - Y\sqrt{-1}$, se détruisent, puisque le dividende est entièrement réel; et si l'on multiplie le second facteur par $X + Y\sqrt{-1}$, on aura un nouveau produit, dans lequel la partie réelle sera encore la même que celle du précédent, et la partie imaginaire n'ayant fait que changer de signe, s'évanouira aussi.

En général, toute expression qui a un facteur de la forme $a + b\sqrt{-1}$, en a nécessairement un de la forme $a - b\sqrt{-1}$.

Maintenant si les polynomes

$$x^2 - 2(C + D\sqrt{-1})x + E + F\sqrt{-1}$$

et $\quad x^2 - 2(C - D\sqrt{-1})x + E - F\sqrt{-1}$

n'ont point de diviseur commun, ils renferment à eux deux quatre facteurs simples de l'équation (P), qui, multipliés l'un par l'autre, donnent un facteur du quatrième degré dont les coefficiens sont réels, et l'on a montré, numéro 22, que toute équation du quatrième degré peut se décomposer en facteurs réels du second.

Si les deux polynomes

$$x^2 - 2(C + D\sqrt{-1})x + E + F\sqrt{-1}$$
$$x^2 - 2(C - D\sqrt{-1})x + E - F\sqrt{-1}$$

ont un diviseur commun, en les mettant sous la forme

$$x^2 - 2Cx + E - (2Dx - F)\sqrt{-1}$$
$$x^2 - 2Cx + E + (2Dx - F)\sqrt{-1},$$

on verra que ce diviseur doit être commun aussi aux deux quantités $x^2 - 2Cx + E$ et $2Dx - F$, et on en conclura qu'il ne peut être que de la forme $x - I$: ou aura donc

$$x^2 - 2Cx + E - (2Dx - F)\sqrt{-1}$$
$$= (x - K - L\sqrt{-1})(x - I),$$
$$x^2 - 2Cx + E + (2Dx - F)\sqrt{-1}$$
$$= (x - K + L\sqrt{-1})(x - I);$$

d'où il suit que $x - K - L\sqrt{-1}$, $x - K + L\sqrt{-1}$ et $x - I$, seront trois facteurs de l'équation (P). Les deux premiers, multipliés entre eux, donnent un facteur réel du second degré; et en divisant l'équation (P) par le troisième, on obtiendra, si elle est d'un degré pair, un quotient de degré impair, qui aura lui-même un facteur réel du premier degré, formant avec celui par lequel on a divisé, un second facteur réel du deuxième degré. Il est donc bien prouvé qu'une équation (P), de degré pair, aura au moins un facteur réel du deuxième degré, si l'équation (Q) a toujours un facteur réel, soit du premier degré, soit du second.

24. Cela posé, tout nombre pair étant nécessairement le produit d'un nombre impair multiplié par quelqu'un des nombres 2, 4, 8, 16, etc. c'est-à-dire, par une puissance de 2, sera compris dans la formule $2^m n$, n représentant un nombre entier quelconque, et n un nombre impair; le degré de l'équation (Q), exprimé en général par $\dfrac{p\,(p-1)}{2}$, sera donc égal à

$$\frac{2^m n\,(2^m n - 1)}{2} = 2^{m-1} n\,(2^m n - 1),$$

si $p = 2^m n$. Faisant $n\,(2^m n - 1) = n'$, n' sera encore un nombre impair, puisqu'il est le produit de deux nombres impairs, n et $2^m n - 1$; et d'après ce qui précède, l'équation du degré $2^m n$ aura un facteur réel du second degré, si l'équation du degré $2^{m-1} n'$ a un facteur réel, soit du premier, soit du deuxième. Par la même raison, l'équation du degré $2^{m-1} n'$ aura un facteur réel, si l'équation du degré $2^{m-2} n'(2^{m-1} n'-1)$ ou $2^{m-2} n''$ a un facteur réel, soit du premier, soit du deuxième degré. En continuant ainsi, on passera par une suite d'équations dont les plus hauts exposans seront de la forme

$$2^m n, \qquad 2^{m-1} n', \qquad 2^{m-2} n'', \qquad 2^{m-3} n''' \ldots\ldots$$

les nombres n, n', n'', $n''' \ldots\ldots$ étant tous impairs, et ou

arrivera enfin à une dernière équation d'un degré impair,
qui aura nécessairement un facteur réel du premier
degré (*Elém.* 218); par conséquent l'avant-dernière en
aura un du second degré, ainsi que chacune des autres,
jusqu'à la proposée inclusivement. Supposons ensuite que
celle-ci soit divisée par le facteur du second degré dont
on vient de prouver l'existence, le quotient étant encore
de degré pair, contiendra au moins un facteur réel du
second degré, par lequel on pourra le diviser de nouveau. Sans qu'il soit besoin d'aller au-delà, on voit
*qu'une équation quelconque d'un degré pair est toujours
décomposable en facteurs réels du second degré ;* et puisqu'une équation de degré impair se ramène à une équation de degré pair, en la divisant par le facteur réel
qu'elle a nécessairement, il s'ensuit *qu'une équation de
degré quelconque ne peut avoir que des racines réelles
ou des racines imaginaires semblables à celles des équations du second degré, c'est-à-dire, réductibles à la forme*
$A \pm B\sqrt{-1}$.

25. D'Alembert démontra le premier que les expressions imaginaires pouvoient toutes se réduire à la forme
$A \pm B\sqrt{-1}$. La vérité de cette proposition, à l'égard
des expressions résultantes des opérations algébriques,
suit naturellement de ce qui précède; car en les égalant
à des inconnues et faisant disparaître les radicaux qu'elles
contiennent, on parviendra à des équations dont les
racines imaginaires seront de la forme $A \pm B\sqrt{-1}$.

On peut encore s'assurer directement de cette vérité,
en observant :

1°. que $a+b\sqrt{-1}-a'-b'\sqrt{-1}+a''+b''\sqrt{-1}+$ etc.

$$= (a-a'+a''+\text{etc.}) + (b-b'+b''+\text{etc.})\sqrt{-1};$$

$2°$. que $(a + b\sqrt{-1})(a' + b'\sqrt{-1})$

$$= aa' - bb' + (a'b + ab')\sqrt{-1};$$

$3°$. que $\dfrac{a + b\sqrt{-1}}{a' + b'\sqrt{-1}} = \dfrac{(a + b\sqrt{-1})(a' - b'\sqrt{-1})}{(a' + b'\sqrt{-1})(a' - b'\sqrt{-1})}$

$$= \dfrac{aa' + bb'}{a'^2 + b'^2} + \dfrac{a'b - ab'}{a'^2 + b'^2}\sqrt{-1};$$

$4°$. que $(a + b\sqrt{-1})^m = A + B\sqrt{-1}$.

Pour prouver cette dernière proposition, on changera $(a + b\sqrt{-1})^m$ en $a^m(1 + \dfrac{b}{a}\sqrt{-1})^m$; et en observant que

$$\sqrt{-1} = +\sqrt{-1} \qquad (\sqrt{-1})^5 = +\sqrt{-1}$$
$$(\sqrt{-1})^2 = -1 \qquad (\sqrt{-1})^6 = -1$$
$$(\sqrt{-1})^3 = -\sqrt{-1} \qquad (\sqrt{-1})^7 = -\sqrt{-1}$$
$$(\sqrt{-1})^4 = +1 \qquad (\sqrt{-1})^8 = +1$$

on verra que si on désigne par i un nombre entier quelconque, on doit avoir en général

$$(\sqrt{-1})^{4i} = 1, \qquad (\sqrt{-1})^{4i+1} = +\sqrt{-1},$$

$$(\sqrt{-1})^{4i+2} = -1, \quad (\sqrt{-1})^{4i+3} = -\sqrt{-1},$$

ce qui renferme tous les cas; car il est évident qu'il n'existe aucun nombre entier qui ne soit compris dans l'une des quatre formules

$$4i, \qquad 4i+1, \qquad 4i+2, \qquad 4i+3;$$

c'est-à-dire, qui ne soit divisible par 4, ou qui ne le devienne quand on en ôte 1, ou 2, ou 3 unités.

Cela posé, on trouve par le développement de la puissance m du binome

$$\left(1 + \frac{b}{a}\sqrt{-1}\right)^m =$$

$$1 + \frac{m}{1}\frac{b}{a}\sqrt{-1} - \frac{m(m-1)}{1 \cdot 2}\frac{b^2}{a^2} - \frac{m(m-1)(m-2)}{1 \cdot 2 \cdot 3}\frac{b^3}{a^3}\sqrt{-1}$$

$$+ \frac{m(m-1)(m-2)(m-3)}{1 \cdot 2 \cdot 3 \cdot 4}\frac{b^4}{a^4} + \text{etc,}$$

et en réunissant les termes affectés de $\sqrt{-1}$, qui sont ceux de rang pair, il vient

$$\left(1 + \frac{b}{a}\sqrt{-1}\right)^m =$$

$$1 - \frac{m(m-1)}{1 \cdot 2}\frac{b^2}{a^2} + \frac{m(m-1)(m-2)(m-3)}{1 \cdot 2 \cdot 3 \cdot 4}\frac{b^4}{a^4} - \text{etc,}$$

$$+ \left(\frac{m}{1}\frac{b}{a} - \frac{m(m-1)(m-2)}{1 \cdot 2 \cdot 3}\frac{b^3}{a^3} + \text{etc.}\right)\sqrt{-1}.$$

Pour passer de ce développement à celui de..........

$\left(1 - \frac{b}{a}\sqrt{-1}\right)^m$, il suffit de changer le signe de la quantité $\frac{b}{a}$ dans tous les termes où elle se trouve élevée à une puissance impaire, et on aura ainsi

$$\left(1 - \frac{b}{a}\sqrt{-1}\right)^m =$$

$$1 - \frac{m(m-1)}{1 \cdot 2}\frac{b^2}{a^2} + \frac{m(m-1)(m-2)(m-3)}{1 \cdot 2 \cdot 3 \cdot 4}\frac{b^4}{a^4} + \text{etc.}$$

$$- \left(\frac{m}{1}\frac{b}{a} - \frac{m(m-1)(m-2)}{1 \cdot 2 \cdot 3}\frac{b^3}{a^3} + \text{etc.}\right)\sqrt{-1}.$$

Multipliant ces résultats par a^m, et faisant

$$a^m\left(1 - \frac{m(m-1)}{1 \cdot 2}\frac{b^2}{a^2} + \frac{m(m-1)(m-2)(m-3)}{1 \cdot 2 \cdot 3 \cdot 4}\frac{b^4}{a^4} - \text{etc.}\right) = A,$$

$$a^m\left(\frac{m}{1}\frac{b}{a} - \frac{m(m-1)(m-2)}{1 \cdot 2 \cdot 3}\frac{b^3}{a^3} + \text{etc.}\right) = B,$$

il viendra

$$\left(a + b\sqrt{-1}\right)^m = A + B\sqrt{-1}, \quad \left(a - b\sqrt{-1}\right)^m = A - B\sqrt{-1}.$$

Lorsque nous aurons fait voir que le développement de la puissance m du binome convient également au cas où l'exposant m est fractionnaire ou négatif, il sera démontré par ce qui précède, que, quelle que soit m,

$$(a+b\sqrt{-1})^m = A + B\sqrt{-1}.$$

Au moyen de ces résultats, on ramènera à la forme $A + B\sqrt{-1}$ toute expression résultante de la combinaison de plusieurs quantités de la forme $a+b\sqrt{-1}$, par addition, soustraction, multiplication, division et élévation aux puissances, soit entières, soit fractionnaires.

26. Il suit de la proposition démontrée n°. 24, que pour obtenir les racines imaginaires d'une équation quelconque, il faut la décomposer en facteurs du second degré ; mais ce moyen exige la résolution d'une équation du degré $\dfrac{m(m-1)}{2}$ (23), avant même qu'on puisse savoir si la proposée du degré m a ou non des racines imaginaires. Les Géomètres ont cherché des méthodes pour reconnoître l'existence de ces racines indépendamment de la résolution d'aucune équation, et je vais exposer ce que Lagrange a trouvé de plus général à cet égard.

Supposons qu'une équation du degré m ait en même temps des racines réelles et des racines imaginaires ; représentons les premières par α, β, γ, δ, etc. les secondes pourront être désignées par couples de la forme..... $a \pm b\sqrt{-1}, a'\pm b'\sqrt{-1}$, etc. (24) ; les différences des racines combinées deux à deux seront nécessairement de l'une des formes suivantes :

$$\alpha - \beta \quad \text{entre deux racines réelles.}$$

$$\alpha - a \mp b\sqrt{-1} \quad \text{entre 1 racine réelle et 1 rac. im.}$$

$$(a-a') \pm (b-b')\sqrt{-1} \quad \text{entre 2 rac. im. de coupl. différ.}$$

$$2b\sqrt{-1} \quad \text{entre 2 rac. im. d'un même coupl.}$$

En faisant les quarrés de ces expressions, on trouvera
pour la première un résultat réel et positif, et pour la
quatrième un résultat réel et négatif; les deux autres
donneront des résultats imaginaires, à moins qu'on n'ait
$\alpha = a$, ou $a = a'$, ou $b = b'$; mais chacun de ces cas
introduit des racines égales dans l'équation au quarré des
différences. Il suit de-là qu'en faisant abstraction des
racines égales, *l'équation dont les racines sont les quarrés
des différences qui se trouvent entre celles de la proposée, aura autant de racines négatives que cette dernière
a de couples différens de racines imaginaires.*

27. On voit par ce qui précède combien il seroit à
desirer qu'on eût au moins une règle sûre pour connoître
sans calcul le nombre des racines positives et négatives
d'une équation quelconque, puisqu'on seroit alors en
état d'assigner, au moyen de l'équation au quarré des
différences, le nombre des racines réelles et celui des
racines imaginaires de la proposée. Malheureusement la
règle qu'a donnée Descartes pour remplir cet objet,
généralisée-autant qu'elle peut l'être, se réduit à ce que :

*Toute équation ne sauroit avoir un nombre de racines
positives plus grand que celui des variations de signes
qui se trouvent entre ses termes, ni un nombre de racines
négatives plus grand que celui des permanences du même
signe ; et si elle ne contenoit que des racines réelles, elle
en auroit précisément autant de positives que de variations de signes , et autant de négatives que de permanences du même.*

Les *variations* de signes sont les changemens de $+$ en $-$
ou de $-$ en $+$, qui ont lieu d'un terme à l'autre, et il y
a *permanence* chaque fois que le signe d'un terme est le
même que celui du précédent. L'équation

$$x^4 - 8\,x^3 + 7\,x^2 + 9\,x - 4 = 0,$$

par exemple, a trois variations de signe, savoir : de
$+ x^4$ à $- 8\,x^3$, de $- 8\,x^3$ à $+ 7\,x^2$, et de $+ 9\,x$ à $- 4$;
du terme $+ 7\,x^2$ au terme $+ 9\,x$, il y a une pérmanence
du signe $+$.

Parmi les diverses démonstrations qu'on a données de
cette règle, je choisirai celle qui est due à Segner, parce
qu'elle m'a paru la plus simple de toutes.

Soit l'équation

$$x^m \pm P\,x^{m-1} \pm Q\,x^{m-2} \dots \pm T\,x \pm U = 0,$$

dans laquelle les signes $+$ et $-$ se succèdent d'une manière quelconque : en la multipliant par le facteur $x - \alpha$
qui donne la racine positive $x = \alpha$, on aura

$$\left.\begin{array}{c} x^{m+1} \pm P \\ - \alpha \end{array}\right\} \left.\begin{array}{c} x^m \pm Q \\ \mp P\,\alpha \end{array}\right\} \left.\begin{array}{c} x^{m-1} \dots \pm U \\ \mp T\,\alpha \end{array}\right\} \left.\begin{array}{c} x \\ \mp U\,\alpha \end{array}\right\} = 0,$$

Les coefficiens placés dans la première ligne de ce résultat, sont ceux de la proposée, pris avec le même signe
dont ils étoient d'abord affectés ; et les coefficiens de la
seconde ligne sont formés de ceux de la première, multipliés par α, mais pris avec un signe contraire, et reculés
d'un rang vers la droite. Cela posé, tant que les coefficiens supérieurs seront plus grands que les inférieurs,
ils détermineront le signe du terme dans lequel ils se
trouvent ; et comme ils n'ont pas changé de signe, il
y aura entre eux les mêmes variations et les mêmes permanences que dans la proposée ; mais le dernier terme
$\mp U\,\alpha$ ayant toujours un signe contraire à celui du
coefficient supérieur $\pm U$ de l'avant-dernier, il en résultera une nouvelle variation que la proposée n'avoit point.

Lorsqu'on rencontrera un coefficient inférieur de signe

contraire à son correspondant supérieur, et plus grand
que lui, il y aura une permanence de la proposée qui
se changera en une variation; car le signe du terme ou
cela arrivera, étant déterminé par celui du coefficient
inférieur, sera contraire au signe du terme précédent,
qu'on suppose le même que celui de son coefficient supérieur.

On sentira la vérité de cette assertion, en observant
qu'on ne peut être obligé de recourir au coefficient inférieur, pour reconnoître le signe d'un terme, que dans
des cas semblables à l un des deux suivans :

$$\left.\begin{array}{c} +\,R\,x^{m-3}+S \\ -\,R\,\alpha \end{array}\right\}x^{m-4} \quad , \qquad \left.\begin{array}{c} -\,R\,x^{m-3}-S \\ +\,R\,\alpha \end{array}\right\}x^{m-4} \quad ,$$

en supposant qu'on ait $R\,\alpha > S$; l'ordre de la succession
des signes sera dans le premier $+\,-$, et dans le second
$-\,+$. Je n'ai point écrit le coefficient inférieur dans le
premier terme , puisque, par l'hypothèse, il n'influe
point sur le signe de ce terme.

Il est donc évident que chaque fois qu'on descend de
la ligne supérieure dans la ligne inférieure pour déterminer le signe, il y a alors une variation qui ne se trou-
voit point dans l'équation proposée; et si après ce passage on reste toujours dans la ligne inférieure , on
retrouve les mêmes variations et les mêmes permanences
que dans la proposée, puisque les coefficiens de cette
ligne ont tous un signe contraire à leur signe primitif.
Quand on remontera de la ligne inférieure à la ligne supérieure, il en pourra résulter ou une variation, ou une
permanence; car il n'existe aucune connexion entre le
signe d'un coefficient inférieur et celui du coefficient
supérieur du terme suivant. Mais en supposant même

que ce passage produisît dans tous les cas une permanence, comme le dernier terme de la nouvelle équation fait partie de la seconde ligne, il faudra toujours revenir au moins une fois de plus dans cette ligne que dans la première, et par conséquent la nouvelle équation aura au moins une variation de signe de plus que la proposée ; il en seroit de même à chaque racine positive qu'on introduiroit.

Multiplions maintenant l'équation proposée par le facteur $x + \alpha$, qui donne la racine négative $x = - \alpha$, nous aurons

$$\left. \begin{array}{c} x^{m+1} \pm P \\ + \alpha \end{array} \right\} \left. \begin{array}{c} x^{m} \pm Q \\ \pm P\alpha \end{array} \right\} x^{m-1} \ldots \left. \begin{array}{c} \pm U \\ \pm T\alpha \end{array} \right\} \left. \begin{array}{c} x \\ \pm U\alpha \end{array} \right\} = 0.$$

Les coefficiens placés dans la première ligne sont encore ici les mêmes et de même signe que dans l'équation proposée ; ceux de la seconde ligne sont aussi formés de ceux de la première, multipliés par α et reculés d'un rang vers la droite ; mais dans le cas actuel, ils ont conservé leur signe primitif.

En raisonnant comme ci-dessus, on verra que chaque fois qu'on sera obligé de prendre le signe du coefficient inférieur, on obtiendra une nouvelle permanence qui n'existoit point dans la proposée. Les exemples ci joints

$$\left. \begin{array}{c} + R\,x^{m-3} - S \\ + R\alpha \end{array} \right\} x^{m-4} \quad , \qquad \left. \begin{array}{c} - R\,x^{m-3} + S \\ - R\alpha \end{array} \right\} x^{m-4} \quad ,$$

analogues à ceux qu'on a donnés plus haut, rendront cette conséquence bien évidente, puisque $R\alpha$ étant plus grand que S, on aura dans l'un $+ +$, et dans l'autre $- -$. Lorsqu'on remontera de la ligne inférieure dans la ligne supérieure, il en pourra résulter indifféremment ou une variation, ou une permanence ; mais en accordant

que ce soit une variation qui ait toujours lieu, on pourra
malgré cela conclure que le nombre des permanences sera
au moins augmenté d'une unité, puisque le dernier terme
se trouvant dans la seconde ligne, forcera toujours à
revenir à cette ligne au moins une fois de plus que dans
l'autre. Il suit de là que chaque racine négative donnée
à la proposée apportera avec elle au moins une permanence. En rapprochant cette conclusion de la précédente, on verra que *le nombre des racines positives d'une
équation quelconque ne sauroit surpasser celui des variations de signe qu'elle renferme, et le nombre des racines
négatives celui des permanences.*

Si l'équation proposée n'avoit que des racines réelles,
on prouveroit aussi par-là qu'elle doit avoir *précisément*
autant de racines positives que de variations, et autant
de racines négatives que de permanences. En effet, quel
que soit le nombre de variations et le nombre de permanences qu'aient apporté chaque racine positive et chaque
racine négative, le nombre des unes et des autres, dans
le résultat final, doit être égal à celui des termes di-
minué de l'unité, ou à l'exposant du degré de l'équation,
ou enfin au nombre des racines ; mais les variations ne
sont produites que par les racines positives, et les permanences que par les racines négatives : il faut donc qu'il
y ait autant de variations que de racines positives, autant de permanences que de racines négatives, *et vice
versâ.*

28. Les racines imaginaires modifient cette proposition, parce qu'elles ont lieu, soit avec des variations,
soit avec des permanences. Cela se voit sur l'équation
même du second degré $x^2 \pm 2px + q = 0$, dont les
racines sont imaginaires, quelque signe qu'ait p, tant
que p^2 est moindre que q.

On peut assez souvent reconnoître immédiatement la présence des racines imaginaires par la règle ci-dessus, lorsqu'une équation manque de quelques termes. Prenons pour exemple $x^3 + p\,x + q = 0$; nous pouvons remplacer par $\pm 0 . x^2$ le second terme qui manque, et il viendra

$$x^3 \pm 0 . x^2 + p x + q = 0.$$

Si on n'a égard qu'au signe supérieur, on ne trouvera que des permanences, tandis que le signe inférieur donnera deux variations. Ces résultats, dont l'un semble indiquer trois racines négatives, et l'autre deux racines positives, ne s'accordant point entre eux, font voir que la proposée a des racines imaginaires. Si on avoit

$$x^3 - p x + q = 0,$$

en l'écrivant ainsi :

$$x^3 \pm 0 . x^2 - p x + q = 0,$$

quelque signe qu'on emploie, on trouve toujours deux variations et une permanence : l'accord de ces résultats prouve qu'elle peut avoir ses trois racines réelles, mais non pas qu'elle les ait en effet ; car on sait d'ailleurs que cela ne peut arriver, à moins qu'on n'ait $\frac{1}{27} p^3 > \frac{1}{4} q^2$.

29. Cela posé, désignons par (D) l'équation au quarré des différences (26), qu'on peut former d'après le n°. 8 : il est évident, par la règle du n°. précédent, que si tous ses signes sont alternativement positifs et néga-tifs, c'est-à-dire, si elle n'a que des variations, elle n'aura que des racines réelles et positives, et toutes celles de la proposée seront réelles. En effet, si celle-ci avoit des racines imaginaires, parmi les racines de l'équation (D), il s'en trouveroit nécessairement de réelles et néga-tives (26) ; elle auroit donc des permanences, ce qui est contre la supposition.

Le

Le dernier terme d'une équation étant, comme on sait, le produit de toutes ses racines prises avec un signe contraire, sera négatif, si le nombre des racines réelles positives est impair ; car le dernier terme du produit d'un couple de racines imaginaires est toujours positif. En appliquant cette remarque à l'équation (D), on verra que si son dernier terme est négatif, elle aura un nombre de racines négatives pair ou impair, selon qu'elle sera d'un degré impair ou pair. Dans le premier cas, la proposée aura un nombre pair de couples de racines imaginaires, et un nombre impair dans le second. En général, il suit de la nature des racines de l'équation (D) et de ce qu'on a vu n°.42, que la proposée ne sauroit avoir plus de couples de racines imaginaires qu'il ne se trouve de permanences de signe dans l'équation (D).

Les considérations précédentes ne mènent toujours qu'à s'assurer si une équation donnée a des racines imaginaires, et à trouver une limite que leur nombre ne puisse excéder ; mais en suivant l'esprit de la méthode, on formeroit de nouvelles équations auxiliaires qui ne pourroient avoir de racines négatives qu'autant que la proposée auroit au moins quatre racines imaginaires ; d'autres qui n'en auroient que de positives, tant que le nombre des racines imaginaires de la proposée seroit au-dessous de six, et ainsi de suite. Il faudroit former, dans le premier cas, l'équation qui donne les quarrés des différences qui se trouvent entre les sommes des racines combinées deux à deux ; dans le second, celle qui donne les quarrés des différences qui se trouvent entre les sommes des racines prises trois à trois, etc.

30. Si on parvenoit à trouver d'une manière quelconque les racines négatives et inégales de l'équation (D),

on en déduiroit les racines imaginaires de la proposée. En effet, en substituant dans cette dernière $a + b\sqrt{-1}$ au lieu de x, et en égalant séparément à zéro la partie réelle et la partie imaginaire, on auroit deux équations pour déterminer les inconnues a et b; mais si on connoissoit *à priori* la valeur de b, et qu'on la substituât dans l'une et dans l'autre de ces équations, a seroit donné par le diviseur commun des deux résultats, égalé à zéro (*Elém.* 191). Or, en nommant $-z'$ l'une des racines négatives de l'équation (D), cette racine exprimera le quarré de la différence entre les deux racines imaginaires comprises dans la formule $a \pm b\sqrt{-1}$, et on aura par conséquent

$$-z' = -4\,b^2,$$

d'où

$$b = \pm \tfrac{1}{2}\sqrt{z'}.$$

De l'extraction des racines des quantités en partie commensurables et en partie incommensurables.

31. On a vu dans les numéros 16 et 18, combien il pourroit être utile de savoir quand une expression compliquée de radicaux est une puissance parfaite; aussi les Analystes se sont-ils occupés de la recherche des caractères auxquels on reconnoît ces puissances.

32. Soit $\sqrt{a + \sqrt{b}}$: l'expression $a + \sqrt{b}$ ne peut être que le quarré d'une autre de cette forme: $\sqrt{A} + \sqrt{B}$, dans laquelle se trouve comprise celle-ci: $A' + \sqrt{B}$, en supposant que $A = A'^2$. Cela posé, on aura

$$a + \sqrt{b} = (\sqrt{A} + \sqrt{B})^2 = A + B + 2\sqrt{AB};$$

comparant d'un côté la partie commensurable, et de

l'autre la partie incommensurable, on formera ces deux équations :

$$a = A + B, \qquad \sqrt{b} = 2\sqrt{AB};$$

quarrant de nouveau, il viendra

$$a^2 = A^2 + 2AB + B^2, \qquad b = 4AB;$$

retranchant la seconde équation de la première, on aura

$$a^2 - b = A^2 - 2AB + B^2;$$

et prenant enfin la racine quarrée de chaque membre de cette dernière, on en conclura

$$\sqrt{a^2 - b} = A - B.$$

Si l'on combine cette équation avec $a = A + B$, on en tirera les valeurs

$$A = \tfrac{1}{2}a + \tfrac{1}{2}\sqrt{a^2 - b}, \qquad B = \tfrac{1}{2}a - \tfrac{1}{2}\sqrt{a^2 - b},$$

d'après lesquelles les quantités A et B ne peuvent être rationnelles comme on le suppose, à moins que $a^2 - b$ ne soit un quarré parfait.

Prenons pour exemple $\sqrt{7 + \sqrt{48}}$; nous aurons

$$a = 7, \quad b = 48, \quad a^2 - b = 49 - 48 = 1,$$
$$A = \tfrac{7}{2} + \tfrac{1}{2} = 4, \qquad B = \tfrac{7}{2} - \tfrac{1}{2} = 3,$$
$$\sqrt{A} + \sqrt{B} = \sqrt{4} + \sqrt{3} = 2 + \sqrt{3}.$$

Soit encore l'expression littérale

$$\sqrt{4mn + 2(m+n)(m-n)\sqrt{-1}},$$

équivalente à

$$\sqrt{4mn + \sqrt{-4(m+n)^2(m-n)^2}};$$

il viendra pour cet exemple

$$a = 4\,mn, \qquad b = -4\,(m+n)^2\,(m-n)^2$$

$$a^2 - b = 4\,m^4 + 8\,m^2 n^2 + 4\,n^4 = 4\,(m^2 + n^2)^2$$

$$\sqrt{A} = \sqrt{2mn + m^2 + n^2}, \qquad \sqrt{B} = \sqrt{2mn - m^2 - n^2}$$

$$\sqrt{A} + \sqrt{B} = \sqrt{(m+n)^2} + \sqrt{(m-n)^2 \times -1}$$

$$= m + n + (m-n)\sqrt{-1}.$$

Enfin si l'on avoit

$$\sqrt{m^2 - mn + \tfrac{1}{4} n^2 + 2\sqrt{m^3 n - 2\,m^2 n^2 + \tfrac{1}{4} m n^3}},$$

on trouveroit

$$\sqrt{mn} + \sqrt{m^2 - 2mn + \tfrac{1}{4} n^2}.$$

Quand, au lieu de $\sqrt{a + \sqrt{b}}$, on a $\sqrt{a - \sqrt{b}}$, il faut prendre $\sqrt{A} - \sqrt{B}$, A et B conservant les mêmes valeurs que ci-dessus.

Dans ces deux cas, la racine cherchée est double comme toutes celles du second degré ; car on a dans le premier cas

$$+\sqrt{A} + \sqrt{B} \quad \text{ou} \quad -\sqrt{A} - \sqrt{B},$$

et dans le second,

$$+\sqrt{A} - \sqrt{B} \quad \text{ou} \quad -\sqrt{A} + \sqrt{B}.$$

33. Cherchons actuellement le cas où il est possible d'extraire la racine cubique d'une expression de la forme $a + \sqrt{b}$. Pour y parvenir, il faut découvrir la forme que l'on doit donner à cette racine. On ne peut supposer qu'elle soit $\sqrt{A} + \sqrt{B}$, car le cube de cette quantité étant

$$A\sqrt{A} + 3\,A\sqrt{B} + 3\,B\sqrt{A} + B\sqrt{B}$$

$$= (A + 3B)\sqrt{A} + (3A + B)\sqrt{B},$$

contient deux radicaux quarrés essentiellement différens;

Il n'en sera pas de même de la forme $A + \sqrt{B}$; mais pour la généraliser, un peu, nous la changerons en

$$(A + \sqrt{B})\sqrt[3]{C};$$

son cube sera alors

$$C(A^3 + 3A^2\sqrt{B} + 3AB + B\sqrt{B});$$

comparant la partie rationnelle de cette expression avec a, et la partie irrationnelle avec $\sqrt{b}$, nous aurons les équations

$$a = C(A^3 + 3AB), \qquad \sqrt{b} = C(3A^2 + B)\sqrt{B};$$

quarrant l'une et l'autre, nous obtiendrons

$$a^2 = C^2(A^6 + 6A^4B + 9A^2B^2)$$
$$b = C^2(9A^4B + 6A^2B^2 + B^3),$$

d'où nous conclurons

$$\frac{a^2 - b}{C^2} = A^6 - 3A^4B + 3A^2B^2 - B^3 = (A^2 - B)^3,$$

et par conséquent

$$A^2 - B = \sqrt[3]{\frac{a^2 - b}{C^2}} = \frac{\sqrt[3]{(a^2 - b)C}}{C}.$$

La lettre C étant indéterminée, nous en pourrons disposer pour que la quantité $(a^2 - b)C$ soit un cube parfait ; lorsque cette détermination sera effectuée, nous aurons, en faisant pour abréger $\dfrac{\sqrt[3]{(a^2 - b)C}}{C} = c$, l'équation

$$A^2 - B = c,$$

d'où

$$B = A^2 - c;$$

substituant dans l'équation $a = C(A^3 + 3AB)$, il viendra

$$4CA^3 - 3cCA - a = 0.$$

Cette dernière aura nécessairement une racine commensurable, si A et B sont rationnels.

En prenant pour exemple la quantité $2 + 11\sqrt{-1}$ du n°. 16, il viendra

$$a = 2, \quad 11\sqrt{-1} = \sqrt{b} \text{ ou } b = -121, \quad a^2 - b = 125$$

$$A^2 - B = \frac{1}{C}\sqrt{125\,C}.$$

Le nombre 125 étant un cube parfait, on pourra faire $C = 1$, et on aura

$$c = 5, \quad A^2 - B = 5 \text{ et } 4A^3 - 15A - 2 = 0.$$

L'équation en A ayant pour diviseur commensurable $A - 2$, donne

$$A = 2;$$

puis on trouve

$$B = 4 - 5 = -1,$$

d'où il résulte

$$\sqrt[3]{2 + 11\sqrt{-1}} = 2 + \sqrt{-1} :$$

on obtiendroit par le même procédé,

$$\sqrt[3]{2 - 11\sqrt{-1}} = 2 - \sqrt{-1}.$$

Soit encore la quantité $52 + 30\sqrt{3}$, qui donne

$$a = 52, \quad \sqrt{b} = 30\sqrt{3}, \quad a^2 - b = 4,$$

$$A^2 - B = \frac{1}{C}\sqrt[3]{4\,C}.$$

Ici, pour rendre $4\,C$ un cube parfait, il faut faire $C = 2$; il vient ensuite

$$A^2 - B = 1, \quad 8A^3 - 6A - 52 = 0.$$

Maintenant si l'on pose $2\,A = y$, on aura l'équation

$$y^3 - 3y - 52 = 0,$$

dont $y - 4$ est un diviseur, et l'on arrivera enfin à
$$y = 4, \qquad A = 2, \qquad B = 3,$$
d'où
$$\sqrt[3]{52 + 30\sqrt{3}} = (2 + \sqrt{3})\sqrt[3]{2}.$$

34. Ces exemples suffisent pour montrer comment on peut parvenir à extraire une racine quelconque d'une expression irrationnelle donnée : la difficulté consiste à deviner la forme sous laquelle cette racine doit se présenter ; et lorsque cette forme est trouvée, et qu'on en compare la puissance avec l'expression irrationnelle proposée, on obtient des équations en nombre égal à celui des indéterminées, et qui doivent conduire à une équation finale ayant des diviseurs commensurables.

Ainsi, pour ramener à la forme $(A + \sqrt{B})\sqrt[n]{C}$ l'expression $\sqrt[n]{a + \sqrt{b}}$, on aura
$$a + \sqrt{b} = C(A + \sqrt{B})^n,$$
équation qui se partagera dans les suivantes :
$$a = C\left(A^n + \frac{n(n-1)}{1 \cdot 2}A^{n-2}B + \frac{n(n-1)(n-2)(n-3)}{1 \cdot 2 \cdot 3 \cdot 4}A^{n-4}B^2 + \text{etc.}\right)$$
$$\sqrt{b} = C\left(\frac{n}{1}A^{n-1}\sqrt{B} + \frac{n(n-1)(n-2)}{1 \cdot 2 \cdot 3}A^{n-3}B\sqrt{B} + \text{etc.}\right).$$

D'après ces valeurs, il est visible que
$$a = \tfrac{1}{2}C\left\{(A + \sqrt{B})^n + (A - \sqrt{B})^n\right\}$$
$$\sqrt{b} = \tfrac{1}{2}C\left\{(A + \sqrt{B})^n - (A - \sqrt{B})^n\right\};$$
et comme
$$a^2 - b = \tfrac{1}{4}C^2\left\{(A + \sqrt{B})^{2n} + 2(A^2 - B)^n + (A - \sqrt{B})^n\right.$$
$$\left. - (A + \sqrt{B})^{2n} + 2(A^2 - B)^n - (A - \sqrt{B})^{2n}\right\},$$
on a, après les réductions,

E 4

$$a^2 - b = C^2 (A^2 - B)^n \quad \text{ou} \quad A^2 - B = \sqrt[n]{\dfrac{a^2 - b}{C^2}}.$$

Il faudra donc premièrement, par une détermination convenable de C, rendre la quantité $\dfrac{a^2 - b}{C^2}$ une puissance exacte du degré n; lorsque cette condition sera remplie, on aura une valeur rationnelle de B, qui, substituée dans l'expression de A, devra conduire à une équation ayant des diviseurs commensurables, si A peut être rationnel.

De l'abaissement des équations.

35. Il y a des circonstances où une équation peut être ramenée à un degré inférieur à celui sous lequel elle se présente; cela arrive toujours lorsqu'il existe entre ses racines des relations particulières, ou qu'elle devient divisible par un facteur rationnel. La recherche des caractères auxquels on reconnoît qu'une équation est susceptible *d'abaissement*, et celle des moyens d'effectuer ces abaissemens, font partie de la résolution des équations; c'est pourquoi nous en traiterons succinctement ici.

Supposons d'abord qu'on ait l'équation

$$x^4 + p x^3 + q x^2 + r x + s = 0,$$

dont les racines soient représentées par a, b, c et d, et qu'on sache qu'entre deux de ces racines, il existe une relation indiquée par l'équation $ma + nb = k$, m, n et k étant des quantités connues, on pourra trouver a et b d'une manière fort simple; car a et b étant les racines de l'équation proposée, on aura

$$a^4 + p a^3 + q a^2 + r a + s = 0$$
$$b^4 + p b^3 + q b^2 + r b + s = 0;$$

mais si de la dernière de celle-ci, on élimine b, au moyen de l'équation $m\,a + n\,b = k$, l'équation résultante devra nécessairement s'accorder avec l'équation

$$a^4 + p\,a^3 + q\,a^2 + r\,a + s = 0;$$

et puisque l'une et l'autre seront satisfaites par la même valeur de a, elles auront un facteur commun qu'on obtiendra en cherchant leur plus grand commun diviseur, et qui fera connoître la valeur de a (*Elém.* 191) : on trouveroit b de la même manière. Il convient d'observer que dans le cas où les deux racines a et b entreroient semblablement dans la relation donnée, ce qui arriveroit si on avoit $m = n$, d'où il résulteroit

$$m(a+b) = k,$$

le diviseur commun dont nous venons de parler monteroit au second degré. La raison de ce fait est facile à appercevoir ; car alors, soit qu'on élimine a, soit qu'on élimine b, on tombe sur des équations semblables, et qui par conséquent doivent conduire à une équation donnant en même temps l'une et l'autre de ces inconnues, ou ayant deux racines.

Si la relation proposée étoit $l\,a + m\,b + n\,c = k$, on y joindroit les équations

$$a^4 + p\,a^3 + q\,a^2 + r\,a + s = 0$$
$$b^4 + p\,b^3 + q\,b^2 + r\,b + s = 0$$
$$c^4 + p\,c^3 + q\,c^2 + r\,c + s = 0,$$

et éliminant, au moyen des deux dernières, b et c de l'équation $l\,a + m\,b + n\,c = k$, on parviendroit à une équation finale qui, ne renfermant plus que a, auroit nécessairement, avec $a^4 + p\,a^3 + q\,a^2 + r\,a + s = 0$, un diviseur commun qui détermineroit a : on trouveroit b et c d'une manière semblable. Si on avoit $l = m$, ce qui changeroit la relation donnée en $l(a+b) + n\,c = k$, comme il seroit indifférent d'y écrire a pour b et b pour a, le diviseur commun qui donneroit a, donneroit aussi b, et seroit par conséquent du deuxième degré. Enfin dans le cas où la relation donnée seroit $l(a+b+c)=k$, les trois racines a, b, c entreroient dans le même diviseur commun, qui seroit par conséquent du troisième degré.

Ce que nous venons de dire par rapport à l'équation du quatrième degré et à des relations exprimées par des équations du premier degré, peut s'appliquer à un degré quelconque et à des relations quelconques, et on en conclura qu'il faut traiter chacune des racines qui entrent dans la relation donnée comme une inconnue distincte, former les équations résultantes de leur substitution dans l'équation proposée, et joindre ces nouvelles équations avec celle qui exprime la relation donnée, puis éliminer ensuite toutes les inconnues, hors une, que l'on conservera en même temps dans deux équations, lesquelles admettront par conséquent un diviseur commun, qui, suivant le degré dont il sera, fera connoître une ou plusieurs des racines comprises dans la relation donnée.

36. Prenons pour premier exemple l'équation du troisième degré

$$x^3 + p\,x^2 - q^2 x - q^2 p = 0,$$

et supposons que l'on sache d'avance que parmi les racines de cette équation, il y en a deux qui sont égales, mais de signe contraire; en nommant a et b ces deux racines, nous tirerons d'abord de l'équation proposée

$$a^3 + p\,a^2 - q^2 a - q^2 p = 0$$
$$b^3 + p\,b^2 - q^2 b - q^2 p = 0.$$

La relation donnée entre a et b fournit de plus cette

troisième équation, $b = -a$, en vertu de laquelle la seconde devient

$$-a^3 + p\,a^2 + q^2\,a - q^2 p = 0,$$

ou en changeant tous les signes à-la-fois, et mettant x pour a,

$$x^3 - p\,x^2 - q^2\,x + q^2 p = 0.$$

Cherchant ensuite le diviseur commun à cette dernière équation et à la proposée, on trouve

$$x^2 - q^2,$$

ce qui donne

$$x^2 - q^2 = 0,$$

ou

$$x = +q \quad \text{et} \quad x = -q.$$

Le diviseur est du second degré, car la relation $b = -a$, équivalente à $a + b = 0$, demeure la même lorsqu'on y change a en b et b en a (35).

La question précédente auroit pu se résoudre de cette autre manière : le facteur qui renferme les deux racines a et b étant $x^2 - (a + b) x + a b$, devient $x^2 - a^2$, lorsqu'on y suppose, d'après la relation donnée, $b = -a$; il faut donc que l'équation proposée soit divisible par $x^2 - a^2$. Or, après avoir poussé la division par ce facteur aussi loin qu'il est possible, on a pour reste

$$-(q^2 - a^2)x - (q^2 p - a^2 p),$$

quantité qui, devant être nulle indépendamment de x, donne

$$q^2 - a^2 = 0, \qquad q^2 p - a^2 p = 0;$$

la seconde de ces équations est identique avec la première, dont on tire

$$q^2 = a^2,$$

et par conséquent

$$x^2 - a^2 = x^2 - q^2,$$

comme ci-dessus.

Il sera facile, avec un peu d'attention, de reconnoître que cette dernière méthode, généralisée convenablement, doit résoudre toutes les questions relatives à l'abaissement des équations.

37. Si les deux équations $q^2 - a^2 = 0$ et $q^2 p - a^2 p = 0$ ne s'étoient pas trouvées comprises l'une dans l'autre, l'équation proposée n'auroit pas été divisible par un facteur de la forme $x^2 - a^2$, et il n'y auroit pas eu par conséquent entre deux de ses racines la relation qu'on supposoit exister ; mais si les quantités p et q, ou en général les coefficiens de l'équation proposée, eussent été indéterminées, on auroit pu les déterminer de manière à satisfaire à cette condition. Les mêmes circonstances se rencontrent dans le premier procédé, car on pourroit éliminer a et b des trois équations

$$a^3 + p\,a^2 - q^2 a - q^2 p = 0,$$
$$b^3 + p\,b^2 - q^2 b - q^2 p = 0,$$
$$a + b = 0,$$

et il existeroit encore une équation entre p et q, qui se trouveroit identique dans le cas actuel, parce que l'équation proposée satisfait à la condition donnée, mais qui, si cela n'avoit pas lieu, exprimeroit la relation qu'une pareille condition suppose entre les coefficiens de l'équation proposée.

38. On a vu dans le n°. 209 des *Elémens*, que lorsqu'une équation avoit des racines égales, elle étoit susceptible d'abaissement ; c'est aussi ce qu'on peut prouver par les considérations précédentes.

L'équation $x^4 + px^3 + qx^2 + rx + s = 0$, par exemple, fournissant, entre deux quelconques a et b de ses racines, les équations identiques

$$a^4 + p\,a^3 + q\,a^2 + r\,a + s = 0$$
$$b^4 + p\,b^3 + q\,b^2 + r\,b + s = 0,$$

conduit à

$$a^4 - b^4 + p\,(a^3 - b^3) + q\,(a^2 - b^2) + r\,(a - b) = 0;$$

divisant ce résultat par $a - b$, on aura l'équation

$$a^3 + a^2b + ab^2 + b^3 + p(a^2 + ab + b^2) + q(a+b) + r,$$

qui devient

$$4\,a^3 + 3\,p\,a^2 + 2\,q\,a + r = 0,$$

lorsqu'on suppose $a = b$. Il faut donc que, dans cette hypothèse, les équations

$$a^4 + p\,a^3 + q\,a^2 + r\,a + s = 0$$
$$4\,a^3 + 3\,p\,a^2 + 2\,q\,a + r = 0$$

aient entre elles un diviseur commun. En suivant cette voie, on parviendroit, avec le secours de la proposition du n°. 177 des *Elémens*, au résultat du n°. 209 du même volume.

On peut encore trouver les racines égales, en considérant qu'une équation qui a deux racines égales est nécessairement divisible par un facteur de la forme

$$x^2 - 2\,\alpha\,x + \alpha^2;$$

par un facteur de la forme

$$x^3 - 3\,\alpha\,x^2 + 3\,\alpha^2 x - \alpha^3,$$

si elle a trois racines égales, et ainsi de suite.

On parvient à un résultat plus élégant et plus général, en cherchant ce que devient alors la fonction désignée par (A) dans le n°. 4.

Si l'équation proposée est de la forme

$$(x-a)^n (x-b)^p (x-c)^q \ldots \times (x-g)(x-h) = 0,$$

c'est-à-dire, si elle a n racines égales à a, p égales à b,

q égales à c, etc. la fonction (A), qui exprime la somme des divers quotiens qu'on obtient en divisant l'équation proposée par chacun de ses facteurs du premier degré, devient visiblement égale à

$$
\begin{aligned}
&n(x-a)^{n-1}(x-b)^p\quad(x-c)^q\ldots\ldots(x-g)(x-h)\\
+\,&p(x-a)^n\quad\ (x-b)^{p-1}(x-c)^q\ldots\ldots(x-g)(x-h)\\
+\,&q(x-a)^n\quad\ (x-b)^p\quad(x-c)^{q-1}\ldots(x-g)(x-h)\\
&\cdots\cdots\cdots\cdots\cdots\cdots\cdots\cdots\cdots\cdots\cdots\\
+\,&\ (x-a)^n\quad\ (x-b)^p\quad(x-c)^q\ldots\ldots\ldots(x-h)\\
+\,&\ (x-a)^n\quad\ (x-b)^p\quad(x-c)^q\ldots\ldots(x-g)
\end{aligned}
$$

en observant que les facteurs égaux donnent le même quotient répété un nombre de fois égal à leur degré de multiplicité ; et on reconnoît à l'inspection de cette quantité qu'elle a pour facteur commun à tous ses termes le produit

$$(x-a)^{n-1}(x-b)^{p-1}(x-c)^{q-1}.$$

Mais si l'on substitue dans l'expression de la fonction (A) les valeurs trouvées pour les coefficiens qui y multiplient les diverses puissances de x, elle deviendra alors

$$m\,x^{m-1}+(m-1)P\,x^{m-2}+(m-2)Q\,x^{m-3}\ldots\ldots+T.$$

Il suit donc de-là que quand la proposée aura la forme qu'on lui a supposée plus haut, les deux quantités

$$x^m+P\,x^{m-1}+Q\,x^{m-2}\ldots\ldots+Tx+U,$$

$$m\,x^{m-1}+(m-1)Px^{m-2}+(m-2)Qx^{m-3}\ldots\ldots+T$$

auront pour diviseur commun le produit

$$(x-a)^{n-1}(x-b)^{p-1}(x-c)^{q-1}\ldots\ldots$$

qui renferme tous les facteurs égaux élevés à un degré moindre d'une unité que dans l'équation proposée.

39. L'équation

$$x^6+p\,x^5+q\,x^4+r\,x^3+q\,x^2+p\,x+1=0$$

va nous offrir un exemple du cas où la forme même de l'équation proposée fait découvrir une relation entre ses racines. Elle demeure la même lorsqu'on y écrit $\frac{1}{x}$ au lieu de x, et se trouve seulement écrite dans un ordre inverse ; il faut donc conclure de-là que si a est une de ses racines, $\frac{1}{a}$ en est une autre. En nommant c une racine différente des deux précédentes, elle aura encore une correspondante $\frac{1}{c}$, et enfin e étant une racine distincte des quatre que nous venons d'indiquer, donnera une sixième racine $\frac{1}{e}$. On voit par-là que si on désigne par a, b, c, d, e, f, les six racines de la proposée, on aura entre elles les relations suivantes :

$$b = \frac{1}{a}, \qquad d = \frac{1}{c}, \qquad f = \frac{1}{e},$$

ou $\quad ab = 1, \qquad cd = 1, \qquad ef = 1.$

Il n'est pas nécessaire d'employer ici le procédé du n°. 35 ; car il est évident qu'en combinant chacune des racines a, c, e avec sa correspondante pour en former un facteur du second degré de la proposée, on aura ces trois facteurs :

$$x^2 - \left(a + \frac{1}{a} \right) x + 1$$

$$x^2 - \left(c + \frac{1}{c} \right) x + 1$$

$$x^2 - \left(e + \frac{1}{e} \right) x + 1$$

dans lesquels il n'y a d'inconnu que le coefficient du second terme. Si donc on le désigne par z, la quantité

z ne dépendra que d'une équation du troisième degré,

dont les racines seront $a + \dfrac{1}{a}$, $c + \dfrac{1}{c}$, $e + \dfrac{1}{e}$. Quoique

ces fonctions ne paroissent pas d'abord renfermer toutes les permutations que leur forme permet de faire entre les racines, il est facile de s'assurer que celles qu'on néglige n'en sont que des répétitions. En effet, en ne supposant aucune relation entre a, b, c, d, e, f, on auroit

$$a + \frac{1}{a}, \qquad c + \frac{1}{c}, \qquad e + \frac{1}{e},$$

$$b + \frac{1}{b}, \qquad d + \frac{1}{d}, \qquad f + \frac{1}{f};$$

mais puisque dans l'hypothèse établie

$$b = \frac{1}{a}, \qquad d = \frac{1}{c}, \qquad f = \frac{1}{e},$$

les fonctions de la seconde ligne sont les mêmes que celles de la première, et par conséquent l'équation du sixième degré, qui donneroit ces six fonctions pour le cas général, doit s'abaisser ici au troisième degré.

40. On peut former cette dernière très-simplement, en divisant par x^3 tous les termes de l'équation proposée

$$x^6 + p\,x^5 + q\,x^4 + r\,x^3 + q\,x^2 + p\,x + 1 = 0,$$

et en réunissant ceux qui sont également éloignés des extrêmes, ainsi qu'on le voit ci-dessous :

$$x^3 + \frac{1}{x^3} + p\left(x^2 + \frac{1}{x^2}\right) + q\left(x + \frac{1}{x}\right) + r = 0.$$

Maintenant si l'on fait $x + \dfrac{1}{x} = z$, on aura

$$\left(x + \frac{1}{x}\right)^2 = z^2,$$

ou

ou
$$x^2 + 2 + \frac{1}{x^2} = z^2,$$

dont on tirera
$$x^2 + \frac{1}{x^2} = z^2 - 2,$$

puis
$$\left(x + \frac{1}{x}\right)^3 = z^3,$$

ce qui donnera
$$x^3 + 3x + 3\frac{1}{x} + \frac{1}{x^3} = x^3 + \frac{1}{x^3} + 3\left(x + \frac{1}{x}\right) = z^3;$$

et mettant z au lieu de $x + \frac{1}{x}$, il viendra
$$x^3 + \frac{1}{x^3} = z^3 - 3z.$$

Substituant ces valeurs dans l'équation
$$x^3 + \frac{1}{x^3} + p\left(x^2 + \frac{1}{x^2}\right) + q\left(x + \frac{1}{x}\right) + r = 0,$$

on trouvera
$$z^3 + pz^2 + (q - 3)z + r - 2p = 0.$$

Lorsqu'on aura déterminé z par cette équation, il ne restera plus, pour obtenir les racines de la proposée, qu'à résoudre les trois équations du second degré
$$x^2 - z' x + 1 = 0, \quad x^2 - z'' x + 1 = 0, \quad x^2 - z''' x + 1 = 0,$$

dans lesquelles z', z'', z''' représentent les trois valeurs de z, et qui se déduisent de $x + \frac{1}{x} = z$.

Ce que nous venons de dire sur l'équation
$$x^6 + p x^5 + q x^4 + r x^3 + q x^2 + p x + 1 = 0,$$

est général pour toutes les équations dans lesquelles les termes placés à égale distance du premier et du dernier,

2.   F

ont les mêmes coefficiens, et qu'on appelle *équations réciproques*, parce qu'elles ne changent pas lorsqu'on y substitue $\dfrac{1}{x}$ au lieu de x.

41. Soit l'équation générale d'un degré pair

$$x^{2m} + p\,x^{2m-1} + q\,x^{2m-2} \ldots\ldots + q\,x^2 + p\,x + 1 = 0;$$

on la divisera par x^m, et réunissant les termes également éloignés des extrêmes, on aura

$$x^{m} + \frac{1}{x^{m}} + p\left(x^{m-1} + \frac{1}{x^{m-1}}\right) + q\left(x^{m-2} + \frac{1}{x^{m-2}}\right) + \ldots = 0.$$

On fera encore $x + \dfrac{1}{x} = z$, et il ne s'agira plus que d'en déduire successivement

$$x^2 + \frac{1}{x^2}, \quad x^3 + \frac{1}{x^3} \ldots\ldots x^m + \frac{1}{x^m}.$$

Or, en rapprochant les résultats déjà trouvés, et calculant de la même manière quelques-uns de ceux qui viennent après, on trouvera

$$x + \frac{1}{x} = z$$

$$x^2 + \frac{1}{x^2} = z^2 - 2$$

$$x^3 + \frac{1}{x^3} = z^3 - 3z$$

$$x^4 + \frac{1}{x^4} = z^4 - 4z^2 + 2$$

$$x^5 + \frac{1}{x^5} = z^5 - 5z^3 + 5z$$

et poussant ce tableau aussi loin qu'il sera nécessaire, on reconnoîtra, d'après la loi des expressions qu'il renferme, que

$$x^n + \frac{1}{x^n} = z^n - \frac{n}{1}z^{n-2} + \frac{n(n-3)}{1 \cdot 2}z^{n-4} - \frac{n(n-4)(n-5)}{1 \cdot 2 \cdot 3}z^{n-6}$$

$$+ \frac{n(n-5)(n-6)(n-7)}{1 \cdot 2 \cdot 3 \cdot 4}z^{n-8} - \text{etc.}$$

Il est évident par-là que l'équation proposée du degré
$2m$ sera ramenée au degré m. Si elle étoit d'un degré
impair, qu'on eût, par exemple,

$$x^5 + px^4 + qx^3 + qx^2 + px + 1 = 0,$$

on l'écriroit comme il suit :

$$x^5 + 1 + px(x^3 + 1) + qx^2(x + 1) = 0,$$

ce qui feroit voir qu'elle seroit divisible par $x + 1$; et la
division faite, on auroit pour quotient

$$x^4 + (p-1)x^3 - (p - q - 1)x^2 + (p-1)x + 1 = 0,$$

équation réciproque du quatrième degré.

Il sera facile d'opérer sur toute équation réciproque
de degré impair comme nous venons de le faire sur celle
du cinquième degré.

42. Ce qui précède s'applique à l'équation

$$y^{m-1} + y^{m-2} + y^{m-3} \dots + y^2 + y + 1 = 0,$$

déduite de l'équation $y^m - 1 = 0$ divisée par $y - 1$, et
qui renferme les $m - 1$ racines de l'unité, différentes
de 1 (*Elém.* 178). Il y a deux cas à examiner, savoir :
celui où l'exposant est pair, et celui où il est impair.

Dans le premier, le nombre $m - 1$ étant impair,
l'équation $y^{m-1} + y^{m-2} + $ etc. $= 0$ est divisible par
$y + 1$, et donne pour quotient une équation réciproque
du degré $m - 2$, laquelle se ramène à une équation en z
du degré $\frac{m-2}{2}$. On peut aussi parvenir immédiatement
à l'équation du degré $m - 2$ en y, en observant que,

puisque la puissance m est paire, on peut satisfaire à l'équation $y^m - 1 = 0$ en faisant $y = \pm 1$, et que par conséquent cette équation est divisible par...........
$(y-1)(y+1) = y^2 - 1.$

Lorsque m est impair, l'équation...............
$y^{m-1} + y^{m-2} +$ etc. $= 0$ est une équation réciproque de degré pair, et on en tire une équation en z du degré
$$\frac{m-1}{2}.$$

Il suit de-là qu'on peut, dans l'état actuel de l'Analyse, trouver, par la résolution des équations, toutes les racines de l'équation $y^m - 1 = 0$, lorsque m ne surpasse pas 10; car l'équation $y^{10} - 1 = 0$ peut se diviser par $y^2 - 1$, et l'équation du huitième degré qui en résulte se ramène au quatrième; mais l'équation $y^{11} - 1 = 0$ n'étant divisible que par $y - 1$, conduit à une équation réciproque du dixième degré, qui ne peut se ramener qu'au cinquième (*).

Il est à propos de remarquer que l'on aura toutes les racines de l'équation $y^{mn} - 1 = 0$, m et n étant premières entre elles, si on connoît celles des équations $y^m - 1 = 0$ et $y^n - 1 = 0$; car en supposant $y^m = x$, l'équation proposée se changera en $x^n - 1 = 0$; et désignant par a l'une quelconque des racines de cette dernière, on aura
$$y^m - a = 0,$$
résultat auquel on donnera la forme $t^m - 1 = 0$ en faisant $y = t \sqrt[m]{a}.$

43. Les relations $ab = 1$, $cd = 1$, $ef = 1$, qu'on

(*) La considération des propriétés du cercle donne pour tous les degrés des expressions des racines de l'unité, qu'on trouvera dans mon *Traité du Calcul différentiel et du Calcul intégral.*

avoit dans l'exemple du n°. 39, peuvent être regardées comme une seule et unique équation commune aux trois couples de racines a et b, c et d, e et f; et si, au lieu de celle-là, on en avoit eu une autre quelconque entre ces mêmes racines, l'abaissement se seroit effectué par un procédé analogue à celui du numéro cité.

Soit en effet l'équation de degré pair

$$x^{2n} + P x^{2n-1} + Q x^{2n-2} \ldots\ldots + U = 0,$$

et posons qu'on ait entre les racines a et b une équation quelconque commune avec les couples c et d, e et f, etc. Si on fait $a + b = z'$, et qu'à la place de b on substitue sa valeur $z' - a$ dans l'équation donnée entre a et b, on pourra éliminer a de cette dernière, au moyen de l'équation

$$a^{2n} + P a^{2n-1} + Q a^{2n-2} \ldots\ldots + U = 0,$$

et l'équation résultante sera celle qui doit donner z'; faisant $c + d = z''$, $e + f = z'''$, etc. il est aisé de voir qu'on doit trouver pour z'', z''', etc. la même équation que pour z', et que par conséquent z', z'', z''', etc. sont les racines de l'équation en z', qui montera par conséquent au degré n, puisqu'il y a n couples de racines qui remplissent la condition donnée.

Lorsqu'on connoîtra z', on aura le deuxième terme du facteur du second degré formé avec les racines a et b de la proposée, et qui est

$$x^2 - (a + b) x + ab \quad \text{ou} \quad x^2 - z' x + ab,$$

pour obtenir ab, que nous représenterons par q, on divisera l'équation proposée par $x^2 - z' x + q$, et quand on sera parvenu au reste, on égalera séparément à zéro la partie de ce reste qui multiplie x et celle qui en est indépendante; on se procurera ainsi deux équations qui, ne renfermant que la seule inconnue q, doivent néces~

sairement avoir un diviseur commun dont on tirera la valeur de cette inconnue.

Si le procédé particulier qu'on auroit jugé à propos d'employer pour l'élimination, avoit, en faisant monter l'équation finale plus haut que le degré n, introduit un facteur inutile (*Elém.* 196), la véritable équation seroit alors le diviseur commun de l'équation dont on vient de parler et de l'équation qu'on obtiendroit en formant *à priori* celle d'où dépendent les sommes $a+b$, $a+c$, etc, de deux quelconques des racines de la proposée, parmi lesquelles se trouveront nécessairement comprises les sommes des couples a et b, c et d, etc.

44. On étendra facilement ce qui vient d'être dit pour le cas des racines de l'équation, combinées par couples, à celui où elles seroient combinées trois à trois, dans un ordre particulier. Si l'équation proposée étoit du degré $3n$, et qu'on eût, par exemple, une relation quelconque entre les trois racines a, b et c, qui substituât aussi entre d, e et f, et ainsi de suite, on feroit $a + b + c = z$, et mettant pour c sa valeur $z - a - b$ dans l'équation qui exprime la relation donnée, on élimineroit ensuite a et b au moyen des équations

$$a^{3n} + P\,a^{3n-1} + Q\,a^{3n-2}\ldots\ldots + U = o,$$
$$b^{3n} + P\,b^{3n-1} + Q\,b^{3n-2}\ldots\ldots + U = o,$$

résultantes de la substitution de a et de b au lieu de x dans la proposée : l'équation finale en z contiendroit toutes les valeurs des sommes $a+b+c$, $d+e+f$, etc, dont le nombre est n. Considérant ensuite le facteur $x^3 - (a+b+c)x^2 + (ab+ac+bc)x - abc$, formé par les trois racines a, b, c, et mettant z au lieu de $a+b+c$, q au lieu de $ab+ac+bc$, et r pour abc, il viendroit

$$x^3 - s\,x^2 + q\,x - r\,;$$

ce facteur devroit diviser exactement la proposée si q et r étoient connus. En égalant donc à zéro le reste qu'il laisse lorsqu'on l'emploie dans l'état actuel, et qui renferme trois parties, dont la première est affectée de x^2, la seconde de x, et la troisième est sans x, on auroit entre les deux inconnues q et r trois équations, et par l'élimination on parviendroit à deux équations finales entre la même inconnue r : le diviseur commun de ces équations donneroit r.

Il y auroit beaucoup de remarques importantes à faire sur cette partie de la théorie des équations; mais nous ne saurions nous y arrêter. Nous observerons seulement que l'abaissement a lieu, en général, lorsqu'on obtient entre les inconnues d'un problême possible plus d'équations qu'il ne renferme d'inconnues, ce à quoi l'on parvient souvent en considérant le problême proposé sous plusieurs faces; on trouve alors entre une même inconnue deux équations finales, qui, devant s'accorder entre elles, ont un diviseur commun duquel on tire la solution la plus simple dont le problême proposé soit susceptible.

45. Toute équation qui peut se décomposer en deux facteurs, s'abaisse nécessairement par ce moyen; il est donc utile de savoir reconnoître quand cette décomposition peut s'effectuer. Nous avons indiqué dans le numéro 215 des *Elémens* un moyen pour obtenir l'équation finale de laquelle doit dépendre la décomposition d'une autre en deux facteurs de degrés donnés. Mais nous allons revenir sur cette recherche par un procédé plus simple, fondé sur les considérations du numéro 185 des *Elémens*.

Soient α, β, γ, les trois racines de l'équation.

$$x^3 + P x^2 + Q x + R = 0;$$

elle sera nécessairement le produit des facteurs $x - \alpha$, $x - \beta$, et $x - \gamma$. Si on la décompose en deux facteurs $x^2 + A x + B$ et $x + A'$, il est évident que le premier doit comprendre deux quelconques des facteurs rapportés ci-dessus, et que $x + A'$ est identique avec celui qui reste. Mais on peut combiner les facteurs $x - \alpha$, $x - \beta$, $x - \gamma$ deux à deux de trois manières différentes : ainsi l'équation proposée pourra subir trois décompositions distinctes; et comme rien n'indique celle qu'on cherche en particulier, elles doivent se trouver comprises toutes dans le résultat qu'on obtiendra.

Si on multiplie l'un par l'autre les facteurs $x^2 + A x + B$ et $x + A'$, et que l'on compare le produit à la proposée, on trouvera, pour déterminer les coefficiens A, B et A', les équations

$$A + A' = P, \quad B + A A' = Q \quad \text{et} \quad A' B = R.$$

Quelles que soient parmi les inconnues A, A' et B, les deux qu'on élimine, on arrivera à une équation finale du troisième degré.

Cette dernière peut aussi s'obtenir *à priori*; car si c'est A' qu'on cherche, la question revient à trouver l'une des racines de la proposée, puisque $x + A' = 0$ donne $x = - A'$; on doit donc rencontrer pour équation finale celle qu'on obtiendroit en changeant x en A' dans la proposée : si c'est A qu'on cherche, ce coefficient, dépendant de la somme de deux quelconques des racines de la proposée, a nécessairement trois valeurs, qui sont $- (\alpha + \beta)$, $- (\alpha + \gamma)$, $- (\beta + \gamma)$, et par conséquent il est égal à $- z$ dans l'équation du numéro 7. Pour parvenir à l'équation en B, il faut observer que B est le produit de deux quelconques des racines de la proposée, et qu'ainsi B a trois valeurs, savoir : $\alpha\beta$, $\alpha\gamma$, $\beta\gamma$; multipliant donc entre eux les trois facteurs $B-\alpha\beta$, $B-\alpha\gamma$, $B-\beta\gamma$, et chassant les lettres α, β, γ, on aura l'équation demandée. De quelque manière qu'on opère, on n'obtient dans ce cas qu'une équation du troisième degré, aussi difficile à résoudre que la proposée.

46. Soit maintenant l'équation du quatrième degré

$$x^4 + P x^3 + Q x^2 + R x + S = 0,$$

ayant pour racines α, β, γ et δ ; la décomposer en deux facteurs $x^2 + A x + B$ et $x^2 + A' x + B'$, c'est combiner deux quelconques des quatre facteurs $x-\alpha$, $x-\beta$, $x-\gamma$, $x-\delta$, ce qui peut se faire de six manières différentes. Aussi, en cherchant à déterminer par la comparaison du produit des facteurs $x^2 + A x + B$ et $x^2 + A' x + B'$ avec la proposée, les coefficiens A, B, A' et B', trouve-t-on, après l'élimination de trois quelconques d'entre eux, que l'équation finale d'où dépend le quatrième est du sixième degré.

En effet, le produit

$$x^4 + (A + A') x^3 + (B + A A' + B') x^2$$
$$+ (A' B + A B') x + B B',$$

comparé terme à terme avec

$$x^4 + P x^3 + Q x^2 + R x + S,$$

donne les équations

$$A + A' = P,$$
$$B + A A' + B' = Q,$$
$$A' B + A B' = R,$$
$$B B' = S.$$

On tire de la seconde et de la troisième

$$B = \frac{A(Q - A A') - R}{A - A'},$$

$$B' = \frac{R - A'(Q - A A')}{A - A'}.$$

Mais la première donnant $A' = P - A$, on aura

$$B = \frac{A(Q - A(P - A)) - R}{2 A - P},$$

$$B' = \frac{R - (P - A)(Q - A(P - A))}{2 A - P};$$

et substituant ces valeurs dans la quatrième, on obtiendra, après les réductions,

$$\left.\begin{aligned}
&A^6 - 3 P A^5 + (3 P^2 + 2 Q) A^4 - P(P^2 + 4 Q) A^3\\
&+ (2 P^2 Q + P R + Q^2 - 4 S) A^2 - P(P R + Q^2 - 4 S) A\\
&\qquad + P Q R - P^2 S - R^2 = 0 \ (R).
\end{aligned}\right\} (R).$$

Cette équation pourroit aussi se déduire immédiatement de la formation des coefficiens A, A', B, B', au moyen des racines de la proposée.

A, par exemple, étant la somme de deux quelconques des racines α, β, γ, δ, a les six valeurs suivantes :

$$\begin{aligned}
&-(\alpha + \beta), \quad -(\alpha + \gamma), \quad -(\alpha + \delta),\\
&-(\beta + \gamma), \quad -(\beta + \delta), \quad -(\gamma + \delta).
\end{aligned}$$

B en a pareillement six, qui sont

$$\begin{aligned}
&\alpha\beta, \quad \alpha\gamma, \quad \alpha\delta,\\
&\beta\gamma, \quad \beta\delta, \quad \gamma\delta,
\end{aligned}$$

et les équations qui doivent donner A et B se formeront comme il a été indiqué dans le numéro 7. Il est facile de voir que les équations en A' et B' seroient semblables à celles en A et B.

Au reste, quand A et B sont connus, on a

$$\left.\begin{array}{l} A' = P - A \\[1em] B' = \dfrac{S}{B} \end{array}\right\}.$$

Il est remarquable que la supposition de $P = 0$ fait disparoître tous les termes affectés des puissances impaires de A, dans l'équation (R), qui par-là devient résoluble à la manière de celles du troisième degré. Les commençans verront sans doute avec plaisir la cause de cette simplification.

L'équation proposée se réduisant alors à

$$x^4 + Q x^2 + R x + S = 0,$$

ou étant sans second terme, il faut que la somme de ses racines, tant positives que négatives, soit nulle; c'est-à-dire, que la somme des unes soit égale à celle des autres, abstraction faite du signe; on aura donc

$$\alpha + \beta + \gamma + \delta = 0,$$

d'où on voit que

$$\alpha + \beta = -(\gamma + \delta),$$
$$\alpha + \gamma = -(\beta + \delta),$$
$$\alpha + \delta = -(\beta + \gamma),$$

et que par conséquent, dans cette hypothèse, trois des valeurs de A sont respectivement égales aux trois autres prises avec un signe contraire. Il faut donc que l'équation en A soit de la forme

$$A^6 + b A^4 + d A^2 + f = 0 \ (\textit{Elém.}\ 213).$$

47. Sans supposer $P = 0$ dans l'équation (R), il suffit d'en faire disparoître le second terme; tous ceux de degré impair disparoîtront en même temps, ce qui la rendra encore résoluble à la manière du troisième degré.

En effet le coefficient du second terme de cette équation étant la somme des valeurs de A prises avec un signe contraire, sera, d'après ce qui précède, égal à

$$(3\alpha + 3\beta + 3\gamma + 3\delta) \text{ ou à } -3P,$$

et pour faire disparoître le second terme, on fera

$$A = A'' + \frac{P}{2} \ (Elém.\ 214),$$

d'où
$$A'' = A - \frac{P}{2};$$

mettant pour P sa valeur, et substituant successivement chacune de celles que doit avoir A, on trouvera ces résultats :

$$-(\alpha + \beta) + \frac{\alpha + \beta + \gamma + \delta}{2} = \frac{\gamma + \delta - \alpha - \beta}{2} \ (1)$$

$$-(\alpha + \gamma) + \frac{\alpha + \beta + \gamma + \delta}{2} = \frac{\beta + \delta - \alpha - \gamma}{2} \ (2)$$

$$-(\alpha + \delta) + \frac{\alpha + \beta + \gamma + \delta}{2} = \frac{\beta + \gamma - \alpha - \delta}{2} \ (3)$$

$$-(\beta + \gamma) + \frac{\alpha + \beta + \gamma + \delta}{2} = \frac{\alpha + \delta - \beta - \gamma}{2} \ (3)$$

$$-(\beta + \delta) + \frac{\alpha + \beta + \gamma + \delta}{2} = \frac{\alpha + \gamma - \beta - \delta}{2} \ (2)$$

$$-(\gamma + \delta) + \frac{\alpha + \beta + \gamma + \delta}{2} = \frac{\alpha + \beta - \gamma - \delta}{2} \ (1)$$

parmi lesquels ceux qui sont suivis des mêmes chiffres ne diffèrent que par le signe. Les six valeurs de A'' seront donc deux à deux égales et de signes contraires, et par conséquent l'équation en A'' ne renfermera aucune puissance impaire de cette inconnue.

L'équation qui donneroit B seroit, dans toutes les hypothèses, du sixième degré et complète.

On voit par ce qui précède que l'équation du 4e degré

peut toujours s'abaisser à une du second, au moyen de
la résolution d'une du troisième. Les coefficiens des facteurs $x^2 + A x + B$ et $x^2 + A' x + B'$, étant déterminés,
la résolution de ces facteurs, considérés comme équations du second degré, donnera les racines de la proposée :
voilà donc une méthode propre à résoudre les équations
du quatrième degré, et c'est en effet celle que Descartes
a donnée ; mais elle est particulière à ce degré. Son succès tient aux circonstances que nous venons de faire
connoître d'après Lagrange, et qui n'ont lieu que dans
le quatrième degré. Les considérations indiquées dans le
n°. 188 des *Elémens*, combinées avec celle du n°. 7 et
des précédens, font voir qu'elle ne peut s'appliquer aux
degrés plus élevés.

48. Ce qui précède nous ramène encore à la possibilité
de décomposer toute équation du quatrième degré dont
les coefficiens sont réels, en deux facteurs réels du second, mais par un chemin qui présente quelques circonstances remarquables. Supposons, pour simplifier les
calculs, qu'on ait fait disparoître le second terme de
cette équation ; l'équation (R) devenant

$$A^6 + 2 Q A^4 + (Q^2 - 4 S) A^2 - R^2 = 0 \; (R'),$$

son dernier terme sera essentiellement négatif ; elle aura
donc deux racines réelles, l'une positive et l'autre négative (*Elém.* 219). L'expression de B, trouvée dans le
numéro précédent, réduite à

$$B = \frac{A(Q + A^2) - R}{2 A},$$

donnera nécessairement une valeur réelle pour B, et les
équations

$$A' = P - A \quad \text{ou} \quad A' = - A, \quad \text{et} \quad B' = \frac{S}{B}$$

en donneront aussi de réelles pour A' et B' ; ainsi les facteurs supposés seront réels.

Il y a cependant un cas particulier où on ne pourroit les déterminer par les formules ci-dessus. Ce cas répond à $R = 0$; on a alors

$$A = 0 \quad \text{et} \quad B = \tfrac{b}{0},$$

expression indéterminée (*Elém.* 200). L'expression générale de B se trouve en défaut dans ce cas, parce qu'à une même valeur de A, il en correspond deux de B (*Elém.* 192). En effet, si l'on reprend les quatre équations primitives entre les inconnues A, A', B et B', on les réduit à

$$A' = 0, \quad B + B' = Q, \quad BB' = S,$$

à cause de $A = 0$, de $P = 0$ et de $R = 0$; en sorte que B et B' sont les racines de l'équation du second degré

$$B^2 - QB + S = 0,$$

et que les facteurs sont par conséquent

$$x^2 + B, \qquad x^2 + B',$$

ou

$$x^2 + \tfrac{1}{2}Q + V\overline{\tfrac{1}{4}Q^2 - S}, \quad x^2 + \tfrac{1}{2}Q - V\overline{\tfrac{1}{4}Q^2 - S};$$

on les déduiroit de même de la proposée, qui devient

$$x^4 + Qx^2 + S = 0.$$

Ces facteurs seront imaginaires si S, étant positive, surpasse $\tfrac{1}{4}Q^2$; mais ils conduisent à d'autres facteurs réels. En faisant, pour abréger,

$$\tfrac{1}{2}Q = a, \quad \tfrac{1}{4}Q^2 - S = -b^2,$$

et résolvant ensuite les équations

$$x^2 + a + bV\overline{-1} = 0, \quad x^2 + a - bV\overline{-1} = 0,$$

on aura les quatre facteurs du premier degré

$$x + \sqrt{-a - b\sqrt{-1}} \left.\right\} \quad x + \sqrt{-a + b\sqrt{-1}} \left.\right\}$$
$$x - \sqrt{-a - b\sqrt{-1}} \left.\right\} \quad x - \sqrt{-a + b\sqrt{-1}} \left.\right\}$$

dont le produit forme la proposée. Si maintenant on multiplie entre eux ceux de la première ligne, puis ceux de la seconde, on aura deux nouveaux facteurs du second degré,

$$x^2 + \left\{ \sqrt{-a - b\sqrt{-1}} + \sqrt{-a + b\sqrt{-1}} \right\} x \left.\right\}$$
$$+ \sqrt{a^2 + b^2} \left.\right\}$$
$$x^2 - \left\{ \sqrt{-a - b\sqrt{-1}} + \sqrt{-a + b\sqrt{-1}} \right\} x \left.\right\}$$
$$+ \sqrt{a^2 + b^2} \left.\right\}$$

qui, d'après le n°. 17, reviennent à

$$x^2 + x \sqrt{-2a + 2\sqrt{a^2 + b^2}} + \sqrt{a^2 + b^2},$$
$$x^2 - x \sqrt{-2a + 2\sqrt{a^2 + b^2}} + \sqrt{a^2 + b^2},$$

et sont par conséquent réels.

On voit par-là que les facteurs du second degré trouvés en premier lieu, n'etoient imaginaires que par l'effet d'une combinaison particulière des facteurs du premier.

De l'évanouissement des radicaux ; de la manière de former une équation lorsqu'on a l'expression de sa racine.

49. Outre les moyens analogues à celui dont on s'est servi dans le n°. 134 des *Elémens*, pour faire évanouir les radicaux, il en existe un autre qu'il est bon de connoître, et qui consiste à former en même temps toutes les racines de l'équation d'où doit dépendre la quantité proposée.

Pour prendre d'abord l'exemple le plus simple, soit $x = \sqrt{A}$; il est évident que puisqu'un radical quarré peut être affecté indifféremment du signe $+$ ou du signe $-$, on doit regarder $x = -\sqrt{A}$ comme la seconde racine de l'équation d'où dépend la première. Multipliant donc les deux facteurs $x - \sqrt{A}$, $x + \sqrt{A}$, l'un par l'autre, et égalant le produit à zéro, on trouvera

$$x^2 - A = 0,$$

pour l'équation rationnelle à laquelle appartient $x = \sqrt{A}$.

Si on avoit $x = \sqrt[3]{A}$, on mettroit successivement dans cette équation les trois racines cubiques de la quantité A (*Elém.* 178), et faisant pour abréger

$$\frac{-1 + \sqrt{-3}}{2} = \alpha, \qquad \frac{-1 - \sqrt{-3}}{2} = \beta,$$

il viendroit

$$x = \sqrt[3]{A}, \quad x = \alpha\sqrt[3]{A}, \quad x = \beta\sqrt[3]{A},$$

ce qui donneroit les facteurs

$$x - \sqrt[3]{A}, \quad x - \alpha\sqrt[3]{A}, \quad x - \beta\sqrt[3]{A},$$

dont le produit seroit

$$\left. \begin{matrix} x^3 - \sqrt[3]{A} \\ - \alpha\sqrt[3]{A} \\ - \beta\sqrt[3]{A} \end{matrix} \right\} \left. \begin{matrix} x^2 + \alpha\sqrt[3]{A^2} \\ + \beta\sqrt[3]{A^2} \\ + \alpha\beta\sqrt[3]{A^2} \end{matrix} \right\} \left. \begin{matrix} x - \alpha\beta A \end{matrix} \right\} = 0,$$

Mais puisque 1, α et β sont les trois racines de l'équation $y^3 - 1 = 0$, qui n'a ni second, ni troisième terme, il s'ensuit que

$$1 + \alpha + \beta = 0, \quad \alpha + \beta + \alpha\beta = 0, \quad 1 \times \alpha \times \beta = \alpha\beta = 1,$$

et que par conséquent le produit ci-dessus se réduit à

$$x^3$$

$$x^3 - A = 0,$$

comme on devoit s'y attendre.

50. Passons maintenant à l'expression

$$x = \sqrt[3]{A} + \sqrt[3]{B}.$$

Pour obtenir toutes les racines de l'équation de laquelle doit dépendre la quantité $\sqrt[3]{A} + \sqrt[3]{B}$, il faut combiner de toutes les manières possibles les diverses expressions dont sont susceptibles les racines cubiques de A et de B. On formera ainsi neuf valeurs de x, dont on tirera les facteurs suivans :

$$x - \sqrt[3]{A} - \sqrt[3]{B}, \quad x - \alpha\sqrt[3]{A} - \sqrt[3]{B}, \quad x - \sqrt[3]{A} - \alpha\sqrt[3]{B},$$

$$x - \alpha\sqrt[3]{A} - \alpha\sqrt[3]{B}, \quad x - \alpha\sqrt[3]{A} - \beta\sqrt[3]{B}, \quad x - \beta\sqrt[3]{A} - \alpha\sqrt[3]{B},$$

$$x - \beta\sqrt[3]{A} - \beta\sqrt[3]{B}, \quad x - \beta\sqrt[3]{A} - \sqrt[3]{B}, \quad x - \sqrt[3]{A} - \beta\sqrt[3]{B},$$

si on multiplie ces facteurs entre eux, on parviendra à un produit qui ne renfermera que des fonctions symétriques des quantités α et β. Ces fonctions s'obtiendront en cherchant, par les formules du n°. 12, les sommes $1 + \alpha^2 + \beta^2$, $1 + \alpha^3 + \beta^3$ des puissances des racines de l'équation $y^3 - 1 = 0$; mais ce calcul peut s'effectuer d'une manière plus simple, en faisant à chaque multiplication partielle les réductions qui se présentent en vertu des équations $1 + \alpha + \beta = 0$, $\alpha + \beta + \alpha\beta = 0$, $\alpha\beta = 1$, rapportées plus haut, et en observant que $\alpha^2 = \beta$ et $\beta^2 = \alpha$: l'opération étant finie, il ne restera aucun terme irrationnel.

51. Il est facile de voir que le procédé indiqué ci-dessus n'est autre chose que l'élimination effectuée par un moyen analogue à celui du n°. 9. En effet, ayant posé les équations à deux termes $t^3 - A = 0$, $u^3 - B = 0$,

G

d'où il résulte $x - t - u = 0$, si on substitue dans cette dernière, au lieu de u et de t, toutes les valeurs que peuvent avoir ces inconnues, et qu'on multiplie entre eux les résultats, ils seront des fonctions symétriques des racines des équations $t^3 - A = 0$, $u^3 - B = 0$, et pourront par conséquent s'exprimer d'une manière rationnelle.

En commençant par éliminer t, ce qui se fera en multipliant entre elles les trois quantités

$$x - u - \sqrt[3]{A}, \quad x - u - \alpha\sqrt[3]{A}, \quad x - u - \beta\sqrt[3]{A},$$

qui résultent de la substitution des trois racines de l'équation $t^3 - A = 0$, dans $x - t - u = 0$, il viendra

$$\left.(x-u)^3 - \sqrt[3]{A}\atop -\alpha\sqrt[3]{A} \atop -\beta\sqrt[3]{A}\right\} \left\{(x-u)^2 + \alpha\sqrt[3]{A^2} \atop + \beta\sqrt[3]{A^2} \atop + \alpha\beta\sqrt[3]{A^2}\right\}(x-u) - \alpha\beta A = 0$$

résultat qui se réduira à

$$(x - u)^3 - A = 0.$$

Mettant ensuite, au lieu de u, ses trois valeurs

$$\sqrt[3]{B}, \quad \alpha\sqrt[3]{B}, \quad \beta\sqrt[3]{B},$$

il viendra

$$(x - \sqrt[3]{B})^3 - A, \quad (x - \alpha\sqrt[3]{B})^3 - A, \quad (x - \beta\sqrt[3]{B})^3 - A;$$

développant ces quantités, et faisant leur produit avec l'attention de réduire toujours les fonctions de α et de β, d'après les relations établies dans le n°. précédent, on retombera encore sur le même résultat.

Je ne rapporte point ici le calcul qui seroit assez long, et je n'ai un peu insisté sur la méthode que parce qu'elle a l'avantage de faire voir *à priori* à quel degré doit monter l'équation rationnelle dont on a la racine.

J'observerai que l'exemple ci-dessus peut encore être traité d'une manière beaucoup plus simple, ainsi qu'on l'a fait n°. 17 ; car si on élève au cube les deux membres de l'équation $x = \sqrt[3]{A} + \sqrt[3]{B}$, on aura

$$x^3 = A + 3\sqrt[3]{A^2 B} + 3\sqrt[3]{A B^2} + B;$$

transposant dans le premier membre les termes A et B, il viendra

$$x^3 - A - B = 3\sqrt[3]{A^2 B} + 3\sqrt[3]{A B^2};$$

mais

$$\sqrt[3]{A^2 B} + \sqrt[3]{A B^2} = \sqrt[3]{A B}(\sqrt[3]{A} + \sqrt[3]{B}) = x\sqrt[3]{A B};$$

donc $\qquad x^3 - A - B = 3x\sqrt[3]{A B};$

cubant les deux membres de cette équation, on aura

$$(x^3 - A - B)^3 = 27 A B x^3,$$

résultat rationnel facile à développer.

52. On peut, par ce qui précède, trouver le facteur par lequel une fonction irrationnelle proposée étant multipliée, il en résulte un produit délivré de radicaux. En effet, si on forme toutes les racines de l'équation d'où dépend l'expression irrationnelle proposée, leur produit, abstraction faite de son signe, étant égal au dernier terme de cette équation, sera rationnel, et par conséquent le produit de toutes celles qui sont différentes de la proposée donnera le facteur demandé.

Ayant, par exemple, $x = \sqrt[3]{A} + \sqrt[3]{B}$; si on fait le produit les huit autres valeurs de x, ce produit sera tel, qu'étant multiplié par $\sqrt[3]{A} + \sqrt[3]{B}$, il en résultera une quantité rationnelle égale au dernier terme de l'équation finale en x, pris avec un signe contraire.

53. Euler ayant remarqué que dans les équations du deuxième et du troisième degré, sans second terme, les racines étoient de la forme $x = \sqrt{A}$, $x = \sqrt[3]{A} + \sqrt[3]{B}$, conjectura que celles des équations du quatrième et du cinquième degré pourroient être représentées par

$$x = \sqrt[4]{A} + \sqrt[4]{B} + \sqrt[4]{C}, \quad x = \sqrt[5]{A} + \sqrt[5]{B} + \sqrt[5]{C} + \sqrt[5]{D},$$

et qu'en général la racine de l'équation du degré n seroit de la forme

$$x = \sqrt[n]{A} + \sqrt[n]{B} + \sqrt[n]{C} + \sqrt[n]{D} + \sqrt[n]{E} + \ldots\ldots,$$

le nombre des radicaux étant $n - 1$.

Après avoir mis ainsi en évidence dans chaque degré les radicaux de ce degré, il pensa que les quantités A, B, C, D, etc. ne pouvoient renfermer que des radicaux d'un degré inférieur, et ne dépendroient par conséquent que d'équations d'un degré inférieur à la proposée : mais une observation plus attentive de la forme des racines des équations du troisième et du quatrième degré, et la difficulté qu'il éprouva à former l'équation du cinquième, d'après la racine qu'il lui supposoit, le déterminèrent à modifier la forme de cette racine. Il prit la loi suivante :

2e degré $x = A\sqrt[2]{u}$

3e $\quad x = A\sqrt[3]{u} + B\sqrt[3]{u^2}$

4e $\quad x = A\sqrt[4]{u} + B\sqrt[4]{u^2} + C\sqrt[4]{u^3}$

5e $\quad x = A\sqrt[5]{u} + B\sqrt[5]{u^2} + C\sqrt[5]{u^3} + D\sqrt[5]{u^4}$

et en général

$$x = A\sqrt[n]{u} + B\sqrt[n]{u^2} + C\sqrt[n]{u^3} + D\sqrt[n]{u^4} + \ldots + M\sqrt[n]{u^{n-1}},$$

les quantités A, B, C, $D \ldots M$ et u étant indéterminées.

Les formules ci-dessus contiennent implicitement toutes les racines de l'équation dont elles dépendent. Pour le troisième degré, par exemple, la racine cubique de u ayant trois expressions, savoir :

$$\sqrt[3]{u}, \quad \alpha\sqrt[3]{u}, \quad \beta\sqrt[3]{u},$$

son quarré en aura pareillement trois, qui seront

$$\sqrt[3]{u^2}, \quad \alpha^2\sqrt[3]{u^2}, \quad \beta^2\sqrt[3]{u^4}$$

et on formera les trois racines en combinant chacune de ces valeurs avec sa correspondante, ainsi qu'il suit :

$$x = A\sqrt[3]{u} + B\sqrt[3]{u^2}, \; x = A\alpha\sqrt[3]{u} + B\alpha^2\sqrt[3]{u^2}, \; x = A\beta\sqrt[3]{u} + B\beta^2\sqrt[3]{u^2}.$$

Rien n'est plus facile maintenant (7 et 12), que de former l'équation d'où dérivent les racines ci-dessus, et on trouvera

$$x^3 - 3ABux - A^3 u - B^3 u^2 = 0.$$

En comparant cette résultante avec

$$x^3 + px + q = 0,$$

il vient

$$p = -3ABu, \qquad q = -A^3 u - B^3 u^2.$$

Comme il y a dans ces deux équations trois indéterminées, A, B et u, on peut s'en donner une à volonté.

Euler a fait $A = 1$, ce qui donne $B = -\dfrac{p}{3u}$. Substituant dans l'expression de q, on obtient

$$q = -u + \frac{p^3}{27u},$$

et par conséquent

$$u^2 + qu = \frac{p^3}{27},$$

d'où $\qquad u = -\tfrac{1}{2}q \pm \sqrt{\tfrac{1}{27}p^3 + \tfrac{1}{4}q^2}.$

De $q = -A^3 u - B^3 u^2$, on tire

$$B^3 u^2 = -q - A^3 u = -\tfrac{1}{2} q \mp \sqrt{\tfrac{1}{27} p^3 + \tfrac{1}{4} q^2};$$

donc enfin

$$A \sqrt[3]{u} = \sqrt[3]{-\tfrac{1}{2} q \pm \sqrt{\tfrac{1}{27} p^3 + \tfrac{1}{4} q^2}},$$

$$B \sqrt[3]{u^2} = \sqrt[3]{-\tfrac{1}{2} q \mp \sqrt{\tfrac{1}{27} p^3 + \tfrac{1}{4} q^2}}.$$

Ces expressions donnent pour x la valeur du n°. 13.

Au lieu de former l'équation

$$x^3 - 3 A B u x - A^3 u - B^3 u^2 = 0$$

à priori, comme nous l'avons indiqué ci-dessus, Euler, qui connoissoit d'avance le résultat auquel il devoit parvenir, se sert d'un moyen qui peut être commode dans beaucoup d'occasions, pour reconnoître si une expression proposée est la racine d'une équation donnée. Il substitue dans l'équation $x^3 + p x + q = 0$, au lieu de x et de x^3, les valeurs

$$A \sqrt[3]{u} + B \sqrt[3]{u^2}, \quad (A \sqrt[3]{u} + B \sqrt[3]{u^2})^3,$$

ce qui donne

$$\left.\begin{aligned}
A^3 u + 3 A^2 B u \sqrt[3]{u} + 3 A B^2 u \sqrt[3]{u^2} + B^3 u^2 \\
+ \quad p A \sqrt[3]{u} + \quad p B \sqrt[3]{u^2} + q
\end{aligned}\right\} = 0.$$

Pour que la valeur $A \sqrt[3]{u} + B \sqrt[3]{u^2}$ convienne à tous les cas de l'équation $x^3 + p x + q = 0$, il faut que l'équation ci-dessus puisse avoir lieu, quand même $\sqrt[3]{u}$ et $\sqrt[3]{u^2}$ seroient des quantités irrationnelles différentes. Il suit de-là que les termes rationnels doivent se détruire à part, ainsi que les termes irrationnels : on doit donc avoir séparément

$A^3 u + B^3 u^2 + q = o$, $3 A^2 B u + p A = o$, $3 A B^2 u + p B = o$;
les deux dernières équations ne sont autres que......
$3 A B u + p = o$, multipliée d'abord par A, et ensuite
par B. Ce procédé conduit, comme on voit, au même
résultat que le précédent.

54. Nous ne suivrons point Euler dans les détails de
l'application de sa méthode au quatrième degré; nous
nous bornerons à donner l'expression des racines pour
ce cas, et pour cela, nous observerons que les racines
de l'équation $y^4 - 1 = o$ sont

$$y = 1, \quad y = -1, \quad y = +\sqrt{-1}, \quad y = -\sqrt{-1} :$$

en multipliant par ces valeurs la quantité $\sqrt[4]{u}$, on aura
les quatre expressions dont elle est susceptible ; formant
ensuite leur quarré et leur cube, on trouvera les diverses
expressions de $\sqrt[4]{u^2}$ et de $\sqrt[4]{u^3}$, et combinant ensemble
les résultats fournis par une même valeur de y, on aura

$$x = A\sqrt[4]{u} + B\sqrt[4]{u^2} + C\sqrt[4]{u^3}$$
$$x = -A\sqrt[4]{u} + B\sqrt[4]{u^2} - C\sqrt[4]{u^3}$$
$$x = A\sqrt{-1}.\sqrt[4]{u} - B\sqrt[4]{u^2} - C\sqrt{-1}.\sqrt[4]{u^3}$$
$$x = -A\sqrt{-1}.\sqrt[4]{u} - B\sqrt[4]{u^2} + C\sqrt{-1}.\sqrt[4]{u^3}$$

L'équation dont on vient de former les racines étant obtenue, on la comparera à $x^4 + p x^2 + q x + r = o$; et
comme on n'aura encore que trois équations, on pourra
prendre arbitrairement l'une des quatre indéterminées
A, B, C, u. Euler fait ici $B = 1$, et parvient par ce
moyen à une équation du troisième degré en u; mais s'il
eût fait $u = 1$, et qu'il eût voulu déterminer B, il seroit

tombé sur une du sixième, et sur une du vingt-quatrième, s'il avoit cherché A ou C.

54. Euler passe ensuite à la formation de l'équation du cinquième degré. Les calculs qu'il est obligé d'effectuer dans cette recherche sont beaucoup trop longs pour trouver place ici; cependant sa marche est trop élégante pour n'en pas donner une idée.

En désignant par α, β, γ et δ les quatre racines de l'équation $y^5 - 1 = 0$, autres que l'unité, les cinq expressions de $\sqrt[5]{u}$ seront

$$\sqrt[5]{u}, \quad \alpha\sqrt[5]{u}, \quad \beta\sqrt[5]{u}, \quad \gamma\sqrt[5]{u}, \quad \delta\sqrt[5]{u}:$$

et formant leurs puissances, on trouvera que les racines de l'équation du cinquième degré sont

$$x = A\,\sqrt[5]{u} + B\sqrt[5]{u^2} + C\sqrt[5]{u^3} + D\sqrt[5]{u^4}$$
$$x = A\,\alpha\sqrt[5]{u} + B\,\alpha^2\sqrt[5]{u^2} + C\,\alpha^3\sqrt[5]{u^3} + D\,\alpha^4\sqrt[5]{u^4}$$
$$x = A\,\beta\sqrt[5]{u} + B\,\beta^2\sqrt[5]{u^2} + C\,\beta^3\sqrt[5]{u^3} + D\,\beta^4\sqrt[5]{u^4}$$
$$x = A\,\gamma\sqrt[5]{u} + B\,\gamma^2\sqrt[5]{u^2} + C\,\gamma^3\sqrt[5]{u^3} + D\,\gamma^4\sqrt[5]{u^4}$$
$$x = A\,\delta\sqrt[5]{u} + B\,\delta^2\sqrt[5]{u^2} + C\,\delta^3\sqrt[5]{u^3} + D\,\delta^4\sqrt[5]{u^4}$$

Il seroit très-long de former par la multiplication l'équation résultante de ces cinq racines ; mais on aura (8) ces valeurs

$$P = -S_1,$$
$$Q = -\frac{PS_1 + S_2}{2},$$
$$R = -\frac{PS_1 + QS_2 + S_3}{3}$$

etc.

Si donc on fait successivement la somme des cinq va-

leurs de x, celles de leurs secondes, troisièmes, qua-
trièmes et cinquièmes puissances, on en déduira les coefficiens P, Q, R, et T de l'équation

$$x^5 + P x^4 + Q x^3 + R x^2 + S x + T = 0,$$

qui renferme ces valeurs.

En prenant d'abord la somme des premières puissances,
on a

$$
\begin{aligned}
S_1 = \ & A(1 + \alpha + \beta + \gamma + \delta)\sqrt[\prime]{u} \\
& + B(1 + \alpha^2 + \beta^2 + \gamma^2 + \delta^2)\sqrt[\prime]{u^2} \\
& + C(1 + \alpha^3 + \beta^3 + \gamma^3 + \delta^3)\sqrt[\prime]{u^3} \\
& + D(1 + \alpha^4 + \beta^4 + \gamma^4 + \delta^4)\sqrt[\prime]{u^4},
\end{aligned}
$$

expression qui se réduit à zéro (12), ce qui fait voir
que l'équation cherchée ne doit pas avoir de second
terme.

On trouveroit de même que S_2, S_3, etc. contiennent
les sommes des puissances des racines 1, α, β, γ et δ,
déterminées dans le n°. 12.

55. Pour trouver, d'après le procédé indiqué dans
le n°. 51, l'équation dont la racine est

$$x = A\sqrt[n]{u} + B\sqrt[n]{u^2} + C\sqrt[n]{u^3} + D\sqrt[n]{u^4}\ldots\ldots + M\sqrt[n]{u^{n-1}},$$

on fera $\sqrt[n]{u} = y$, et on aura à éliminer y entre les deux
équations

$$y^n - u = 0,$$
$$x = A y + B y^2 + C y^3 + D y^4 \ldots + M y^{n-1}.$$

L'équation finale ne montera qu'au degré n, et n'aura
point de second terme; en la comparant terme à terme
avec la formule générale

$$x^n + P x^{n-2} + Q x^{n-3} \ldots \ldots + U = 0,$$

on obtiendra un nombre $n - 1$ d'équations ; et comme il y entrera n indéterminées, A, B, C, etc. u, on pourra se donner une de ces indéterminées à volonté. Si on fait, par exemple, $u = 1$, on tombe sur les deux équations auxiliaires

$$y^n - 1 = 0,$$

$$x = Ay + By^2 + Cy^3 + Dy^4 \ldots\ldots + My^{n-1}$$

employées par Bézout dans la méthode qu'il a proposée pour résoudre les équations, et qui revient, ainsi qu'on le voit, à celle d'Euler.

56. Pour former par l'une ou l'autre des méthodes exposées ci-dessus l'équation dont on a la racine, on ne rencontre d'autre difficulté que la longueur des calculs ; mais lorsqu'on cherche à déterminer les quantités A, B, $C \ldots\ldots u$ par la comparaison du résultat avec l'équation générale du degré n, on tombe dans une équation finale ou une réduite, dont le degré surpasse de beaucoup celui de la première.

Il faudroit examiner si cette équation finale ne contient pas des racines inutiles à la question, ou si elle ne peut pas s'abaisser. Lagrange et Vandermonde, par des moyens assez différens, se sont occupés de cette recherche, et ont trouvé qu'on ne pouvoit abaisser qu'au sixième degré la réduite du cinquième.

C'est une question qui n'est pas encore résolue, que de savoir s'il est possible ou non d'exprimer la racine d'une équation par une fonction composée d'un nombre limité d'expressions radicales d'un degré égal ou inférieur à celui de la proposée. Si l'affirmative étoit prouvée, il résulteroit des réflexions que Condorcet a faites sur cette matière dans le tome V des *Mémoires de Turin*, que l'on n'est arrêté dans la résolution générale des équations que par la longueur des calculs à effectuer. En effet, si la racine de l'équation du degré n avoit la forme

$$x = \sqrt[n]{A} + \sqrt[n]{B} + \sqrt[n]{C}\ldots.$$

il pourroit arriver que l'équation qui doit donner A s'élevât au-dessus du degré n, parce que la valeur de cette quantité seroit comprise dans celle d'une fonction susceptible de plus de n formes différentes, par les diverses combinaisons des radicaux d'un degré inférieur à n qui s'y trouveroient contenus. Si, dans ce cas, A pouvoit être, par exemple, de la forme

$$\sqrt[n']{A'} + \sqrt[n']{B'}\ldots..$$

et que A' fût une quantité sans radicaux, ou n'en contenant au plus que du second degré, l'équation en A' seroit nécessairement réductible au premier ou au second degré, et un tel abaissement seroit facile à reconnoître. Si A' n'avoit pas la forme que nous lui supposons, mais qu'il y entrât encore des radicaux d'un degré n'', en les mettant en évidence et raisonnant comme tout-à-l'heure, on prouveroit la possibilité de parvenir à une équation du premier ou du second degré, par rapport à l'une des quantités contenues sous ces derniers radicaux. Il est facile de pousser ces considérations aussi loin qu'on voudra, et de s'assurer, par leur moyen, que si l'expression de la racine d'une équation quelconque est composée d'un nombre limité de radicaux, tant ajoutés ensemble que posés les uns sur les autres, il faudra nécessairement qu'en les faisant disparoître successivement, et par une méthode qui n'introduise pas de facteurs inutiles, on parvienne, par rapport à la quantité rationnelle qui se trouve placée sous le dernier radical, à une équation du premier degré.

C'est la fécondité même de l'Algèbre qui augmente la difficulté de ces recherches. L'équation finale ou la réduite qu'on obtient renferme toutes les valeurs dont les quantités A, B, C, etc. sont susceptibles; l'expression de l'une quelconque des racines de l'équation proposée, par des combinaisons convenables des diverses valeurs des lettres A, B, C, etc. devient successivement celle de toutes les autres racines; et enfin l'on résout souvent en même temps plusieurs équations différentes de la proposée, ainsi qu'on l'a vu pour les équations du troisième degré, dans le n°. 13.

Il est visible que lorsqu'on prend une expression radicale qui ne contient pas autant d'indéterminées que l'équation générale du degré auquel elle se rapporte renferme de coefficiens, l'évanouissement des radicaux ne conduit qu'à une équation particulière. Nous allons en donner un exemple.

57. Si l'on suppose seulement

$$x = \sqrt[n]{A} + \sqrt[n]{B},$$

les puissances de cette expression pourront être mises sous la forme

$$\sqrt[n]{A}+\sqrt[n]{B} = \sqrt[n]{A}+\sqrt[n]{B}$$

$$(\sqrt[n]{A}+\sqrt[n]{B})^2 = \sqrt[n]{A^2}+\sqrt[n]{B^2}+2\sqrt[n]{AB}$$

$$(\sqrt[n]{A}+\sqrt[n]{B})^3 = \sqrt[n]{A^3}+\sqrt[n]{B^3}+3\sqrt[n]{AB}(\sqrt[n]{A}+\sqrt[n]{B})$$

$$(\sqrt[n]{A}+\sqrt[n]{B})^4 = \sqrt[n]{A^4}+\sqrt[n]{B^4}+4\sqrt[n]{AB}(\sqrt[n]{A^2}+\sqrt[n]{B^2})+6\sqrt[n]{A^2B^2}$$

$$(\sqrt[n]{A}+\sqrt[n]{B})^5 = \sqrt[n]{A^5}+\sqrt[n]{B^5}+5\sqrt[n]{AB}(\sqrt[n]{A^3}+\sqrt[n]{B^3})$$
$$+10\sqrt[n]{A^2B^2}(\sqrt[n]{A}+\sqrt[n]{B})$$

etc.

et si de ces équations on tire successivement les valeurs de $\sqrt[n]{A^2}+\sqrt[n]{B^2}$, $\sqrt[n]{A^3}+\sqrt[n]{B^3}$, etc. au moyen des puissances de $(\sqrt[n]{A}+\sqrt[n]{B})$ et de $\sqrt[n]{AB}$, il viendra, en mettant x au lieu de $\sqrt[n]{A}+\sqrt[n]{B}$, et b au lieu de AB,

$$\sqrt[n]{A}+\sqrt[n]{B}=x$$

$$\sqrt[n]{A^2}+\sqrt[n]{B^2}=x^2-2\sqrt[n]{b}$$

$$\sqrt[n]{A^3}+\sqrt[n]{B^3}=x^3-3x\sqrt[n]{b}$$

$$\sqrt[n]{A^4}+\sqrt[n]{B^4}=x^4-4x^2\sqrt[n]{b}+2\sqrt[n]{b^2}$$

$$\sqrt[n]{A^5}+\sqrt[n]{B^5}=x^5-5x^3\sqrt[n]{b}+5x\sqrt[n]{b^2}.$$

Une induction semblable à celle qu'on a indiquée dans le n°. 41 , fera voir que

$$\sqrt[n]{A^m}+\sqrt[n]{B^m}=x^m-\frac{m}{1}x^{m-2}\sqrt[n]{b}+\frac{m(m-3)}{1 \cdot 2}x^{m-4}\sqrt[n]{b^2}$$
$$-\frac{m(m-4)(m-5)}{1 \cdot 2 \cdot 3}x^{m-6}\sqrt[n]{b^3}+\text{etc.}$$

Posant maintenant $m=n$ et $A+B=a$, on aura, à cause de $\sqrt[n]{A^n}+\sqrt[n]{B^n}=A+B$, cette équation :

$$x^n-\frac{n}{1}x^{n-2}\sqrt[n]{b}+\frac{n(n-3)}{1 \cdot 2}x^{n-4}\sqrt[n]{b^2}-\frac{n(n-4)(n-5)}{1 \cdot 2 \cdot 3}x^{n-6}\sqrt[n]{b^3}.$$
$$+\frac{n(n-5)(n-6)(n-7)}{1 \cdot 2 \cdot 3 \cdot 4}x^{n-8}\sqrt[n]{b^4}+\text{etc.}=a,$$

dont l'une de ses racines est

$$x=\sqrt[n]{A}+\sqrt[n]{B}.$$

En la comparant avec les équations générales des 3ᵉ, 4ᵉ, 5ᵉ, etc. degrés, on reconnoîtra quelles sont les équations de ces divers degrés ayant une racine de la forme

$$\sqrt[n]{A} + \sqrt[n]{B}.$$

1°. Quand $n = 3$, on a

$$x^3 + p x + q = 0, \qquad x^3 - 3 x \sqrt[3]{b} - a = 0;$$

il vient $\qquad p = - 3 \sqrt[3]{b}, \qquad q = - a,$

d'où $\qquad b = - \tfrac{1}{27} p^3;$

et comme on a fait

$$A + B = a, \qquad AB = b,$$

a et b seront les racines de l'équation

$$A^2 + q A - \tfrac{1}{27} p^3 = 0,$$

ce qui rentre dans les solutions du troisième degré, données nᵒˢ. 13 et 53.

2°. Quand $n = 4$, on a

$$x^4 + p x^2 + q x + r = 0,$$

$$x^4 - 4 x^2 \sqrt[4]{b} + 2 \sqrt[4]{b^2} - a = 0.$$

La comparaison de ces deux formules donne

$$p = - 4 \sqrt[4]{b}, \quad q = 0, \quad r = 2 \sqrt[4]{b^2} - a.$$

L'équation $q = 0$ est la condition qui restreint l'équation proposée; et lorsqu'elle a lieu, on trouve

$$b = \tfrac{1}{256} p^4, \quad a = \tfrac{1}{8} p^2 - r,$$

$$A^2 - \left(\tfrac{1}{8} p^2 - r \right) A + \tfrac{1}{256} p^4 = 0;$$

l'équation du quatrième degré qu'on résout par ces formules, est

$$x^4 + p x^2 + r = 0.$$

3°. Quand $n = 5$, on a

$$x^5 + p x^3 + q x^2 + r x + s = 0,$$

$$x^5 - 5 x^3 \sqrt[5]{b} + 5 x \sqrt[5]{b^2} - a = 0,$$

d'où l'on déduit

$$p = -5\sqrt[5]{b}, \quad q = 0, \quad r = 5\sqrt[5]{b^2}, \quad s = -a.$$

On retrouve dans ce degré la condition $q = 0$, déjà exigée pour le précédent, et de plus, les équations

$$p = -5\sqrt[5]{b}, \qquad r = 5\sqrt[5]{b^2}$$

donnent, par l'élimination de b, cette relation entre p et r, $\qquad p^2 = 5\,r$;

lorsque cette condition est remplie, on a

$$b = -\frac{1}{5^5}p^5, \qquad a = -s,$$

$$A^2 + sA - \frac{1}{5^5}p^5 = 0,$$

et l'équation résolue est

$$x^5 + p x^3 + \tfrac{1}{5}p^2 x + s = 0.$$

Nous ne pousserons pas plus loin cet examen; mais nous ferons remarquer, 1°. que les quantités A et B étant données par une équation de la forme

$$A^2 - aA + b = 0,$$

la racine de l'équation proposée sera

$$x = \sqrt[n]{\tfrac{1}{2}a + \sqrt{\tfrac{1}{4}a^2 - b}} + \sqrt[n]{\tfrac{1}{2}a - \sqrt{\tfrac{1}{4}a^2 - b}},$$

résultat auquel on peut appliquer les réflexions du n°. 16, et qui fait voir par conséquent que le cas irréductible a lieu dans les équations de degré supérieur au troisième.

2°. Que l'expression $\sqrt[n]{A} + \sqrt[n]{B}$ donne en même temps toutes les racines de l'équation qui lui correspond, lorsque l'on combine deux à deux les n valeurs dont est susceptible chacune des quantités $\sqrt[n]{A}$ et $\sqrt[n]{B}$, de manière que leur produit se réduise à $\sqrt[n]{AB}$; c'est-à-dire que si l'on prend $\alpha\sqrt[n]{A}$ et $\beta\sqrt[n]{B}$, on ait $\alpha\beta = 1$.

Avec cette attention, on trouve (12) que les n valeurs
de x sont

$$x = \alpha \sqrt[n]{A} + \alpha^{n-1} \sqrt[n]{B}$$

$$x = \alpha^2 \sqrt[n]{A} + \alpha^{n-2} \sqrt[n]{B}$$

$$x = \alpha^3 \sqrt[n]{A} + \alpha^{n-3} \sqrt[n]{B}$$

$$\cdots\cdots\cdots\cdots\cdots\cdots$$

$$x = \alpha^{n-1} \sqrt[n]{A} + \alpha \sqrt[n]{B} \; (*).$$

58. Les réflexions précédentes doivent faire sentir la
nature des difficultés que présente le problême de la
résolution algébrique des équations ; et en les résumant,
il est facile d'en conclure qu'il est encore douteux que l'on
puisse exprimer par un nombre limité d'opérations algébriques, c'est-à-dire, d'additions, de soustractions, de
multiplications, de divisions, et d'extractions de racines
généralement indiquées, les racines d'une équation quelconque, au moyen de ses coefficiens. Dès le troisième
degré même, pour lequel on a trouvé des formules générales, ces formules deviennent illusoires dans le cas irréductible; et la même circonstance qui doit à plus forte
raison avoir lieu dans les degrés plus élevés , suffiroit
pour rendre inutiles les formules des racines relatives
aux équations de ces degrés quand elles seroient connues.
« On peut assurer d'avance, dit Lagrange, que quand
» même on parviendroit à résoudre généralement le

(*) Lorsque les équations particulières que nous considérons ici
tombent dans le cas irréductible, elles ont toutes leurs racines réelles
et se rapportent à la division d'un arc de cercle en n parties égales ,
ce qui fournit une moyen très-simple de les calculer , avec le secours
des tables trigonométriques. (Voyez mon *Traité du Calcul différentiel
et du Calcul intégral*, tom. I.)

cinquième

» cinquième degré et les suivans, on n'auroit par-là que
» des formules algébriques, précieuses en elles-mêmes,
» mais très-peu utiles pour la résolution effective et numé-
» rique des équations des mêmes degrés, et qui par con-
» séquent ne dispenseroient pas d'avoir recours aux
» méthodes arithmétiques » (*).

C'est d'après des motifs d'un aussi grand poids, que
j'ai cru ne devoir donner dans les *Elémens d'Algèbre* que
la résolution numérique des équations, qui « est, à
» proprement parler, une opération arithmétique fondée,
» à la vérité, sur les principes généraux de la théorie des
» équations, mais dont les résultats ne sont que des
» nombres où l'on ne reconnoît plus les premiers nombres
» qui ont servi d'élémens (c'est-à-dire, les coefficiens
» de l'équation à résoudre), et qui ne conservent au-
» cune trace des différentes opérations particulières qui
» les ont produits. L'extraction des racines quarrées et
» cubiques est l'opération la plus simple de ce genre;
» c'est la résolution des équations numériques du second
» et du troisième degré, dans lesquelles tous les termes
» intermédiaires manquent.

» L'algèbre plane, pour ainsi dire, également sur
» l'arithmétique et sur la géométrie; son objet n'est pas
» de trouver les valeurs mêmes des quantités cherchées,
» mais le système d'opérations à faire sur les quantités
» données pour en déduire les valeurs des quantités
» qu'on cherche d'après les conditions du problême. Le
» tableau de ces opérations, représentées par les carac-
» tères algébriques, est ce qu'on nomme en algèbre une
» formule.....».

(*) *De la Résolution des équations numériques de tous les degrés.*
(Avertissement, page viij).

2.   H

Nous voilà donc encore ramenés, par les remarques d'un géomètre qui a profondément médité sur la *philosophie* des sciences mathématiques, à nous demander s'il n'y auroit pas une impossibilité absolue de faire dépendre d'un nombre limité d'opérations algébriques, la recherche de la racine d'une équation quelconque, ou, ce qui revient au même, d'exprimer cette racine par une formule algébrique. Il seroit peut-être téméraire, dans l'état où se trouve actuellement l'Algèbre, de prononcer affirmativement sur cette impossibilité; mais ceux qui ont parcouru le vaste champ de l'analyse, savent qu'il est d'autres quantités que l'on ne peut pas non plus obtenir par un système limité d'opérations algébriques, et pensent sans doute qu'il doit exister entre les grandeurs des relations qu'il est impossible de développer autrement que d'une manière approximative et *individuelle*, ou pour chaque valeur en particulier. Il est évident que si les racines des équations algébriques sont de cette nature, il ne reste qu'à perfectionner les procédés arithmétiques propres à leur recherche.

Viète a sûrement été guidé par des considérations de ce genre, lorsque, dans son Traité *de numerosa potestatum adfectarum resolutione*, il a cherché à résoudre immédiatement les équations numériques par une suite d'operations purement arithmétiques et combinées entre elles, à-peu-près comme le sont celles qu'on emploie pour extraire les racines des nombres. Si sa méthode étoit uniforme pour tous les cas qui peuvent se présenter, en sorte que, par une succession régulière des mêmes procédés, elle conduisît infailliblement à la racine cherchée, lorsque cette racine est assignable exactement en nombres, et dans tous les autres cas, à une valeur de plus en plus approchée, elle ne laisseroit rien à desirer dans la résolution numérique des équations, que l'on pourroit alors regarder comme aussi complète que l'extraction des racines : mais il n'en est pas ainsi Malgré les efforts que Harriot, Ougtred, Wallis, Pell et d'autres, ont faits pour perfectionner la méthode de Viète, elle est toujours demeurée très-défectueuse ; et Lagrange, en dernier lieu, a montré « qu'elle ne peut réussir d'une manière » certaine que pour les équations dont tous les termes » ont le même signe, à l'exception du dernier tout connu'; » car alors ce terme devant être égal à la somme de tous » les autres, on peut, par des tâtonnemens limités et » réglés, trouver successivement tous les chiffres de la » valeur de l'inconnue jusqu'au degré de précision qu'on » aura fixé. Dans tous les autres cas, les tâtonnemens » deviendront plus ou moins incertains , à cause des » termes soustractifs ».

Lagrange fait voir de plus que l'on peut toujours ramener une équation quelconque à cette forme, « pourvû » qu'on ait deux limites d'une racine, l'une en plus, » l'autre en moins, et qui soient telles, que toutes les » autres racines, ainsi que les parties réelles des racines » imaginaires, s'il y en a, tombent hors de ces limites». Mais ces limites étant au moins aussi difficiles à trouver que les racines mêmes de l'équation, la méthode donnée dans les *Elémens*, n°. 225 , est préférable à cette recherche, et en la combinant avec ce qui a été dit dans le n°. 30 de ce *Complément*, on aura les moyens de connoître les racines imaginaires aussi bien que les racines réelles, c'est-à-dire, tout ce qu'on peut desirer sur la résolution numérique des équations.

59. Il suit du n°. 185 des *Elémens*, que, si pour une équation algébrique quelconque, il y a toujours une

expression réelle ou imaginaire qui, soumise aux opérations indiquées dans cette équation, donne un résultat
dont tous les termes se détruisent, la même équation
sera nécessairement le produit d'autant de facteurs simples que son plus haut exposant renferme d'unités. La
résolution des équations des quatre premiers degrés
fait voir la vérité de cette proposition dans les équations
même du cinquième, qui ont nécessairement une racine
réelle (*Elém.* 218).

Il est visible qu'en général la question se réduit à prouver que toute équation d'un degré pair a au moins une
racine, soit réelle, soit imaginaire. La proposition du
n°. 24 montre qu'une pareille équation a au moins deux
racines qui peuvent toujours être comprises dans une
équation du second degré ayant ses coefficiens réels;
mais on ne parvient à cette dernière équation qu'en
regardant la proposée comme le produit d'un nombre de
facteurs simples égal à l'exposant de son degré; en sorte
que la difficulté subsiste encore dans son entier. Il étoit
nécessaire de l'écarter des Elémens, qui ne doivent contenir que les notions les plus évidentes ; mais il convient
de la montrer toute entière à ceux qui ont déjà pénétré
assez avant dans l'Analyse pour en saisir l'esprit. Si l'on
n'a pas encore de démonstration complète à leur offrir.
de la proposition dont il s'agit, on peut du moins leur
donner des raisons assez fortes pour qu'elle ne soit
plus douteuse.

« L'esprit du calcul algébrique (Lagrange, *De la
Résolution des équations numériques*, page 116) » qui
» est indépendant des valeurs particulières qu'on peut
» donner aux quantités, fait qu'on peut regarder tout
» polynome ($x^m +$ etc.) comme formé du produit d'au-
» tant de facteurs simples $x - a$, $x - b$, $x - c$, etc.

» qu'il y a d'unités dans l'exposant m du degré de ce
» polynome, quelles que puissent être d'ailleurs les quan-
» tités a, b, c, etc. »

Développons un peu cette remarque.

La formule $x = -\frac{1}{2}p \pm \sqrt{\frac{1}{4}p^2 - q}$, qui représente
les racines de l'équation $x^2 + px + q = 0$, ne cesse pas
de le faire, quoique cette équation devienne absurde ;
seulement elle se réduit alors à un symbole purement
algébrique, qui ne correspond plus à aucune quantité
existante, mais qui, étant soumis aux opérations indiquées dans l'équation, n'en rend pas moins la somme de
tous les termes égale à zéro. Par cet exemple, on doit
comprendre que s'il existe pour un seul cas une expression de la racine d'une équation de degré pair, cette expression doit encore subsister pour tout autre. Or, on
a vu (*Elém.* 219), que toute équation de degré pair a au
moins deux racines réelles lorsque son dernier terme est
négatif ; mais la valeur de ces racines dépendant de celle
des coefficiens de l'équation proposée, doit nécessairement être composée d'une certaine manière avec ces
coefficiens, ou en être une *fonction*. Quoique nous ne
puissions pas assigner la forme de cette fonction, son
existence n'en est pas moins évidente ; la méthode des
séries et le calcul différentiel fournissent les moyens d'en
avoir des développemens. Cela posé, il est visible qu'elle
doit encore subsister lorsqu'on y changera le signe du
dernier terme de l'équation proposée, et qu'alors elle
deviendra la racine de l'équation dont le dernier terme
est positif ; elle pourra, par ce changement, cesser d'être
réelle, mais non pas d'exister comme expression analy-
tique ; il sera donc toujours permis de la représenter par
un symbole qui jouira des propriétés communes à toutes
les racines des équations.

On pourroit opposer à ce raisonnement les remarques des ‘numéros 197 et 199 des *Elémens;* mais on y répondroit en faisant observer que les exceptions indiquées dans ces remarques ne peuvent se rencontrer dans les équations algébriques à une seule inconnue. En effet, ces équations ne peuvent être identiques sans qu'on le reconnoisse à leur simple inspection ; et il est évident (*Elém.* 217) qu'aucune valeur infinie n'y sauroit satisfaire lorsque leurs coefficiens sont finis.

De quelques transformations qui conduisent à la résolution des équations des quatre premiers degrés.

60. Le nombre des moyens que les algébristes ont tentés pour résoudre les équations littérales, est trop grand pour entreprendre de les faire tous connoître ; il en est cependant encore deux que nous allons exposer, parce qu'ils sont remarquables, soit par la source dont ils dérivent, soit par leur simplicité. Le premier est la méthode de Tschirnaüs : en voici une idée succincte.

La substitution de $x + a$ à la place de y, dans une équation en y, n'est propre qu'à faire disparoître un seul terme, puisqu'elle n'introduit qu'une seule quantité indéterminée a (*); mais si, au lieu de l'équation hypothétique $y = x + a$, on prend $y^2 = x + a + by$, on peut faire disparoître deux termes de l'équation en x, en déterminant convenablement les quantités a et b, sur lesquelles il n'y a rien de statué par l'énoncé de la question.

____

(*) Ceux qui n'ont pas encore l'habitude de l'analyse croiroient peut-être gagner quelque chose en supposant $y = x + a + b$: mais s'ils font le calcul, ils se convaincront bientôt que la quantité $a + b$ se comporte comme si elle étoit monome, et qu'ils ne peuvent point déterminer séparément a et b, ni par conséquent faire évanouir plus d'un terme.

Dans ce cas, l'équation en x n'est pas aussi aisée à former que lorsqu'on change seulement y en $x + a$; mais cependant elle est encore du même degré que la proposée, comme on peut s'en assurer par le procédé d'élimination donnée dans le n°. 9.

Si, par exemple, on désigne par α, β et γ les trois racines de l'équation $y^3 + P y^2 + Q y + R = 0$, d'après ce procédé, l'équation finale en x résultera du produit des trois quantités

$$\alpha^2 - b \alpha - (a + x)$$
$$\beta^2 - b \beta - (a + x)$$
$$\gamma^2 - b \gamma - (a + x)$$

qui nécessairement ne passera pas le troisième degré; et après qu'on aura chassé les lettres α, β et γ, comme il convient, on aura un résultat que nous pourrons représenter par

$$x^3 + A x^2 + B x + C = 0,$$

dans lequel A, B et C seront des quantités composées des coefficiens P, Q et R de l'équation proposée et des deux indéterminées a et b. En choisissant parmi ces trois quantités, pour les égaler à zéro, les deux qui affectent les termes qu'on veut faire disparoître, on se procurera des équations qui donneront les valeurs que doivent avoir a et b dans cette circonstance; et d'après ces valeurs, l'équation $x^3 + A x^2 + B x + C = 0$ sera réduite à deux termes.

La supposition de $y^2 = x + a + by$ est également propre à faire disparoître deux termes dans une équation du quatrième degré. En éliminant y, entre cette équation hypothétique et l'équation proposée

$$y^4 + P y^3 + Q y^2 + R y + S = 0,$$

par le même procédé que dans le cas précédent, on parviendra à un résultat de la forme

H 4

$$x^4 + A x^3 + B x^2 + C x + D = 0,$$

qu'on pourra réduire à trois termes, en égalant à zéro deux quelconques des quantités A, B, C, D, qui, comme ci-dessus, seront données en P, Q, R, S, a et b.

Si on vouloit changer l'équation proposée en une autre qui contînt trois termes de moins, l'analogie fait voir qu'on devroit prendre alors l'équation hypothétique

$$y^3 = x + a + b y + c y^2,$$

et qu'en éliminant y entre cette dernière et la proposée, on trouveroit encore, en opérant comme ci-dessus, un résultat de la forme

$$x^4 + A x^3 + B x^2 + C x + D = 0,$$

mais dans lequel on pourroit égaler trois coefficiens à zéro, puisqu'on y auroit introduit trois quantités indéterminées, a, b et c.

Il est facile de généraliser cette marche, et de reconnoître qu'en prenant l'équation subsidiaire

$$y^m = x + a + b y + c y^2 \ldots + q y^{m-1},$$

on pourra changer l'équation générale

$$y^n + P y^{n-1} + Q y^{n-2} \ldots + U y + T = 0$$

en une autre

$$x^n + A x^{n-1} + B x^{n-2} \ldots + L = 0,$$

dans laquelle on pourra faire disparoître un nombre de termes égal à m, au moyen des m quantités indéterminées a, b, c ..... q.

61. Cette théorie semble promettre la résolution des équations d'un degré quelconque, et elle offre le moyen le plus simple et le plus naturel qu'on puisse desirer pour résoudre les équations du deuxième, du troisième et du quatrième degré ; mais malgré son succès dans ces

degrés, elle est inférieure à toutes les autres méthodes connues, par la longueur des calculs qu'elle entraîne. Nous ne saurions entrer ici dans de grands détails sur ce sujet; cependant, en faveur de ceux qui veulent connoître toutes les richesses de l'Analyse , nous tracerons ici une esquisse rapide du procédé indiqué par Tschirnaüs.

En faisant disparoître, par la supposition de.... $y = x + a$, le second terme de l'équation $y^2 + Py + Q = 0$, on la réduit à la forme $x^2 + B = 0$, laquelle se résout sur-le-champ par l'extraction de la racine quarrée, et donne $x = \pm \sqrt{-B}$. En effet, en substituant $x + a$ à la place de y dans l'équation proposée , elle devient

$$\left.\begin{array}{r} x^2 + 2ax + a^2 \\ + Px + aP \\ + Q \end{array}\right\} = 0;$$

et si on égale à zéro la quantité $2a + P$, coefficient de x, elle se réduit à

$$x^2 + a^2 + aP + Q = 0,$$

ce qui donne

$$B = a^2 + aP + Q;$$

mais de $2a + P = 0$, il résulte

$$a = -\tfrac{1}{2}P, \qquad B = -\tfrac{1}{4}P^2 + Q,$$

et par conséquent

$$x = \pm \sqrt{\tfrac{1}{4}P^2 - Q},$$

et $\qquad y = a + x = -\tfrac{1}{2}P \pm \sqrt{\tfrac{1}{4}P^2 - Q}.$

62. Lorsque l'équation proposée est

$$y^3 + Py^2 + Qy + R = 0,$$

en prenant $y^2 = x + a + by$, on la changera en une autre de la forme

$$x^3 + A x^2 + B x + C = 0,$$

dans laquelle on pourra faire disparoître deux termes ;
et on voit bien que si on égale à zéro les coefficiens A et B
de ceux qui sont intermédiaires, l'équation, réduite à
son premier et à son dernier terme, se résoudra par la
seule extraction de la racine cubique. Si on effectue le
produit indiqué pour ce cas dans le n°. 60, et qu'on exprime par les coefficiens P, Q et R de l'équation proposée,
les fonctions symétriques de α, β et γ, que ce produit renferme, on trouvera sans peine la composition des coeffi-
ciens A, B, C de l'équation en x; mais ces résultats, que
le lecteur fera bien de chercher pour s'exercer au calcul,
sont trop compliqués pour trouver place ici : nous en
obtiendrons de plus simples en supposant qu'on ait déjà
fait disparoître le second terme de l'équation proposée.
Nous n'aurons plus qu'à éliminer y entre les deux équations

$$y^3 + Q y + R = 0, \qquad y^2 = x + a + b y,$$

ce que nous ferons, ainsi qu'il suit, en posant pour
abréger $x + a = m$ (*).

L'équation $y^2 = m + b y$ étant multipliée par y, donne

$$y^3 = m y + b y^2 \quad \text{ou} \quad y^3 = m y + b m + b^2 y,$$

en mettant pour y^2 sa valeur. Substituant ensuite dans
la proposée, il viendra

$$m y + b m + b^2 y + Q y + R = 0;$$

d'où
$$y = - \frac{b m + R}{m + b^2 + Q},$$

et mettant cette valeur dans l'équation

(*) On laisse toujours les deux quantités indéterminées a et b,
malgré la disparition du second terme de la proposée, parce que
l'équation en x n'en a pas moins un second terme qu'il faut encore
faire évanouir.

$$y^2 = m + by,$$

on obtiendra, après les réductions,

$$\left.\begin{array}{r}m^3 + 2\,Q\,m^2 + Q^2 \\ + Q\,b^2 \\ - 3\,b\,R\end{array}\right\}\left.\begin{array}{r}m - R^2 \\ - b\,Q\,R \\ - b^3\,R\end{array}\right\} = 0.$$

Remplaçant les diverses puissances de m par celles de $x + a$, ordonnant le résultat par rapport aux puissances de x et de a, comparant avec $x^3 + Ax^2 + Bx + C = 0$, il viendra

$A = 3a + 2Q$

$B = 3a^2 + 4Qa + Qb^2 - 3Rb + Q^2$

$C = a^3 + 2Qa^2 + Q^2a + Qb^2a - 3Rba - Rb^3 - RQb - R^2$

Si on fait $A = 0$ et $B = 0$, ce qui produira les équations

$$3a + 2Q = 0 \dots\dots\dots\dots(1)$$
$$3a^2 + 4Qa + b^2Q - 3Rb + Q^2 = 0 \dots(2)$$

l'équation

$$x^3 + Ax^2 + Bx + C = 0$$

sera réduite à

$$x^3 + C = 0,$$

dont on tirera

$$x = -\sqrt[3]{C}.$$

La quantité C sera connue lorsqu'on aura déterminé a et b, ce qui est facile, puisque, d'après l'équation (1), on a

$$a = -\frac{2Q}{3},$$

valeur qui, mise dans l'équation (2), la change en

$$Q\,b^2 - 3\,R\,b - \tfrac{1}{3}\,Q^2 = 0,$$

équation du second degré, dont la solution donnera la valeur de b. Nous ne nous arrêterons pas à développer l'expression de C, ni à tirer les nombreuses conséquences qui résultent de cette théorie ; mais on suppléera facilement aux détails que nous omettrons.

Lorsqu'on a déterminé a, b et x, il ne faut pas prendre indistinctement pour y l'une quelconque des racines de l'équation $y^2 = x + a + by$; mais on doit, d'après ce qui a été dit n°. 192 des *Elémens*, chercher le diviseur commun qui existe alors entre cette équation et la proposée, ou, ce qui revient au même, substituer les valeurs de a, de b et de x dans l'expression

$$y = -\frac{b\,m + R}{m + b^2 + Q} = -\frac{b\,(x+a) + R}{x + a + b^2 + Q},$$

qui a servi à l'élimination de y.

63. En passant au quatrième degré, le même procédé peut s'appliquer de deux manières différentes ; car si on change l'équation

$$y^4 + P y^3 + Q y^2 + R y + S = 0$$

en une autre où les termes affectés de la troisième et de la première puissance de l'inconnue aient disparu, cette dernière pourra se résoudre à la manière de celles du second degré (*Elém.* 179) ; on peut enfin, comme pour les degrés précédens, transformer l'équation proposée de manière que la résultante puisse être réduite à son premier et à son dernier terme.

Dans le premier cas, on n'a que deux termes à faire disparoître ; il suffit donc de combiner l'équation

$$y^4 + P y^3 + Q y^2 + R y + S = 0$$

avec l'équation

$$.y^2 = x + a + by.$$

En effectuant les calculs nécessaires pour obtenir l'équation

$$x^4 + A x^3 + B x^2 + C x + D = 0,$$

et posant ensuite

$$A = 0, \qquad C = 0,$$

on a

$$x^4 + B x^2 + D = 0,$$

équation qui se résout à la manière de celles du deuxième degré. L'équation $A = 0$ seroit encore du premier degré par rapport aux indéterminées a et b; mais l'équation $C = 0$ monteroit au troisième : ainsi la résolution de l'équation proposée se trouveroit ramenée à celle d'une équation du troisième. Connoissant a, b et x, on trouveroit y, comme dans le numéro précédent.

Pour changer l'équation

$$y^4 + P y^3 + Q y^2 + R y + S = 0$$

en une autre qui n'ait que deux termes, il faut en faire évanouir trois, et par conséquent supposer

$$y^3 = x + a + b y + c y^2.$$

Le résultat de l'élimination de y entre cette équation et la proposée étant toujours désigné par

$$x^4 + A x^3 + B x^2 + C x + D = 0,$$

on fera

$$A = 0, \qquad B = 0, \qquad C = 0,$$

ce qui donnera

$$x^4 + D = 0;$$

mais les indéterminées a, b et c se trouvant au premier degré dans A, au deuxième dans B, au troisième dans C, l'équation d'où dépend la valeur de l'une d'elles montera au sixième degré, et sera donc en général plus difficile à résoudre que la proposée elle-même : cepen-

dant Lagrange a prouvé qu'elle pourroit encore se ramener à une autre du troisième degré.

Lorsque la proposée sera du cinquième degré, il faudra nécessairement la changer en une autre qui n'ait que
deux termes, et pour cela en faire disparoître quatre dans
la transformée ; mais malheureusement la recherche des
indéterminées conduira alors à une équation finale d'un
degré beaucoup plus élevé que la proposée, et la méthode de Tschirnaüs, de même que toutes les autres méthodes connues, échoue au-delà du quatrième degré.

64. Le second moyen par lequel nous terminerons
ce que nous avons à dire sur les équations, est celui
qu'on attribue à Cardan, ou du moins qu'on employa
d'abord pour retrouver l'expression qu'il avoit donnée
de la première racine de l'équation du troisième degré
sans second terme, moyen que Lagrange a étendu aux
équations du quatrième degré. Il consiste à faire...
$x = u + z$ dans l'équation
$$x^3 + p\,x + q = 0,$$
afin de pouvoir, en disposant convenablement de l'une
des indéterminées u et z, décomposer cette équation en
deux autres plus faciles à résoudre. Le résultat de la
substitution de la valeur hypothétique de x est
$$\left.\begin{array}{l} u^3 + 3\,u^2\,z + 3\,u\,z^2 + z^3 \\ \quad + p\,u \quad + p\,z \\ \quad + q \end{array}\right\} = 0;$$

parmi les diverses manières dont on peut le partager en
deux autres équations, en égalant une de ses parties à
zéro, on s'est bientôt apperçu que la suivante
$$3\,u^2 z + 3\,u\,z^2 + p\,u + p\,z = 0$$
$$u^3 + z^3 + q = 0$$
étoit la seule qui pût simplifier la question.

La première des équations ci-dessus revient à

$$(3uz+p)(u+z)=0,$$

et se réduit par conséquent à

$$3uz+p=0;$$

puisqu'on ne sauroit faire $u+z=0$ sans supposer $x=0$, hypothèse qui ne s'accorde point avec l'équation proposée. La résolution de cette dernière est donc ramenée à celle des équations

$$3uz+p=0, \qquad u^3+z^3+q=0:$$

la première de celles-ci donnant

$$uz=-\frac{p}{3} \text{ et } u^3z^3=-\frac{p^3}{27};$$

on a

$$u^3+z^3=-q, \quad u^3z^3=-\frac{p^3}{27},$$

et il suit de la théorie de la composition des équations, que u^3 et z^3 seront les racines d'une équation du second degré, ayant q pour coefficient de son second terme ; et $-\frac{p^3}{27}$ pour son dernier. Si $t^2+qt-\frac{1}{27}p^3=0$ représente cette équation, et que A et B soient les valeurs de t, on aura $u=\sqrt[3]{A}$ et $z=\sqrt[3]{B}$. Les diverses expressions de ces racines satisferoient dans un ordre quelconque aux équations

$$u^3+z^3=-q \quad \text{ou} \quad u^3z^3=-\frac{p^3}{27};$$

mais la dernière de ces équations est plus générale que $uz=-\frac{p}{3}$, d'où elle a été tirée : c'est donc dans celle-ci qu'il faut substituer les valeurs de u pour obtenir celles de z, ou, ce qui revient au même, il faut combiner chacune des expressions

$$\sqrt[3]{A}, \quad \alpha\sqrt[3]{A}, \quad \alpha^2\sqrt[3]{A},$$

avec les suivantes :

$$\sqrt[3]{A}, \quad \alpha\sqrt[3]{B}, \quad \alpha^2\sqrt[3]{B},$$

de manière que le produit se réduise à $\sqrt[3]{AB}$, ce qui ne fournit que ces trois résultats :

$$\sqrt[3]{A} + \sqrt[3]{B}$$
$$\alpha\sqrt[3]{A} + \alpha^2\sqrt[3]{B}$$
$$\alpha^2\sqrt[3]{A} + \alpha\sqrt[3]{B}$$

Il est facile de voir qu'en mettant pour α et α^2 les valeurs données dans le n°. 178 des *Elémens*, et pour A et B celles qui résultent de l'équation $t^2 + qt - \frac{1}{27}p^3 = 0$, on retombera sur les expressions obtenues dans le n°. 13.

Nous ferons remarquer à cette occasion que, lorsqu'on élève une équation à une puissance, ou qu'on la multiplie par un facteur où se trouve l'inconnue, on introduit de nouvelles racines étrangères à la question proposée.

65. On a résolu l'équation du troisième degré...... $x^3 + px + q = 0$, en supposant $x = u + z$, on résout celle du quatrième degré $x^4 + p x^2 + q x + r = 0$, d'une manière analogue en faisant $x = y + u + z$; car en introduisant ainsi trois indéterminées, il y en a deux qui restent arbitraires, et dont on peut par conséquent disposer pour partager l'équation proposée en d'autres qui soient plus faciles à résoudre (*).

––––––––––––––––––––––

(*) Ceci est tiré des séances des Ecoles Normales, Leçons, tom. III, page 506.

De

De la supposition de $x = y + u + z$, il résulte

$$x^2 = (y + u + z)^2 = y^2 + u^2 + z^2 + 2uy + 2yz + 2uz$$

$$x^4 = (y + u + z)^4 = [(y^2 + u^2 + z^2) + 2(uy + yz + uz)]^2$$

$$= (y^2 + u^2 + z^2)^2 + 4(y^2 + u^2 + z^2)(uy + uz + zy) + 4(uy + yz + uz)^2$$

développant seulement le dernier terme, on aura

$$4(uy + yz + uz)^2 = 4(u^2y^2 + y^2z^2 + u^2z^2) + 8(uy^2z + u^2yz + uyz^2)$$

$$= 4(u^2y^2 + y^2z^2 + u^2z^2) + 8uyz(y + u + z),$$

ce qui donne

$$x^4 = (y^2 + u^2 + z^2)^2 + 4(y^2 + u^2 + z^2)(uy + uz + zy)$$

$$+ 4(u^2y^2 + y^2z^2 + u^2z^2) + 8uyz(y + u + z);$$

substituant les valeurs de x, x^2 et x^4 dans l'équation proposée, elle deviendra

$$\left.\begin{array}{l}(y^2 + u^2 + z^2)^2 + 4(y^2 + u^2 + z^2)(uy + uz + zy) \\ + 4(u^2y^2 + y^2z^2 + u^2z^2) + 8uyz(u + y + z) \\ + p(y^2 + u^2 + z^2) + 2p(uy + uz + zy) + q(y + u + z) \\ \qquad\qquad + r \end{array}\right\} = 0.$$

A cause des trois indéterminées introduites, on peut partager cette équation en trois autres, et la combinaison qui réussit consiste à égaler à zéro les termes multipliés par $u + y + z$ et ceux qui le sont par $uy + uz + zy$, ce qui donne

$$8uyz + q = 0 \;(1), \qquad 2(y^2 + u^2 + z^2) + p = 0 \;(2).$$

Par-là l'équation ci-dessus se trouve réduite à

$$(y^2 + u^2 + z^2)^2 + 4(u^2y^2 + y^2z^2 + u^2z^2) + p(y^2 + u^2 + z^2) + r = 0 \;(2),$$

résultat qui, si l'on y met, au lieu de $y^2 + u^2 + z^2$, sa

valeur $-\dfrac{p}{2}$ tirée de (2), se change en

$$-\frac{p^2}{4} + 4(u^2y^2 + u^2z^2 + y^2z^2) + r = 0;$$

on a donc, pour déterminer u, y et z, les trois équations

2.   I

$$2(y^2+u^2+z^2)+p=0$$
$$4(u^2y^2+u^2z^2+y^2z^2)+r-\frac{p^2}{4}=0$$
$$8uyz+q=0$$

ou, ce qui revient au même,

$$u^2+y^2+z^2=-\frac{p}{2}$$
$$u^2y^2+u^2z^2+y^2z^2=\frac{p^2}{16}-\frac{r}{4}$$
$$u^2y^2z^2=\frac{q^2}{64}$$

dont la première donne la somme de leurs quarrés, la seconde celle des produits de ces quarrés combinés deux à deux, et la dernière le produit de tous trois. En se rappelant la composition des équations (*Elém.* 187), on voit bientôt que si on regarde les quantités u^2, y^2 et z^2 comme les trois valeurs d'une même inconnue t, cette inconnue dépendra de l'équation

$$t^3 + \frac{p}{2} t^2 + \left(\frac{p^2}{16}-\frac{r}{4}\right) t - \frac{q^2}{64} = 0.$$

Désignant par l, m et n les trois racines de cette équation, on aura

$$u^2=l, \quad y^2=m, \quad z^2=n,$$

d'où

$$u=\pm\sqrt{l}, \quad y=\pm\sqrt{m}, \quad z=\pm\sqrt{n},$$

et par conséquent

$$x=\pm\sqrt{l}\pm\sqrt{m}\pm\sqrt{n}.$$

Cette formule, dans laquelle on peut combiner comme on voudra les signes, équivaut par-là aux suivantes :

$$x=+\sqrt{l}+\sqrt{m}+\sqrt{n}, \qquad x=-\sqrt{l}-\sqrt{m}-\sqrt{n},$$
$$x=+\sqrt{l}-\sqrt{m}-\sqrt{n}, \qquad x=-\sqrt{l}+\sqrt{m}+\sqrt{n},$$
$$x=-\sqrt{l}-\sqrt{m}+\sqrt{n}, \qquad x=+\sqrt{l}-\sqrt{m}+\sqrt{n},$$
$$x=-\sqrt{l}+\sqrt{m}-\sqrt{n}, \qquad x=+\sqrt{l}+\sqrt{m}-\sqrt{n},$$

et sembleroit donner huit valeurs pour l'inconnue x, qui n'en peut avoir que quatre ; mais en remontant plus haut, on verra que les valeurs de u, y et z doivent satisfaire à l'équation $8\,uyz + q = 0$; dont on n'a employé que le quarré. Or, si q est positif dans l'équation proposée, on aura $8\,uyz = -q$; il faudra donc combiner les signes des valeurs $u = \pm\sqrt{l}$, $y = \pm\sqrt{m}$, $z = \pm\sqrt{n}$, de manière que leur produit soit négatif, ce qui ne pourra se faire qu'en prenant négativement ou les trois radicaux, ou seulement un, et on n'aura ainsi que les combinaisons rapportées dans la seconde colonne ci-dessus; mais lorsque q sera négatif dans l'équation proposée, il s'ensuivra

$$8\,uyz = +q,$$

et par conséquent il faudra arranger les signes des radicaux de manière que leur produit soit positif, ce qui exige que tous trois soient positifs, ou qu'il y en ait toujours deux pris négativement : de-là résulteront les combinaisons rapportées dans la première colonne, qui seront les quatre racines de la proposée dans le cas de q négatif, tandis que celles de la seconde colonne exprimeront ces racines dans le cas de q positif.

Si, dans l'équation

$$t^3 + \frac{p}{2}\,t^2 + \left(\frac{p^2}{16} - \frac{r}{4}\right)t - \frac{q^2}{64} = 0,$$

on fait $t = \frac{s}{4}$, les fractions disparoîtront par la réduction de tous les termes au même dénominateur, et il viendra

$$s^3 + 2\,p\,s^2 + (p^2 - 4\,r)\,s - q^2 = 0,$$

réduite semblable à celle que l'on a trouvée en z dans le n°. 14. On se convaincra facilement aussi que les valeurs de x rapportées ci-dessus s'accordent avec celles qu'on déduiroit des résultats du même n°. 14.

Du développement des puissances fractionnaires et négatives en séries.

66. Nous avons vu dans le n°. 235 des *Elémens*, la division prolongée indéfiniment donner naissance à une suite infinie qui exprimoit le développement en termes monomes d'une fraction ; et dans le n°. 236, nous avons annoncé que l'extraction des racines conduiroit aussi à des séries. Pour offrir un exemple de ce dernier cas, nous allons extraire la racine quarrée de $a^2 + b^2$,

$$
\begin{array}{c|c}
a^2 + b^2 & a + \dfrac{b^2}{2a} - \dfrac{b^4}{8\,a^3} + \dfrac{b^6}{16\,a^5} - \text{etc.} \\
-a^2 & \\
\hline
+b^2 & 2a + \dfrac{b^2}{2a} \\
-b^2 - \dfrac{b^4}{4\,a^2} & \\
\qquad + \dfrac{b^4}{4\,a^4} + \dfrac{b^6}{8\,a^4} - \dfrac{b^8}{64\,a^6} & 2a + \dfrac{b^2}{a} - \dfrac{b^4}{8\,a^3} \\
\text{etc.} & \text{etc.}
\end{array}
$$

La racine quarrée du premier terme étant a, il reste b^2, qu'il faut diviser par $2\,a$, et écrivant le quotient $\dfrac{b^2}{2a}$ à côté de a, à la racine, on aura $a + \dfrac{b^2}{2a}$ pour les deux premiers termes de cette racine, et $- \dfrac{b^4}{4\,a^2}$ pour le reste ; doublant la racine trouvée, on a $2\,a + \dfrac{b^2}{a}$; et divisant le reste $- \dfrac{b^4}{4\,a^2}$ par $2\,a$, on aura un quotient $- \dfrac{b^4}{8\,a^3}$, qui sera le troisième terme de la racine. On vérifiera ce terme suivant la règle ordinaire, et en le retranchant de $-\dfrac{b^4}{8\,a^3}$, on aura un reste sur lequel on opérera comme sur les précédens.

Il seroit aisé d'imiter cette opération pour extraire la racine d'un degré plus élevé; mais en les considérant comme des puissances fractionnaires, on les déduit plus simplement de la formule du binome telle qu'elle est présentée dans le n°. 164 des *Elémens*.

En effet, si l'on change $\sqrt{a^2+b^2}$ en $(a^2+b^2)^{\frac{1}{2}}$, et que l'on fasse $m=\frac{1}{2}$ dans la formule citée, puis qu'on y écrive a^2 pour x, b^2 pour a, il viendra, comme ci-dessus,

$$\sqrt{a^2+b^2}=a+\frac{b^2}{2a}-\frac{b^4}{8\,a^3}+\frac{b^6}{16\,a^5}-\text{etc.}$$

Cet exemple suffit pour montrer le parti qu'on pourroit tirer de la formule du binome si l'on étoit assuré qu'elle eût lieu, quel que fût l'exposant m, ce qu'on ne sauroit conclure de la manière dont on y est parvenu dans les *Elémens*, puisqu'elle suppose que m est nécessairement un nombre entier positif. Il faut en conséquence soumettre cette formule à de nouvelles vérifications propres aux différens cas que l'on veut y comprendre.

67. Parmi les différentes preuves qu'Euler a données de la généralité de la formule du binome, la suivante tient le premier rang par sa finesse et sa briéveté.

Il a été démontré que lorsque m est un nombre entier positif, on a

$$(1+z)^m=1+\frac{m}{1}z+\frac{m(m-1)}{1\,.\,2}z^2+\frac{m(m-1)(m-2)}{1\,.\,2\,.\,3}z^3+\text{etc.}$$

mais on ignore à quoi répond le second membre de cette équation, lorsque m cesse d'être entier ou positif; cependant il est incontestable que, dans ce cas même, sa valeur étant liée à celle de m, il peut être regardé comme le développement d'une fonction inconnue de m. Représentons cette fonction par $f(m)$; nous aurons en général

$$f(m)=1+\frac{m}{1}z+\frac{m(m-1)}{1\cdot2}z^2+\frac{m(m-1)(m-2)}{1\cdot2\cdot3}z^3+\text{etc.}$$

Si on écrit n au lieu de m, ce qui est permis, on aura de même

$$f(n)=1+\frac{n}{1}z+\frac{n(n-1)}{1\cdot2}z^2+\frac{n(n-1)(n-2)}{1\cdot2\cdot3}z^3+\text{etc.}$$

et par conséquent

$$f(m)\times f(n)=$$
$$\left\{1+\frac{m}{1}z+\frac{m(m-1)}{1\cdot2}z^2+\frac{m(m-1)(m-2)}{1\cdot2\cdot3}z^3+\text{etc.}\right\}$$
$$\times\left\{1+\frac{n}{1}z+\frac{n(n-1)}{1\cdot2}z^2+\frac{n(n-1)(n-2)}{1\cdot2\cdot3}z^3+\text{etc.}\right\}$$

Examinons maintenant quelle doit être la forme de ce produit que nous désignerons par P. Il est évident que si on l'ordonne par rapport aux puissances de z, on pourra le représenter par la série

$$1+Az+Bz^2+Cz^3+Dz^4+\text{etc.}$$

et que le coefficient de l'une quelconque de ces puissances, de la cinquième, par exemple, dépendra de la manière dont seront composés l'un et l'autre des facteurs, depuis le premier terme jusqu'à celui qui renferme cette puissance ; car ce sont les seuls qui concourent à la formation du terme que nous considérons. Mais la composition de ces termes ne change pas, quelles que soient les valeurs particulières de m et de n ; et si elle nous est connue dans un cas où m et n soient des nombres indéterminés, elle sera la même dans tous les autres ; or, nous savons que lorsque m et n sont des nombres entiers, le produit P est égal à

$$(1+z)^m (1+z)^n,$$

ou à
$$(1+z)^{m+n},$$

et que

$$(1+z)^{m+n} = 1 + \frac{m+n}{1} z + \frac{(m+n)(m+n-1)}{1 \cdot 2} z^2 + \text{etc.}$$

c'est-à-dire que chacun des coefficiens des puissances de z est composé avec la quantité $m+n$, comme les coefficiens correspondans des facteurs $(1+z)^m$ et $(1+z)^n$ le sont avec les nombres m et n : donc le produit (P) devant conserver la même forme dans tous les cas, doit répondre en général à $f(m+n)$; et il résulte de-là que

$$f(m) \times f(n) = f(m+n).$$

C'est cette équation qui renferme le caractère fondamental de la fonction désignée par la lettre f, et qui nous en fera connoître la nature.

Si l'on y change n en $n+p$, elle donnera

$$f(m) \times f(n+p) = f(m+n+p);$$

et comme
$$f(n) \times f(p) = f(n+p),$$

il viendra

$$f(m) \times f(n) \times f(p) = f(m+n+p).$$

On obtiendroit une semblable équation, quel que fût le nombre de fonctions multipliées entre elles.

Il suit de-là que si l'on prend un nombre k de facteurs égaux à $f\left(\dfrac{h}{k}\right)$, on aura

$$f\left(\frac{h}{k}\right) \times f\left(\frac{h}{k}\right) \times f\left(\frac{h}{k}\right)\ldots\ldots\ldots$$

$$= f\left(\frac{h}{k} + \frac{h}{k} + \frac{h}{k}\ldots\ldots\right) = f(h),$$

puisque $\dfrac{h}{k} \times k = h$, et par conséquent

$$\left(f\left(\frac{h}{k}\right)\right)^{k} = f(h).$$

Tirant de part et d'autre la racine du degré k, on trouvera

$$f\left(\frac{h}{k}\right) = \left(f(h)\right)^{\frac{1}{k}};$$

mais h étant un nombre entier, $f(h) = (1+z)^{h}$, et
l'équation ci-dessus devient

$$f\left(\frac{h}{k}\right) = \left(1+z\right)^{\frac{h}{k}}:$$

il est donc prouvé que $f\left(\frac{h}{k}\right)$ ou la série

$$1 + \frac{\frac{h}{k}}{1}z + \frac{\frac{h}{k}\left(\frac{h}{k}-1\right)}{1 \cdot 2}z^{2} + \frac{\frac{h}{k}\left(\frac{h}{k}-1\right)\left(\frac{h}{k}-2\right)}{1 \cdot 2 \cdot 3}z^{3} + \text{etc.}$$

est le développement de la puissance fractionnaire $\frac{h}{k}$,
de la quantité $1+z$.

Passons maintenant au cas où l'exposant est un nombre
négatif : on a alors

$$m + n = 0,$$

mais d'un autre côté

$$f(m+n) = (1+z)^{0} = 1 \ (\textit{Elém.} \ 50);$$

il suit de-là que

$$f(m) \times f(n) = 1.$$

Mettant, au lieu de m, sa valeur $-n$, il vient, quelle
que soit n,

$$f(-n) = \frac{1}{f(n)};$$

et puisque

$$f(n) = (1+z)^n, \qquad \frac{1}{(1+z)^n} = (1+z)^{-n},$$

il en résulte que $f(-n)$ ou la série

$$1 - \frac{n}{1}z + \frac{n(n+1)}{1 \cdot 2}z^2 - \frac{n(n+1)(n+2)}{1 \cdot 2 \cdot 3}z^3 + \text{etc.}$$

est le développement de $(1+z)^{-n}$.

On passe facilement du développement de $(1+z)^m$ à celui de $(x+a)^m$; car si l'on fait $z = \dfrac{a}{x}$, on a

$$\left(1 + \frac{a}{x}\right)^m = \frac{(x+a)^m}{x^m},$$

d'où on tire

$$(x+a)^m = x^m \left(1 + \frac{a}{x}\right)^m,$$

et l'on est conduit à la formule du n°. 164 'es *Elémens.*

68. La démonstration précédente ne laisse rien à désirer du côté de la rigueur et de l'élégance, mais elle repose sur une considération bien fine, et par-là bien difficile à saisir pour les commençans. La suivante, fondée sur de simples opérations de calcul, paroîtra peut-être plus évidente à beaucoup de personnes; elle est tirée des *Transactions philosophiques* (année 1796).

L'examen des premières puissances de $1 + x$ conduit naturellement à penser que le développement d'une puissance quelconque de cette quantité, doit être de la forme

$$1 + Ax + Bx^2 + Cx^3 + Dx^4 + Ex^5 + \text{etc.}$$

les coefficiens A, B, C, D, E, etc. étant des nombres entièrement indépendans de toute valeur de x. Il est visible d'ailleurs que ce développement ne doit contenir aucune puissance négative de x; car s'il avoit, par exemple, un terme de la forme $\dfrac{P}{x^p}$, la supposition de

$x = 0$ rendroit ce terme infini (*Elém.* 201), tandis que la même supposition réduit à l'unité toutes les puissances de $1 + x$.

Cela posé soit

$$(1 + x)^{\frac{m}{n}} = 1 + A x + B x^2 + C x^3 + D x^4 + \text{etc.}$$

on aura aussi

$$(1 + y)^{\frac{m}{n}} = 1 + A y + B y^2 + C y^3 + D y^4 + \text{etc.}$$

et faisant

$$(1 + x)^{\frac{1}{n}} = u, \qquad (1 + y)^{\frac{1}{n}} = v,$$

il viendra

$$(1 + x)^{\frac{m}{n}} = u^m, \qquad (1 + y)^{\frac{m}{n}} = v^m,$$

et

$$u^m - v^m = A(x - y) + B(x^2 - y^2) + C(x^3 - y^3) + D(x^4 - y^4) + \text{etc.}$$

Mais si l'on fait attention que

$$(1 + x) = u^n, \qquad (1 + y) = v^n,$$

on en conclura que

$$u^n - v^n = x - y,$$

et que

$$\frac{u^m - v^m}{u^n - v^n} = \frac{A(x - y)}{x - y} + \frac{B(x^2 - y^2)}{x - y} + \frac{C(x^3 - y^3)}{x - y} + \text{etc.}$$

Or, en vertu du théorême du n°. 177 des *Elémens*, on a, puisque m et n sont des nombres entiers,

$$u^m - v^m = (u - v)(u^{m-1} + u^{m-2} v \ldots\ldots + u v^{m-2} + v^{m-1})$$

$$u^n - v^n = (u - v)(u^{n-1} + u^{n-2} v \ldots\ldots + u v^{n-2} + v^{n-1})$$

et la division par la quantité $x - y$ s'effectue ; il viendra donc d'après cela

$$\frac{u^{m-1}+u^{m-2}v\ldots\ldots+u\,v^{m-2}+v^{m-1}}{u^{n-1}+u^{n-2}v\ldots\ldots+u\,v^{n-1}+v^{n-1}}=$$

$$A+B(x+y)+C(x^2+xy+y^2)+D(x^3+x^2y+xy^2+y^3)$$
$$+E(x^4+x^3y+x^2y^2+xy^3+y^4)+\text{etc.}$$

Cette dernière équation devant avoir lieu, quels que soient x et y, subsistera encore lorsqu'on fera $x=y$, hypothèse qui donne

$$1+x=1+y,\qquad u=v,$$

et qui réduit l'équation ci-dessus à.............(V)

$$\frac{m\,u^{m-1}}{n\,u^{n-1}}=A+2Bx+3Cx^2+4Dx^3+5Ex^4+\text{etc.}$$

ou à

$$\frac{m}{n}u^m=u^n(A+2Bx+3Cx^2+4Dx^3+5Ex^4+\text{etc.})$$

Maintenant si l'on met pour u^m et u^n leurs valeurs $(1+x)^{\frac{m}{n}}$ et $(1+x)$, on aura

$$\frac{m}{n}(1+x)^{\frac{m}{n}}=(1+x)(A+2Bx+3Cx^2+4Dx^3+5Ex^4+\text{etc.})$$

équation qui renferme une condition propre à déterminer les coefficiens A, B, C, D, etc. du développement de $(1+x)^{\frac{m}{n}}$. En effet, si l'on substitue ce développement dans le premier membre, il viendra

$$\frac{m}{n}+\frac{m}{n}Ax+\frac{m}{n}Bx^2+\frac{m}{n}Cx^3+\frac{m}{n}Dx^4+\text{etc.}$$

$$=\begin{cases}A+2Bx+3Cx^2+4Dx^3+5Ex^4+\text{etc.}\\ \quad+\ Ax+2Bx^2+3Cx^3+4Dx^4+\text{etc.}\end{cases}$$

Si l'on n'a point perdu de vue que toutes les équations par lesquelles nous venons de passer, doivent se vérifier sans qu'il soit besoin d'assigner aucune valeur à x, on

en conclura nécessairement que leur premier membre
doit renfermer précisément les mêmes termes que le
second, ou, ce qui est la même chose, qu'elles doivent
être identiques. Or, pour que cela soit, il faut que les
termes affectés de la même puissance de x soient multipliés dans l'un et l'autre membre par les mêmes coefficiens :
on égalera donc les coefficiens du premier membre de
l'équation précédente à ceux qui leur correspondent
dans le second ; on aura ainsi les équations

$$
\left.
\begin{aligned}
A &= \frac{m}{n}, \\[2ex]
2B + A &= \frac{m}{n}, \\[2ex]
3C + 2B &= \frac{m}{n} B, \\[2ex]
4D + 3C &= \frac{m}{n} C, \\[2ex]
5E + 4D &= \frac{m}{n} D, \\
\text{etc.}
\end{aligned}
\right\}
\begin{matrix} \text{ce qui} \\ \text{donnera} \end{matrix}
\left\{
\begin{aligned}
A &= \frac{m}{n}, \\[2ex]
B &= \frac{A\left(\dfrac{m}{n} - 1\right)}{2}, \\[2ex]
C &= \frac{B\left(\dfrac{m}{n} - 2\right)}{3}, \\[2ex]
D &= \frac{C\left(\dfrac{m}{n} - 3\right)}{4}, \\[2ex]
E &= \frac{D\left(\dfrac{m}{n} - 4\right)}{5}, \\
\text{etc.}
\end{aligned}
\right.
$$

On voit par les dernières équations comment les coefficiens A, B, C, D, etc. dérivent successivement les uns
des autres. Si on prend leurs valeurs, ce qui n'a aucune
difficulté, et qu'on les substitue dans la suite

$$1 + Ax + Bx^2 + Cx^3 + \text{etc.}$$

on trouvera

$$(1+x)^{\frac{m}{n}} = 1 + \frac{\frac{m}{n}}{1}x + \frac{\frac{m}{n}\left(\frac{m}{n}-1\right)}{1 \cdot 2}x^2 + \frac{\frac{m}{n}\left(\frac{m}{n}-1\right)\left(\frac{m}{n}-2\right)}{1 \cdot 2 \cdot 3}x^3$$

$$+ \frac{\frac{m}{n}\left(\frac{m}{n}-1\right)\left(\frac{m}{n}-2\right)\left(\frac{m}{n}-3\right)}{1 \cdot 2 \cdot 3 \cdot 4}x^4 + \text{etc.}$$

J'observerai qu'il n'y a point d'induction dans ce qui précède, car toutes les équations par lesquelles nous avons passé sont symétriques, et la loi de leurs termes est telle, qu'on peut en concevoir un aussi éloigné qu'on voudra du premier. Il faut remarquer aussi que le développement de $(1+x)^{\frac{m}{n}}$ donne celui de $(1+x)^m$, en faisant $n = 1$, et qu'ainsi la formule du binome se trouve démontrée lorsque l'exposant est un nombre entier.

On pourroit encore révoquer en doute la légitimité de la formule pour le cas de l'exposant négatif; mais pour la prouver, il suffira de montrer que l'équation (V), de laquelle se tire la formule, a encore lieu lorsqu'on y change m en $-m$: or, c'est à quoi on parvient en observant que

$$u^{-m} - v^{-m} = \frac{1}{u^m} - \frac{1}{v^m} = \frac{v^m - u^m}{v^m u^m},$$

car il en résulte

$$\frac{u^{-m} - v^{-m}}{u^n - v^n} = \frac{1}{v^m u^m}\left(\frac{v^m - u^m}{u^n - v^n}\right) = -\frac{1}{v^m u^m}\left(\frac{u^m - v^m}{u^n - v^n}\right);$$

et comme par ce qui précède, la quantité $\dfrac{u^m - v^m}{u^n - v^n}$ devient $\dfrac{m\,u^{m-1}}{n\,u^{n-1}}$ lorsque $v = u$, on aura pour le même cas

$$\frac{u^{-m} - v^{-m}}{u^n - v^n} = \frac{-1}{u^{2m}} \times \frac{m\,u^{m-1}}{n\,u^{n-1}} = \frac{-m\,u^{-m-1}}{n\,u^{n-1}},$$

Le second membre de l'équation (V) ne changeant d'ailleurs point de forme, on aura

$$-\frac{m\,u^{-m-1}}{n\,u''-1} = A + 2Bx + 3Cx^2 + 4Dx^3 + 5Ex^4 + \text{etc.}$$

équation qui ne diffère de (V) que par le signe de m, et qui doit par conséquent conduire aux mêmes résultats que l'on déduiroit de l'équation (V) en y changeant m en $-m$.

69. Appliquons maintenant la formule du binome à l'extraction des racines ; cherchons la racine 5e de $a + b$; c'est à-dire, développons $(a+b)^{\frac{1}{5}}$. En faisant $m = \frac{1}{5}$ dans la formule du n°. 164 des *Elémens*, et en y changeant x en a et a en b, les quantités

$$1, \quad \frac{m}{1}\frac{a}{x}, \quad \frac{m-1}{2}\frac{a}{x}, \quad \frac{m-2}{3}\frac{a}{x}, \quad \text{etc.}$$

deviennent

$$1, \quad \frac{1}{5}\frac{b}{a}, \quad \frac{\frac{1}{5}-1}{2}\frac{b}{a}, \quad \frac{\frac{1}{5}-2}{3}\frac{b}{a}, \quad \frac{\frac{1}{5}-3}{4}\frac{b}{a}, \quad \text{etc.}$$

et en réduisant

$$1, \quad \frac{1}{5}\frac{b}{a}, \quad -\frac{4}{2.5}\frac{b}{a}, \quad -\frac{9}{3.5}\frac{b}{a}, \quad -\frac{14}{4.5}\frac{b}{a}, \quad \text{etc.}$$

En faisant les produits successifs des nombres de cette dernière ligne, comme l'indique la formule citée, et multipliant le résultat par $a^{\frac{1}{5}}$, on trouvera

$$(a+b)^{\frac{1}{5}} = a^{\frac{1}{5}}\left\{ 1 + \frac{1}{5}\frac{b}{a} - \frac{1.4}{2.5^2}\frac{b^2}{a^2} + \frac{1.4.9}{2.3.5^3}\frac{b^3}{a^3} \right.$$
$$\left. - \frac{1.4.9.14}{2.3.4.5^4}\frac{b^4}{a^4} + \text{etc.} \right\}$$

Pour employer cette formule à l'extraction approchée de la racine cinquième d'un nombre donné, on partagera ce nombre en deux portions, de manière que la plus grande soit une cinquième puissance exacte, et on la prendra pour a ; le reste sera b.

Soit pour exemple le nombre 260 ; on le décomposera en $243 + 17$, parce que 243 est la cinquième puissance de 3, et on fera

$$a = 243, \qquad b = 17 ;$$

il en résultera

$$a^{\frac{1}{5}} = 3, \qquad \frac{b}{a} = \frac{17}{243}.$$

En substituant ces nombres dans la formule précédente, la racine cherchée sera exprimée par une suite de fractions de plus en plus petites. Pour l'évaluer, il faudra réduire ces fractions au même dénominateur ; mais on évitera cet embarras en les convertissant en décimales. Dans cet exemple, b étant moindre que la dixième partie de a, l'approximation sera très-rapide.

Voici les différens termes de la suite, formés chacun par le moyen de celui qui le précède, d'après ce qui a été dit plus haut.

$$1^{er}\ \text{terme} \ldots \ldots \ldots \ldots \ldots +1,0000000$$

$$2^e,\ 1 \times \frac{b}{5\,a} = \frac{17}{1215} = A = +0,0139918$$

$$3^e,\ A \times 2\,\frac{b}{5\,a} = B = \ldots \ldots \ldots -0,0003915$$

$$4^e,\ B \times 3\,\frac{b}{5\,a} = C = +0,0000164$$

$$5^e,\ C \times \frac{7}{2}\,\frac{b}{5\,a} = D \ldots \ldots \ldots -0,0000008$$

$$\overline{+1,0140082 \quad -0,0003923}$$
$$-0,0003923$$
$$\overline{+1,0136159}$$
$$3$$
$$\overline{3,0408477}$$

Les termes qui suivent le cinquième sont trop petits pour
en tenir compte, lorsqu'on se borne, comme nous l'avons
fait, à 7 decimales. On a retranché la somme des termes
négatifs de celle des termes positifs, et on a multiplié le
reste par $a^{\frac{1}{5}}$ ou 3, ce qui a donné 3,0408477 pour la racine cinquième de 260; mais quoique le résultat ait 7
décimales, on ne peut compter que sur l'exactitude de
la sixième.

70. De quelque degré que soit la racine qu'on veut
extraire, on procédera comme ci-dessus, et nous observerons en général que, toutes les fois que l'on emploiera la formule $(x + a)^m$ pour convertir une expression en suite infinie et pour approcher de sa valeur,
il faut que le premier terme x soit plus grand que le
second a, afin que $\frac{a}{x}$ soit une fraction, et que tous les

termes

termes devenant de plus en plus petits, la série soit convergente.

71. Les premiers termes du développement de $(x+a)^m$ suffisent le plus souvent pour exprimer d'une manière très-approchée les racines des nombres; et c'est de-là qu'ont été tirées plusieurs formules que nous allons faire connoître.

Proposons-nous d'extraire la racine $m^{\text{ème}}$ de la quantité a^m+b, dans laquelle a soit une quantité beaucoup plus grande que b. Pour cela, comparons au développement de $(a+q)^m$ la quantité proposée a^m+b; en effaçant de part et d'autre le terme a^m, nous aurons

$$b = m a^{m-1} q + \frac{m(m-1)}{1 \cdot 2} a^{m-2} q^2 + \frac{m(m-1)(m-2)}{1 \cdot 2 \cdot 3} a^{m-3} q^3 + \text{etc.}$$

résultat auquel on peut donner la forme suivante :

$$b = \left(m a^{m-1} + \frac{m(m-1)}{1 \cdot 2} a^{m-2} q + \frac{m(m-1)(m-2)}{1 \cdot 2 \cdot 3} a^{m-3} q^2 + \text{etc.} \right) q,$$

et dont on tirera

$$q = \frac{b}{m a^{m-1} + \frac{m(m-1)}{1 \cdot 2} a^{m-2} q + \frac{m(m-1)(m-2)}{1 \cdot 2 \cdot 3} a^{m-3} q^2 + \text{etc.}}$$

On pourra négliger, vis-à-vis du terme $m a^{m-1}$, ceux qui sont affectés de la quantité q, si cette quantité doit être une fraction assez petite, et on aura une première approximation que je désignerai par q', et dont l'expression sera $q' = \dfrac{b}{m a^{m-1}}$.

En prenant un terme de plus dans le dénominateur de l'expression générale de q, et ne négligeant que les termes affectés de q^2 et des puissances supérieures, on aura

2. K

$$q = \cfrac{b}{ma^{m-1} + \cfrac{m(m-1)}{2}a^{m-2}q} = \cfrac{b}{ma^{m-2}} \times \cfrac{1}{a + \cfrac{m-1}{2}q}.$$

On mettra dans le dénominateur du second membre, à la place de q, sa valeur q', qui résulte de la première approximation, et il en résultera une seconde valeur

$$q'' = \cfrac{b}{m\,a^{m-2}} \times \cfrac{1}{a + \cfrac{m-1}{2}q'}$$

plus exacte que la première ; on pourroit continuer de cette manière, mais nous nous contenterons d'ajouter à ce qui précède l'exemple donné par Lambert, auteur de la méthode.

Soit $m = 3$ et $a^3 + b = 45873642$, on trouve que le plus grand cube contenu dans ce nombre est 45499293, cube de 357 ; on a donc $a^3 = 45499293$, $b = 374349$, et $a = 357$. On trouvera

$$q' = \frac{b}{3\,a^2}, \qquad q'' = \frac{b}{3\,a} \times \frac{1}{a + q'}$$

$$\frac{b}{3\,a} = \frac{374349}{1071} = 349,53221$$

$$q' = \frac{b}{3\,a} \times \frac{1}{a} = \frac{349,53221}{357} = 0,98$$

$$q'' = \frac{b}{3\,a} \times \frac{1}{a+q'} = \frac{349,53221}{357,98} = 0,9764,$$

et par conséquent

$$a + q'' = 357,9764.$$

Ce résultat est exact jusqu'à la quatrième décimale, et l'on peut s'en assurer en faisant $a = 358$, valeur très-approchante, et de laquelle il résulte

$$a^3 = 45882712, \qquad b = -9070$$

$$\frac{b}{3a} = -\frac{9070}{1074} = -8{,}445065$$

$$\frac{b}{3a} \cdot \frac{1}{a} = -\frac{8{,}445065}{358} = -0{,}0236 = q'$$

$$\frac{b}{3a} \cdot \frac{1}{a+q'} = -\frac{8{,}445065}{357{,}9764} = -0{,}023591 = q'',$$

d'où

$$a + q'' = 357{,}976409,$$

valeur qui s'accorde avec la précédente dans les quatre premières décimales.

Si, dans l'expression $\quad q'' = \dfrac{b}{m\,a^{m-2}} \times \dfrac{1}{a+\dfrac{m-1}{2}q'},$

on met pour q' sa valeur $\dfrac{b}{m\,a^{m-1}}$, il viendra

$$q'' = \frac{2\,a\,b}{2\,m\,a^m + (m-1)\,b},$$

d'où il suit

$$\sqrt[m]{a^m \pm b} = a \pm \frac{2\,a\,b}{2\,m\,a^m \pm (m-1)\,b},$$

formule à laquelle Haros, attaché au cadastre, est parvenu sans connoître le travail de Lambert. Il en résulte, lorsque $m = 2$ et $m = 3$, les expressions suivantes :

$$\sqrt{a^2 \pm b} = a \pm \frac{2\,a\,b}{4\,a^2 \pm b}, \qquad\qquad \sqrt{a^3 \pm b} = a \pm \frac{a\,b}{3\,a^3 \pm b}.$$

72. En faisant $m = \frac{1}{2}$ dans les quantités représentées par A et par B, à la page 57, elles donneront, si a surpasse b, des séries convergentes, au moyen desquelles on obtiendra les valeurs approchées des expressions

$$(a+b\sqrt{-1})^{\frac{1}{3}}, \qquad (a-b\sqrt{-1})^{\frac{1}{3}}.$$

Il viendra

$$A = a^{\frac{1}{3}} \left\{ 1 + \frac{1.2}{3.6}\frac{b^{2}}{a^{2}} - \frac{1.2.5.8}{3.6.9.12}\frac{b^{4}}{a^{4}} \right.$$

$$\left. + \frac{1.2.5.11.14}{3.6.9.12.15.18}\frac{b^{6}}{a^{6}} - \text{etc.} \right\}$$

$$B = a^{\frac{1}{3}} \left\{ \frac{1}{3}\frac{b}{a} - \frac{1.2.5}{3.6.9}\frac{b^{3}}{a^{3}} + \frac{1.2.5.8.11}{3.6.9.12.15}\frac{b^{5}}{a^{5}} \right.$$

$$\left. - \frac{1.2.5.8.11.14.17}{3.6.9.12.15.18.21}\frac{b^{7}}{a^{7}} + \text{etc.} \right\}$$

et en substituant ces valeurs dans les formules du n°. 13, on aura des valeurs approchées et réelles des racines de l'équation du troisième degré dans le cas irréductible.

Ces séries n'étant convergentes que dans le cas où on a $b < a$, il faudra en trouver qui procèdent suivant les puissances de $\frac{a}{b}$ pour le cas de $b > a$, ce qui se fera en écrivant les binomes proposés comme il suit :

$$(b\sqrt{-1} + a)^{m}, \qquad (-b\sqrt{-1} + a)^{m}.$$

Or,

$$b\sqrt{-1}+a = \left(1 + \frac{a}{b\sqrt{-1}}\right)b\sqrt{-1} = \left(1 - \frac{a}{b}\sqrt{-1}\right)b\sqrt{-1},$$

puisque $\dfrac{1}{\sqrt{-1}} = -\sqrt{-1}$; de même

$$-b\sqrt{-1} + a = \left(1 - \frac{a}{b\sqrt{-1}}\right) \times -b\sqrt{-1}$$

$$= \left(1 + \frac{a}{b}\sqrt{-1}\right) \times -b\sqrt{-1} ;$$

donc

$$(a+b\sqrt{-1})^m = (b\sqrt{-1})^m(1-\frac{a}{b}\sqrt{-1})^m,$$

$$(a-b\sqrt{-1})^m = (b\sqrt{-1})^m(1+\frac{a}{b}\sqrt{-1})^m.$$

Les développemens des facteurs

$$(1-\frac{a}{b}\sqrt{-1})^m \quad \text{et} \quad (1+\frac{a}{b}\sqrt{-1})^m$$

se déduiront de ceux de

$$(1-\frac{b}{a}\sqrt{-1})^m \quad \text{et} \quad (1+\frac{b}{a}\sqrt{-1}),$$

en changeant $\frac{b}{a}$ en $\frac{a}{b}$; il ne restera plus qu'à multiplier les séries résultantes par les facteurs

$$(b\sqrt{-1})^m = b^m(\sqrt{-1})^m \text{ et } (-b\sqrt{-1})^m = (-b)^m(\sqrt{-1})^m$$

Pour obtenir $(\sqrt{-1})^m$, lorsque $m = \frac{p}{q}$, il faut chercher la valeur de $(\sqrt{-1})^{\frac{1}{q}}$, et l'élever ensuite à la puissance p. Soit $y = (\sqrt{-1})^{\frac{1}{q}}$, ou, ce qui revient au même, $y = (-1)^{\frac{1}{2q}}$; en élevant les deux membres à la puissance $2q$, on aura

$$y^{2q} = -1 \quad \text{ou} \quad y^{2q}+1 = 0.$$

Telle est l'équation d'où dépend en général $(\sqrt{-1})^{\frac{1}{q}}$; mais lorsque q est impair, une des valeurs de cette expression est égale à $+\sqrt{-1}$ ou à $-\sqrt{-1}$, selon que q est de la forme $4i+1$ ou $4i+3$ (25), parce qu'en faisant dans le premier cas $y = -\sqrt{-1}$, et dans l'autre $y = + \sqrt{-1}$, on trouve $y^9 = \sqrt{-1}$. Il suit de-là que $(\sqrt{-1})^{\frac{1}{3}} = - \sqrt{-1}$. En effectuant les calculs pour le cas où $m = \frac{1}{3}$, on trouvera

$$A = -b^{\frac{1}{3}} \left\{ \frac{1}{3} \frac{a}{b} - \frac{1.2.5}{3.6.9} \frac{a^3}{b^3} + \frac{1.2.5.8.11}{3.6.9.12.15} \frac{a^5}{b^5} - \text{etc.} \right\}$$

$$B = -b^{\frac{1}{3}} \left\{ 1 + \frac{1.2}{3.6} \frac{a^2}{b^2} - \frac{1.2.5.8}{3.6.9.12} \frac{a^4}{b^4} + \text{etc.} \right\}$$

et on formera avec ces valeurs un second système de formules qui donnera les racines de l'équation du troisième degré lorsque $b > a$.

73. On a en général

$$(a + b\sqrt{-1})^m + (a - b\sqrt{-1})^m =$$

$$2a^m \left\{ 1 - \frac{m(m-1)}{1.2} \frac{b^2}{a^2} + \frac{m(m-1)(m-2)(m-3)}{1.2.3.4} \frac{b^4}{a^4} - \text{etc.} \right\}$$

On peut obtenir pour la même expression d'autres développemens en séries dont la marche soit plus rapide que celle de la précédente, et cela par un moyen fort simple. En ajoutant l'équation

$$\left(1 + \frac{b}{a} \right)^m =$$

$$1 + \frac{m}{1} \frac{b}{a} + \frac{m(m-1)}{1.2} \frac{b^2}{a^2} + \frac{m(m-1)(m-2)}{1.2.3} \frac{b^3}{a^3} + \text{etc.}$$

avec l'équation

$$\left(1 - \frac{b}{a} \right)^m =$$

$$1 - \frac{m}{1} \frac{b}{a} + \frac{m(m-1)}{1.2} \frac{b^2}{a^2} - \frac{m(m-1)(m-2)}{1.2.3} \frac{b^3}{a^3} + \text{etc.}$$

il viendra

$$\left(1+\frac{b}{a}\right)^m+\left(1-\frac{b}{a}\right)^m=$$

$$2\left(1+\frac{m(m-1)}{1\cdot 2}\frac{b^2}{a^2}+\frac{m(m-1)(m-2)(m-3)}{1\cdot 2\cdot 3\cdot 4}\frac{b^4}{a^4}+\text{etc.}\right)$$

et si on eût retranché la seconde de la première, on auroit eu

$$\left(1+\frac{b}{a}\right)^m-\left(1-\frac{b}{a}\right)^m$$

$$2\left(\frac{m}{1}\frac{b}{a}+\frac{m(m-1)(m-2)}{1\cdot 2\cdot 3}\frac{b^3}{a^3}+\text{etc.}\right):$$

l'un de ces résultats ne renferme que les termes qui occupent un rang impair dans le développement du binome, et l'autre ceux qui occupent un rang pair. Si maintenant on ajoute l'expression de

$$\left(1+\frac{b}{a}\right)^m+\left(1-\frac{b}{a}\right)^m$$

trouvée ci-dessus, avec celle de

$$\left(1+\frac{b}{a}\sqrt{-1}\right)^m+\left(1-\frac{b}{a}\sqrt{-1}\right)^m$$

déduite des séries du n°. 25, et qui seroit

$$2\left(1-\frac{m(m-1)}{1\cdot 2}\frac{b^2}{a^2}+\frac{m(m-1)(m-2)(m-3)}{1\cdot 2\cdot 3\cdot 4}\frac{b^4}{a^4}-\text{etc.}\right)$$

il en résultera

$$\left(1+\frac{b}{a}\sqrt{-1}\right)^m+\left(1-\frac{b}{a}\sqrt{-1}\right)^m+\left(1+\frac{b}{a}\right)^m+\left(1-\frac{b}{a}\right)^m$$

$$=4\left(1+\frac{m(m-1)(m-2)(m-3)}{1\cdot 2\cdot 3\cdot 4}\frac{b^4}{a^4}+\text{etc.}\right):$$

la série du second membre ne contiendra plus que les termes du développement du binome, pris de quatre en quatre, à partir du premier.

K 4

Retranchant ensuite l'expression de

$$\left(1+\frac{b}{a}\right)^m+\left(1-\frac{b}{a}\right)^m$$

de celle de

$$\left(1+\frac{b}{a}\sqrt{-1}\right)^m+\left(1-\frac{b}{a}\sqrt{-1}\right)^m,$$

on trouvera

$$\left(1+\frac{b}{a}\sqrt{-1}\right)^m+\left(1-\frac{b}{a}\sqrt{-1}\right)^m-\left(1+\frac{b}{a}\right)^m-\left(1-\frac{b}{a}\right)^m=$$

$$-4\left(\frac{m(m-1)}{1\cdot 2}\frac{b^2}{a^2}+\frac{m(m-1)(m-2)(m-3)(m-4)(m-5)}{1\cdot 2\cdot 3\cdot 4\cdot 5\cdot 6}\frac{b^6}{a^6}+\text{etc.}\right)$$

le second membre ne contient encore les termes du développement du binome que de quatre en quatre, mais à partir du troisième.

On tire de la première de ces équations

$$\left(1+\frac{b}{a}\sqrt{-1}\right)^m+\left(1-\frac{b}{a}\sqrt{-1}\right)^m=-\left(1+\frac{b}{a}\right)^m-\left(1-\frac{a}{b}\right)^m$$

$$+4\left(1+\frac{m(m-1)(m-2)(m-3)}{1\cdot 2\cdot 3\cdot 4}\frac{b^4}{a^4}+\text{ etc.}\right),$$

et de la seconde,

$$\left(1+\frac{b}{a}\sqrt{-1}\right)^m+\left(1-\frac{b}{a}\sqrt{-1}\right)^m=\left(1+\frac{b}{a}\right)^m+\left(1-\frac{b}{a}\right)^m$$

$$-4\left(\frac{m(m-1)}{1\cdot 2}\frac{b^2}{a^2}+\frac{m(m-1)(m-2)(m-3)(m-4)(m-5)}{1\cdot 2\cdot 3\cdot 4\cdot 5\cdot 6}\frac{b^6}{a^6}+\text{etc.}\right)$$

Lorsque l'exposant m sera fractionnaire, les séries ci-dessus ne se termineront point ; mais si la fraction $\frac{b}{a}$ est fort petite, il suffira de joindre à la quantité....

$$\left(1+\frac{b}{a}\right)^m+\left(1-\frac{b}{a}\right)^m,$$ un ou deux termes de la série qui

vient après : on pourra souvent se contenter de l'une ou de l'autre de ces valeurs :

$$\left(1+\frac{b}{a}\sqrt{-1}\right)^{m}+\left(1-\frac{b}{a}\sqrt{-1}\right)^{m}=$$
$$-\left(1+\frac{b}{a}\right)^{m}-\left(1-\frac{b}{a}\right)^{m}+4,$$
$$\left(1+\frac{b}{a}\sqrt{-1}\right)^{m}+\left(1-\frac{b}{a}\sqrt{-1}\right)^{m}=$$
$$\left(1+\frac{b}{a}\right)^{m}+\left(1-\frac{b}{a}\right)^{m}-\frac{4\,m\,(m-1)}{1\,.\,2}\frac{b^{2}}{a^{2}}.$$

On voit par le signe des termes qu'on néglige, que la première doit être plus petite que la vraie valeur, et que la seconde doit être plus grande. On reconnoîtra donc par la différence des résultats obtenus, le degré d'approximation qu'on aura atteint. Toutes les formules précédentes s'appliqueront à l'expression

$$(a+b\sqrt{-1})^{m}+(a-b\sqrt{-1})^{m},$$

en les multipliant par a^{m}.

74. Si l'on prend la différence des expressions de

$$\left(1+\frac{b}{a}\sqrt{-1}\right)^{m}\quad\text{et}\quad\left(1-\frac{b}{a}\sqrt{-1}\right)^{m},$$

qu'on la divise par $\sqrt{-1}$, et qu'on y ajoute ou qu'on en retranche le développement de

$$\left(1+\frac{b}{a}\right)^{m}-\left(1-\frac{b}{a}\right)^{m},$$

on aura les deux équations ci-après, dont les seconds membres renferment les termes du développement du binome, pris de quatre en quatre, à partir du second et du quatrième.

$$\frac{1}{\sqrt{-1}}\left\{\left(1+\frac{b}{a}\sqrt{-1}\right)^m-\left(1-\frac{b}{a}\sqrt{-1}\right)^m\right\}+\left(1+\frac{b}{a}\right)^m\left.\begin{matrix}\\ \\ -\left(1+\frac{b}{a}\right)^m\end{matrix}\right\}=$$

$$4\left(\frac{mb}{1\,a}+\frac{m(m-1)(m-2)(m-3)(m-4)}{1\,.\,2\,.\,3\,.\,4\,.\,5}\frac{b^5}{a^5}+\text{etc.}\right),$$

$$\frac{1}{\sqrt{-1}}\left\{\left(1+\frac{b}{a}\sqrt{-1}\right)^m-\left(1-\frac{b}{a}\sqrt{-1}\right)^m\right\}-\left(1+\frac{b}{a}\right)^m\left.\begin{matrix}\\ \\ +\left(1-\frac{b}{a}\right)^m\end{matrix}\right\}=$$

$$-4\left(\frac{m(m-1)(m-2)}{1\,.\,2\,.\,3}\frac{b^3}{a^3}+\frac{m(m-1)\ldots(m-6)}{1\,.\,2\,\ldots\,7}\frac{b^7}{a^7}+\text{etc.}\right)$$

75. Il est facile de déduire du développement de la puissance n du binome, celui de la même puissance du *polynome* quelconque $(a+b+c+d+e,$ etc.$)$. Pour y parvenir d'une manière commode, nous représenterons, pour abréger, le développement de $(a+b)^n$ par

$$a^n+A\,a^{n-1}b+B\,a^{n-2}b^2+C\,a^{n-3}b^3+\text{etc.}$$

Si maintenant on suppose que b se change en $b+c$, le binome $(a+b)$ deviendra le *trinome* $(a+b+c)$; et il faudra écrire dans le développement précédent

$$(b+c),\quad (b+c)^2,\quad (b+c)^3,\quad \text{etc.}$$

au lieu de b, b^2, b^3, etc. On trouvera par ces substitutions,

$$a^n+A\,a^{n-1}\left\{\begin{matrix}b\\ \\ +c\end{matrix}\right\}+B\,a^{n-2}\left\{\begin{matrix}b^2\\ +2bc\\ +c^2\end{matrix}\right\}+C\,a^{n-3}\left\{\begin{matrix}b^3\\ +3b^2c\\ +3bc^2\\ +c^3\end{matrix}\right\}+\text{etc.}$$

résultat qu'il est facile de continuer aussi loin qu'on

voudra. Soit donc $N\,a^{n-n'}b^{n'}$ le terme général de $(a+b)^n$; il se changera en $N\,a^{n-n'}(b+c)^{n'}$, et faisant

$$(b+c)^{n'} =$$
$$b^{n'}+A'b^{n'-1}c+B'b^{n'-2}c^2+C'b^{n'-3}c^3\ldots+N'b^{n'-n''}c^{n''}+\text{etc,}$$

il deviendra $N\,a^{n-n'}\begin{cases} b^{n'} \\ +A'b^{n'-1}c \\ +B'b^{n'-2}c^2 \\ +C'b^{n'-3}c^3 \\ \cdots\cdots\cdots\cdots \\ +N'b^{n'-n''}c^{n''} \\ +\text{etc.} \end{cases}$

En considérant avec attention ce développement, on remarque bientôt que dans chacun des termes qui le composent, la somme des exposans des lettres a, b, c est constamment égale à n, mais qu'ils ont d'ailleurs chacun en particulier toutes les valeurs qui peuvent satisfaire à cette condition : de plus, on voit que le terme général, c'est-à-dire celui qui ne renferme que des exposans indéterminés, a pour expression

$$N\,N'\,a^{n-n'}\,b^{n'-n''}c^{n''}.$$

Supposons encore que c se change en $(c+d)$, et qu'on ait

$$(c+d)^{n''} =$$
$$c^{n''}+A''c^{n''-1}d+B''c^{n''-2}d^2+C''c^{n''-3}d^3\ldots+N''c^{n''-n'''}d^{n'''}+\text{etc,}$$

en substituant ce développement au lieu de $c^{n''}$ dans le résultat précédent, on trouvera que le terme général de $(a+b+c+d)^n$ sera

$$N\,N'\,N''\,a^{n-n'}\,b^{n'-n''}\,c^{n''-n'''}\,d^{n'''}.$$

Il est facile de continuer ce procédé, et on voit déjà que $N'''\,d^{n'''-n^{iv}}e^{n^{iv}}$ étant le terme général du binome $(d+e)^{n'''}$, celui de $(a+b+c+d+e)^n$ sera

$$N\,N'\,N''\,N'''\,a^{n-n'}\,b^{n'-n''}\,c^{n''-n'''}\,d^{n'''-n''''}\,e^{n''''}.$$

Il ne reste plus, pour avoir chacun de ces termes généraux, qu'à substituer, au lieu des coelliciens N, N', N'', N''', etc. leurs valeurs.

Puisque N est le coefficient du terme $a^{n-n'} b^{n'}$, dans le développement de $(a + b)$, on a

$$N = \frac{n(n-1)\dots\dots(n-n'+1)}{1 \,.\, 2 \dots\dots n'} \quad (\textit{Elém.} \ 161).$$

Si on inscrit au numérateur et au dénominateur tous les facteurs compris entre 1 et $n-n'$ inclusivement, la valeur de cette expression ne changera pas, et on aura alors

$$N = \frac{1 \,.\, 2 \dots\dots\dots\dots n}{1 \,.\, 2\dots\dots n' \times 1 \,.\, 2 \dots n-n'}.$$

On déduira N' de N en changeant n en n' et n' en n'' il viendra donc

$$N' = \frac{1 \,.\, 2 \dots\dots\dots\dots n'}{1 \,.\, 2 \dots n'' \times 1 \,.\, 2 \dots n'-n''} ;$$

on aura de même

$$N'' = \frac{1 \,.\, 2 \dots\dots\dots\dots n''}{1 \,.\, 2 \dots n''' \times 1 \,.\, 2 \dots n''-n'''} ,$$

$$N''' = \frac{1 \,.\, 2 \dots\dots\dots\dots n'''}{1 \,.\, 2 \dots n^{iv} \times 1 \,.\, 2 \dots n'''-n^{iv}} ,$$

En faisant le produit $N N' N'' N'''$, avec l'attention d'effacer tous les facteurs communs à-la-fois au numérateur et au dénominateur, on trouvera

$$N N' N'' N''' =$$
$$\frac{1.2.3\dots\dots\dots\dots\dots\dots n}{1.2\dots(n-n')\times 1.2\dots(n'-n'')\times 1\,2\dots(n''-n''')\times 1\,2\dots(n'''-n^{iv})\,1.2\dots n^{iv}}.$$

Soit fait pour abréger
$$\begin{cases} n - n' = p \\ n' - n'' = q \\ n'' - n''' = r \\ n''' - n^{iv} = s \\ n^{iv} = t \end{cases}$$

en ajoutant ces équations, il viendra

$$p + q + r + s + t = n,$$

et l'on aura

$$\frac{1.2\dots\dots\dots\dots\dots\dots\dots\dots\dots n}{1.2\dots p \times 1.2\dots q \times 1.2\dots r \times 1.2\dots s \times 1.2\dots t}\, a^p\, b^q\, c^r\, d^s\, e^t,$$

pour le terme général de $(a + b + c + d + e)^n$: de-là il est facile de déduire celui de la puissance n d'un polynome quelconque.

Avec le terme général, on formera le développement cherché, en observant qu'il doit contenir toutes les puissances, depuis o jusqu'à n inclusivement, de chacune des lettres a, b, c, d, e, etc. et que la somme des exposans, dans quelque terme que ce soit, doit toujours être égale à n. Quant au coefficient numérique, la formule précédente fait voir comment on le déduit des exposans du terme qu'il affecte.

Pour donner un exemple, nous prendrons

$$(a + b + c + d)^5.$$

En ordonnant le développement de cette puissance par rapport à une même lettre, supposons que ce soit a, on n'aura plus qu'à chercher tous les termes qui doivent contenir chaque puissance de a ; la manière dont nous formerons ceux qui sont affectés de a^2, fera voir comment il faudroit s'y prendre pour toute autre puissance.

Nous écrirons

$$
\begin{array}{lll}
a^2\, b^3 & a^2\, c^3 & a^2\, d^3 \\
a^2\, b^2\, c & a^2\, c^2\, d & \\
a^2\, b^2\, d & a^2\, c\, d^2 & \\
a^2\, b\, c^2 & & \\
a^2\, b\, c\, d & & \\
a^2\, b\, d^2 & &
\end{array}
$$

Nous ne nous arrêterons pas à former les coefficiens,

parce qu'il n'y a aucune difficulté à cet égard, en se rappelant que toute lettre qui ne porte pas d'exposant est censée en avoir un égal à l'unité.

Si n n'étoit pas un nombre entier positif, la condition exprimée par l'équation $p+q+r+s+t+...=n$ pourroit paroître difficile à remplir; mais on évitera cet inconvénient en donnant au polynome $a+b+c+d+e+$etc. la forme d'un binome $(a+x)^n$, dans le développement duquel on substituera, au lieu des puissances de x, qui seront nécessairement positives et entières, celles du polynome $b+c+d+e+$etc.

76. On pourroit faire usage des formules précédentes pour développer l'expression

$$(a + b x + c x^2 + d x^3 + \dots)^n$$

suivant les puissances de x; mais on y parviendra d'une manière plus simple, en supposant

$$(a+bx+cx^2+dx^3+...)^n = A+Bx+Cx^2+Dx^3+\text{etc.}$$

A, B, C, D, etc. étant des coefficiens indéterminés, ce qui donne aussi

$$(a+by+cy^2+dy^3+...)^n = A+By+Cy^2+Dy^3+\text{etc.}$$

et faisant pour abréger

$$a + b x + c x^2 + d x^3 + \dots = u,$$
$$a + b y + c y^2 + d y^3 + \dots = v,$$

on trouvera

$$\frac{u^n - v^n}{u - v} = \frac{B(x-y) + C(x^2-y^2) + D(x^3-y^3) + \text{etc.}}{b(x-y) + c(x^2-y^2) + d(x^3-y^3) + \text{etc.}}$$

Les deux termes de la fraction du second membre de cette équation sont divisibles par $x-y$; en effectuant la division, on trouvera

$$\frac{B + C(x+y) + D(x^2+xy+y^2) + \text{etc.}}{b + c(x+y) + d(x^2+xy+y^2) + \text{etc.}}$$

Si on fait $y = x$, on aura en même temps $u = v$; et le développement $\dfrac{u^n - v^n}{u - v}$ se réduira, dans cette hypothèse, à nu^{n-1}, quelle que soit n, ainsi qu'on le concluroit facilement du n°. 66, et l'équation précédente deviendra

$$n(a + bx + cx + dx^3 + \text{etc.})^{n-1} = \frac{B + 2Cx + 3Dx^2 + \text{etc.}}{b + 2cx + 3dx^2 + \text{etc.}}$$

mais

$$(a + bx + cx^2 + dx^3 + \ldots)^{n-1} = \frac{(a + bx + cx^2 + dx^3 + \ldots)^n}{a + bx + cx^2 + dx^3 + \ldots} =$$

$$\frac{A + Bx + Cx^2 + Dx^3 + \text{etc.}}{a + bx + cx^2 + dx^3 + \ldots},$$

par l'hypothèse; on aura donc

$$\frac{n(A + Bx + Cx^2 + Dx^3 + \text{etc.})}{a + bx + cx^2 + dx^3 + \text{etc.}} = \frac{B + 2Cx + 3Dx^2 + \text{etc.}}{b + 2cx + 3dx^2 + \text{etc.}},$$

et chassant les dénominateurs,

$$n(A + Bx + Cx^2 + Dx^3 + Ex^4 + \text{etc.})(b + 2cx + 3dx^2 + 4ex^3 + \text{etc}) =$$
$$= (B + 2Cx + 3Dx^2 + 4Ex^3 + \text{etc.})(a + bx + cx^2 + dx^3 + ex^4 + \text{etc.}):$$

faisant les multiplications indiquées, il viendra

$$
\left.
\begin{array}{lllll}
nbA + & nbB\,x + & nbC\,x^2 + & nbD\,x^3 + & nbE\,x^4 + \text{etc.} \\
+2ncA & +2ncB & +2ncC & +2ncD & \\
 & +3ndA & +3ndB & +3ndC & \\
 & & +4neA & +4neB & \\
 & & & +5nfA &
\end{array}
\right\} =
$$

$$
= \left\{
\begin{array}{lllll}
aB + 2aC\,x + & 3aD\,x^2 + & 4aE\,x^3 + & 5aF\,x^4 + \text{etc.} \\
+ bB & +2bC & +3bD & +4bE \\
 & + cB & +2cC & +3cD \\
 & & + dB & +2dC \\
 & & & + eB
\end{array}
\right.
$$

En comparant les coefficiens des puissances homologues de x, on trouvera

$$aB = nbA$$
$$2aC = (n-1)bB + 2ncA$$
$$3aD = (n-2)bC + (2n-1)cB + 3ndA$$
$$4aE = (n-3)bD + (2n-2)cC + (3n-1)dB + 4neA$$
$$5aF = (n-4)bE + (2n-3)cD + (3n-2)dC + (4n-1)eB + 5nfA$$

etc.

La loi de ces valeurs est facile à saisir : tous les coefficiens B, C, D, etc. seront déterminés lorsque A sera connu ; mais on voit qu'il exprime la valeur du développement lorsque $x = 0$, et dans ce cas, la fonction proposée $(a + bx + cx^2 + dx^3 + \ldots.)^n$ se réduit à a^n ; on a donc $A = a^n$.

En calculant d'après cette valeur, celle des lettres B, C, D, etc. on trouvera facilement que la puissance n du polynome $a + bx + cx^2 + dx^3 +$ etc. a pour expression

$$a^n + na^{n-1}bx + \left\{ \begin{array}{l} \dfrac{n(n-1)}{1.2}a^{n-2}b^2 \\[1mm] + \quad na^{n-1}c \end{array} \right\} x^2 + \left\{ \begin{array}{l} \dfrac{n(n-1)(n-2)}{1.2.3}a^{n-3}b^3 \\[1mm] + \dfrac{n(n-1)}{1.1}a^{n-2}bc \\[1mm] + \quad na^{n-1}d \end{array} \right\} x^3$$

$$+ \left\{ \begin{array}{l} \dfrac{n(n-1)(n-2)(n-3)}{1.2.3.4}a^{n-4}b^4 \\[1mm] + \dfrac{n(n-1)(n-2)}{1.2.1}a^{n-3}b^2c \\[1mm] + \dfrac{n(n-1)}{1.1}a^{n-2}bd \\[1mm] + \dfrac{n(n-1)}{1.2}a^{n-2}c^2 \\[1mm] + \quad na^{n-1}e \end{array} \right\} x^4 + \left\{ \begin{array}{l} \dfrac{n(n-1)(n-2)(n-3)(n-4)}{1.2.3.4.5}a^{n-5}b^5 \\[1mm] + \dfrac{n(n-1)(n-2)(n-3)}{1.2.3.1}a^{n-4}b^3c \\[1mm] + \dfrac{n(n-1)(n-2)}{1.2.1}a^{n-3}b^2d \\[1mm] + \dfrac{n(n-1)(n-2)}{1.1.2}a^{n-3}bc^2 \\[1mm] + \dfrac{n(n-1)}{1.1}a^{n-2}be \\[1mm] + \dfrac{n(n-1)}{1.1}a^{n-2}cd \\[1mm] + \quad na^{n-1}f \end{array} \right\} x^5 +\ \text{etc.}$$

Moivre, qui donna le premier la formule précédente, fit aussi remarquer la loi suivant laquelle on peut former chacun des termes qu'elle contient; mais comme nous n'aurons pas occasion de l'employer fréquemment, nous ne nous arrêterons pas davantage sur ce sujet. Nous observerons seulement qu'il n'existe point de fonctions algébriques qu'on ne puisse développer par ce qui précède; car les plus générales ne sauroient être que des combinaisons de monomes ou de polynomes élevés à des puissances positives ou négatives, entières ou fractionnaires.

De la sommation des séries dont le terme général est une fonction rationnelle et entière du nombre de leurs termes.

77. Nous avons donné dans le n°. 231 des *Elémens* la somme des termes d'une progression par différences,

$$a, b, c \ldots \ldots k, l,$$

dont la différence étoit δ, et le nombre des termes n; concevons maintenant qu'on élève chacun des termes de cette série à une même puissance, et occupons-nous de la série

$$a^m, b^m, c^m \ldots \ldots k^m, l^m.$$

Formons d'abord le développement de ces quantités en observant que si nous élevons à la puissance m chacune des équations

$$b = a + \delta, \qquad c = b + \delta \ldots \ldots l = k + \delta,$$

nous aurons

$$b^m = a^m + \frac{m}{1} a^{m-1}\delta + \frac{m(m-1)}{1\,.\,2} a^{m-2}\delta^2 + \text{etc.}$$

$$c^m = b^m + \frac{m}{1} b^{m-1}\delta + \frac{m(m-1)}{1\,.\,2} b^{m-2}\delta^2 + \text{etc.}$$

$$d^m = c^m + \frac{m}{1} c^{m-1}\delta + \frac{m(m-1)}{1\,.\,2} c^{m-2}\delta^2 + \text{etc.}$$

$$\ldots\ldots\ldots\ldots\ldots\ldots\ldots\ldots\ldots$$

$$l^m = k^m + \frac{m}{1} k^{m-1}\delta + \frac{m(m-1)}{1\,.\,2} k^{m-2}\delta^2 + \text{etc.}$$

En ajoutant respectivement entre eux les premiers et les seconds membres de ces équations, effaçant les termes communs aux deux sommes, et transposant a^m dans la première, il viendra

$$l^m - a^m = \frac{m}{1}\delta\,(a^{m-1} + b^{m-1} + c^{m-1}\ldots + k^{m-1})$$
$$+ \frac{m(m-1)}{1\,.\,2}\delta^2(a^{m-2} + b^{m-2} + c^{m-2}\ldots + k^{m-2}) \tag{1}$$
$$+ \frac{m(m-1)(m-2)}{1\,.\,2\,.\,3}\delta^3(a^{m-3} + b^{m-3} + c^{m-3}\ldots + k^{m-3})$$
$$+ \text{etc.}$$

Soit maintenant

$$a + b + c\ldots\ldots\ldots + k + l = S_1$$
$$a^2 + b^2 + c^2\ldots\ldots\ldots + k^2 + l^2 = S_2$$
$$\ldots\ldots\ldots\ldots\ldots\ldots\ldots\ldots\ldots$$
$$a^m + b^m + c^m\ldots\ldots\ldots + k^m + l^m = S_m,$$

on aura

$$a + b + c\ldots\ldots\ldots + k = S_1 - l$$
$$a^2 + b^2 + c^2\ldots\ldots\ldots + k^2 = S_2 - l^2$$
$$\ldots\ldots\ldots\ldots\ldots\ldots\ldots\ldots\ldots$$
$$a^m + b^m + c^m\ldots\ldots\ldots + k^m = S_m - l^m;$$

et d'après cette notation, l'équation (1) se changera en

$$l^m - a^m = \frac{m}{1} \delta(S_{m-1} - l^{m-1}) + \frac{m(m-1)}{1 \cdot 2} \delta^2(S_{m-2} - l^{m-2})$$

$$+ \frac{m(m-1)(m-2)}{1 \cdot 2 \cdot 3} \delta^3(S_{m-3} - l^{m-3}) + \text{etc} \ldots \ldots (2).$$

Ce résultat contient une relation entre les diverses sommes $S_1, S_2, \ldots S_{m-1}$, et fera connoître la dernière lorsque les autres seront données. Supposons d'abord $m = 1$, il viendra

$$l - a = \delta(S_0 - l^0);$$

or, $\qquad S_0 = a^0 + b^0 + c^0 \ldots + k^0 + l^0 = n:$

on aura donc

$$l - a = (n - 1)\delta,$$

ou bien

$$l = a + (n - 1)\delta,$$

ainsi qu'on l'a obtenu n°. 230 des *Élémens*.

Faisant ensuite $m = 2$, on aura

$$l^2 - a^2 = 2\delta(S_1 - l) + \delta^2(S_0 - l^0);$$

et en mettant $\frac{l-a}{\delta}$ pour $S_0 - l^0$, on trouvera

$$l^2 - a^2 = 2\delta(S_1 - l) + \delta(l - a),$$

d'où

$$S_1 = \frac{l^2 - a^2 + \delta l + \delta a}{2\delta} = \frac{(l - a + \delta)(l + a)}{2\delta};$$

et comme $l - a + \delta = n\delta$, on obtiendra

$$S_1 = \frac{n(l+a)}{2},$$

de même que dans le numéro 231 des *Élémens*.

La supposition de $m = 3$ donnera

$$l^3 - a^3 = 3\delta(S_2 - l^2) + 3\delta^2(S_1 - l) + \delta^3(S_0 - l^0);$$

substituant dans cette équation pour $S_0 - l^0$ et $S_1 - l$, les valeurs trouvées ci-dessus, elle deviendra

$$l^3 - a^3 = \frac{6\delta(S_2 - l^2) + 3\delta(l^2 - a^2) - \delta^2(l - a)}{2},$$

et donnera

$$S_2 = l^2 + \frac{2(l^3 - a^3) - 3\delta(l^2 - a^2) + \delta^2(l - a)}{6\delta}$$

$$= \frac{2(l^3 - a^3) + 3\delta(l^2 + a^2) + \delta^2(l - a)}{6\delta}.$$

Il est facile, en continuant ainsi, de parvenir aux valeurs de S_3, S_4, etc.

78. Thomas Simpson a donné aussi un moyen très-simple pour obtenir immédiatement la somme des puissances semblables des termes de la progression par différences, et qui revient à-peu-près à ce qui suit :

La somme des premières puissances étant $S = \dfrac{(a+l)n}{2}$,

devient $\dfrac{\delta}{2} n^2 + \dfrac{2a - \delta}{2} n$, lorsqu'on met pour l sa valeur $a + (n-1)\delta$; l'analogie porte à conclure de-là que la somme des puissances du degré m peut être exprimée par

$$A n^{m+1} + B n^m + C n^{m-1} \ldots\ldots + M n,$$

les lettres A, B, C ..... M désignant des quantités indépendantes de n; on aura donc, dans cette hypothèse,

$$A n^{m+1} + B n^m + C n^{m-1} \ldots\ldots + M n =$$
$$a^m + (a+\delta)^m + (a+2\delta)^m \ldots\ldots + (a+(n-1)\delta)^m.$$

Mais si l'on augmente la progression proposée du terme $a + n\delta$ consécutif à $a + (n-1)\delta$, le nombre des termes deviendra alors $n+1$, et substituant ce dernier au lieu de n dans le premier membre de l'équation ci-dessus, on trouvera

$$A(n+1)^{m+1}+B(n+1)^{m}+C(n+1)^{m-1}\ldots+M(n+1)=$$
$$a^{m}+(a+\delta)^{m}+(a+2\delta)^{m}\ldots+(a+(n-1)\delta)^{m}+(a+n\delta)^{m};$$

retranchant de cette dernière équation celle qui précède, il viendra

$$A[(n+1)^{m+1}-n^{m+1}]+B[(n+1)^{m}-n^{m}]+C[(n+1)^{m-1}-n^{m-1}]$$
$$\ldots\ldots+M=(a+n\delta)^{m}.$$

En développant les deux membres de ce résultat, et en les ordonnant par rapport à n, il prendra la forme

$$\frac{m+1}{1}An^{m}+\frac{(m+1)m}{1\,.\,2}An^{m-1}+\frac{(m+1)m(m-1)}{1\,.\,2\,.\,3}An^{m-2}+\text{etc.}$$
$$+\frac{m}{1}Bn^{m-1}+\frac{m(m-1)}{1\,.\,2}Bn^{m-2}+\text{etc.}$$
$$+\frac{m-1}{1}Cn^{m-2}+\text{etc.}$$
$$=\delta^{m}n^{m}+\frac{m}{1}a\delta^{m-1}n^{m-1}+\frac{m(m-1)}{1\,.\,2}a^{2}\delta^{m-2}n^{m-2}+\text{etc.}$$

Égalant entre eux les coefficiens des termes semblables de chaque membre, on aura

$$\frac{(m+1)}{1}=\delta^{m}$$
$$\frac{(m+1)m}{1\,.\,2}A+\frac{m}{1}B=\frac{m}{1}a\delta^{m-1}$$
$$\frac{(m+1)m(m-1)}{1\,.\,2\,.\,3}A+\frac{m(m-1)}{1\,.\,2}B+\frac{m-1}{1}C=\frac{m(m-1)}{1\,.\,2}a^{2}\delta^{m-2}$$
$$\frac{(m+1)m(m-1)(m-2)}{1\,.\,2\,.\,3\,.\,4}A+\frac{m(m-1)(m-2)}{1\,.\,2\,.\,3}B+\frac{(m-1)(m-2)}{1\,.\,2}C+\frac{m-2}{1}D$$
$$=\frac{m(m-1)(m-2)}{1\,.\,2\,.\,3}a^{3}\delta^{m-3},$$

etc.

d'où on tirera

$$A = \frac{\delta^m}{m + 1}$$

$$B = a\,\delta^{m-1} - \frac{m+1}{2} A$$

$$C = \frac{m}{2} a^2 \delta^{m-2} - \frac{m}{2} B - \frac{(m+1)\,m}{2 \cdot 3} A$$

$$D = \frac{m(m-1)}{2 \cdot 3} a^3 \delta^{m-3} - \frac{m-1}{2} C - \frac{m(m-1)}{2 \cdot 3} B - \frac{(m+1)m(m-1)}{2 \cdot 3 \cdot 4} A,$$

etc.

Si dans ces formules on fait successivement $m = 1$, $m = 2$, $m = 3$, etc. que l'on substitue dans l'expression $A\,n^{m+1} + B\,n^m +$ etc. les valeurs qu'elles donneront pour les coefficiens A, B, C, ... et que l'on désigne comme ci-dessus, par S_1 la somme des premières puissances, S_2 celle des secondes, S_3 celle des troisièmes...... on trouvera

$$S_1 = \frac{\delta}{2} n^2 + \frac{2a - \delta}{2} \cdot n$$

$$S_2 = \frac{\delta^2}{3} n^3 + \frac{2a\delta - \delta^2}{2} n^2 + \frac{6a^2 - 6a\delta + \delta^2}{6} n$$

$$S_3 = \frac{\delta^3}{4} n^4 + \frac{2a\delta^2 - \delta^3}{2} n^3 + \frac{6a^2\delta - 6a\delta^2 + \delta^3}{4} n^2 + \frac{2a^3 - 3a^2\delta + a\delta^2}{2} n$$

79. Nous ne pousserons pas plus loin ces valeurs, mais nous en ferons l'application à la progression formée par la suite naturelle des nombres

$$\div 1 \cdot 2 \cdot 3 \ldots \ldots n,$$

Dans cette progression,

$$a = 1, \quad \delta = 1, \quad l = n,$$

et par conséquent

$$S_0 = n \qquad\qquad = \frac{n}{1}$$

$$S_1 = \frac{n^2 + n}{2} = \frac{n\,(n+1)}{2}$$

$$S_2 = \frac{2n^3 + 3n^2 + n}{6} = \frac{n\,(n+1)\,(2n+1)}{1\,.\,2\,.\,3}$$

$$S_3 = \frac{n^4 + 2n^3 + n^2}{4} = \frac{n^2\,(n+1)^2}{4}$$

etc.

80. Au moyen de ces formules, on peut trouver la somme de toutes les progressions dont le terme général est exprimé par des puissances entières et positives de n.

. En effet, si le terme général d'une série étoit $a\,n^p$, la quantité a ne changeant point, il est évident que la somme de cette série, dont chaque terme se tire de l'expression $a\,n^p$, en faisant successivement $n = 1$, $n = 2$, etc. seroit

$$1^p\,.\,a + 2^p\,.\,a + 3^p\,.\,a + 4^p\,.\,a \ldots\ldots + n^p a$$
$$= (\,1^p + 2^p + 3^p + 4^p \ldots\ldots + n^p\,)\,a = a\,S_p.$$

Il suit de-là que la somme de la série dont le terme général est $a\,n^p + b\,n^q$, a pour expression $a\,S_p + b\,S_q$; car chacun des termes de cette série est la somme des termes qui se correspondent dans les séries dérivées de $a\,n^p$ et de $b\,n^q$.

Enfin le terme général étant $a\,n^p + b\,n^q - c\,n^r$, la somme sera $a\,S_p + b\,S_q - c\,S_r$, puisque chaque terme de cette dernière suite est égal à la différence entre les deux termes qui se correspondent dans la série dérivée de $a\,n^p + b\,n^q$, et dans celle que donne $c\,n^r$; et il est évident qu'on doit obtenir le même résultat en faisant la soustraction terme à terme, ou en prenant la différence des deux sommes respectives.

L 4

81. Soient pour exemple les suites

$$1 \cdot 2 \cdot 3 \cdot 4 \ldots \ldots \frac{n}{1}$$

$$1 \cdot 3 \cdot 6 \cdot 10 \ldots \ldots \frac{n(n+1)}{1 \cdot 2}$$

$$1 \cdot 4 \cdot 10 \quad 20 \ldots \ldots \frac{n(n+1)(n+2)}{1 \cdot 2 \cdot 3},$$

etc.............................

qui contiennent les coefficiens des termes du développement des puissances négatives du binome, et dont les termes généraux sont les coefficiens relatifs à la puissance $-n$.

La première est la progression par différences dont le terme général $= n$, et est égale par conséquent à

$$\frac{n^2 + n}{2} = \frac{n(n+1)}{2}.$$

La seconde, dont le terme général est

$$\frac{n(n+1)}{1 \cdot 2} = \frac{n^2 + n}{2},$$

peut être considérée comme la moitié de la somme des suites

$$1 + 4 + 9 + 16 \ldots \ldots + n^2$$
$$1 + 2 + 3 + 4 \ldots \ldots + n.$$

La somme de l'une étant $S_2 = \dfrac{2n^3 + 3n^2 + n}{6}$, et celle de l'autre $S_1 = \dfrac{n^2 - n}{2}$, on aura

$$\frac{S_2 + S^1}{2} = \frac{n^3 + 3n^2 + 2n}{6} = \frac{n(n+1)(n+2)}{1 \cdot 2 \cdot 3}.$$

La troisième suite proposée, ayant pour terme général

$\dfrac{n(n+1)(n+2)}{1 \cdot 2 \cdot 3} = \dfrac{n^3+3n^2+2n}{6}$, peut se décompo-

ser en trois autres, dont les termes généraux seront

respectivement $\dfrac{n^3}{6}$, $\dfrac{3n^2}{6}$, $\dfrac{2n}{6}$; et il est aisé de voir que

les sommes de ces suites auront pour expressions $\dfrac{S_3}{6}$,

$\dfrac{3S_2}{6}$, $\dfrac{2S_1}{6}$, et que par conséquent celle de la suite

proposée sera

$$\frac{S_3+3S_2+2S_1}{6} = \frac{n^4+6n^3+11n^2+6n}{24} = \frac{n(n+1)(n+2)(n+3)}{1 \cdot 2 \cdot 3 \cdot 4}.$$

Les suites que nous venons de sommer font partie
de celles qui sont comprises sous la dénomination de
nombres figurés, à cause de leur rapport avec certaines
figures de géométrie. On voit que la somme de chacune
d'elles est la même chose que le terme général de la suivante ; en sorte que la seconde est formée des sommes
partielles de la première, la troisième l'est de celles de
la seconde, et ainsi des autres.

Des séries récurrentes.

82. Nous avons vu (*Elém.* 235) la progression par
quotiens

$$a + aq + aq^2 + aq^3 + \text{etc.}$$

naître du développement de la fraction $\dfrac{a}{1-q}$; ceci nous

conduit naturellement à examiner les séries qui peuvent
résulter du développement d'une fraction quelconque.

Supposons d'abord qu'on ait la fraction $\dfrac{a}{a'+b'x}$; pour

la développer, on peut se servir de la formule du *binome*,

puisque $\dfrac{a}{a'+b'x}=a(a'+b'x)^{-1}$, où bien encore supposer que

$$\frac{a}{a'+b'x}=A+bx+Cx^2+Dx^3+Ex^4+\text{etc.}$$

les lettres A, B, C, etc. désignant des coefficiens indéterminés. En multipliant les deux membres par $a'+b'x$, et passant tous les termes dans un seul, on aura

$$\left.\begin{array}{l}a'A+a'B\\ -a+b'A\end{array}\middle|\ x+\begin{array}{l}a'C\\ +b'B\end{array}\middle|\ x^2+\begin{array}{l}a'D\\ +b'C\end{array}\middle|\ x^3+\begin{array}{l}\text{etc.}\\ +\text{etc.}\end{array}\right\}=0;$$

cette équation devant avoir lieu, quelque valeur qu'on donne à x, il faudra égaler séparément à zéro les coefficiens de chaque puissance de x, ce qui donnera

$$\left.\begin{array}{l}a'A-a\ =0\\[1.5em] a'B+b'A=0\\[1.5em] a'C+b'B=0\\[1.5em] a'D+b'C=0\\[1em] \text{etc.}\end{array}\right)\ \text{d'où}\ \left(\begin{array}{l}A=\ \ \dfrac{a}{a'}\\[1em] B=-\dfrac{b'}{a'}\,A\\[1em] C=-\dfrac{b'}{a'}\,B\\[1em] D=-\dfrac{b'}{a'}\,C,\\[1em] \text{etc.}\end{array}\right.$$

et on voit que chaque coefficient de x, de la suite $A+Bx+Cx^2+Dx^3+$ etc. est formé, dans le cas actuel, de celui qui le précède, multiplié par la quantité $-\dfrac{b'}{a'}$, ou que chaque terme est le produit de celui qui le précède par $-\dfrac{b'x}{a'}$.

Soit encore

$$\frac{a+bx}{a'+b'x+c'x^2}=A+Bx+Cx^2+Dx^3+\text{etc.}$$

en opérant sur cette fraction comme sur la précédente,
il viendra

$$\left.\begin{array}{l} a'A + a'B \mid x + a'C \mid x^2 + a'D \mid x^3 + \text{etc.} \\ -a + b'A \mid + b'B \mid + b'C \mid + \text{etc.} \\ -b \mid + c'A \mid + c'B \mid + \text{etc.} \end{array}\right\} = 0;$$

et on aura par conséquent

$$\left.\begin{array}{l} a'A - a = 0 \\[1ex] a'B + b'A - b = 0 \\[1ex] a'C + b'B + c'A = 0 \\[1ex] a'D + b'C + c'B = 0 \\[1ex] \text{etc.} \end{array}\right\} \text{d'où} \left\{\begin{array}{l} A = \dfrac{a}{a'} \\[2ex] B = \dfrac{b - b'A}{a'} \\[2ex] C = \dfrac{-c'A - b'B}{a'} \\[2ex] D = \dfrac{-c'B - b'C}{a'} \\[2ex] \text{etc.} \end{array}\right.$$

Ici chaque coefficient, à partir du troisième, est déter‑
miné par les deux qui le précèdent, multipliés respecti‑
vement par les quantités $-\dfrac{c'}{a'}$, $-\dfrac{b'}{a'}$, et par conséquent
chaque terme de la série se forme des deux précédens,
multipliés respectivement par $-\dfrac{c'}{a'}x^2$, $-\dfrac{b'}{a'}x$.

Enfin soit pour dernier exemple

$$\frac{a + bx + cx^2}{a' + b'x + c'x^2 + d'x^3} = A + Bx + Cx^2 + Dx^3 + \text{etc.}$$

on trouvera dans ce cas que le coefficient d'une puissance
quelconque de x dépendra des trois qui le précèdent,
multipliés respectivement par les quantités $-\dfrac{d'}{a'}$, $-\dfrac{c'}{a'}$,
$-\dfrac{b'}{a'}$, et qu'un terme quelconque de la suite sera formé

par les trois précédens, multipliés respectivement par

$$-\frac{d'x^3}{a'}, \quad -\frac{c'x^2}{a'}, \quad -\frac{b'x}{a'}.$$

Il est facile de conclure des exemples ci-dessus, qu'une fraction rationnelle de la forme

$$\frac{a + bx + cx^2 \ldots\ldots + px^{m-1}}{a' + b'x + c'x^2 \ldots\ldots + p'x^{m-1} + q'x^{m}},$$

engendrera une suite dans laquelle le coefficient d'un terme quelconque dépendra d'autant de coefficiens précédens qu'il y a d'unités dans le plus haut exposant du dénominateur. Il faut cependant observer que cette loi n'a lieu dans la série qu'après autant de termes qu'il s'en trouve au numérateur.

Les quantités $-\dfrac{q'}{a'}\ldots\ldots-\dfrac{d'}{a'}, \quad -\dfrac{c'}{a'}, \quad -\dfrac{b'}{a'},$ par

lesquelles il faut multiplier les coefficiens des termes qui précèdent celui qu'on cherche, portent conjointement le nom d'*échelle de relation* ; et la relation constante qui existe toujours entre un même nombre de termes consécutifs, a fait appeler *séries récurrentes* celles qui nous occupent maintenant. On peut se proposer pour ces séries, comme pour les progressions, les deux questions suivantes : 1°. *Déterminer l'expression d'un terme quelconque, indépendamment de ceux qui le précèdent, ou le terme général.* 2°. *Trouver la somme d'un nombre quelconque de termes de ces suites.* La deuxième question est la plus facile à résoudre, aussi commencerons-nous par celle-là.

83. Soit $A+B+C+D\ldots\ldots+H+I+K+L$, une série récurrente, dont chaque terme ne dépende que des trois qui le précèdent ; cet exemple suffira pour montrer comment le procédé s'appliqueroit à tout autre.

La nature de la série proposée fournira les équations suivantes :

$$p\,A + q\,B + r\,C + s\,D = 0$$
$$p\,B + q\,C + r\,D + s\,E = 0$$
$$p\,C + q\,D + r\,E + s\,F = 0$$
$$p\,D + q\,E + r\,F + s\,G = 0$$
$$\cdots\cdots\cdots\cdots\cdots\cdots\cdots$$
$$p\,H + q\,I + r\,K + s\,L = 0.$$

En prenant la somme des dernières équations, il viendra

$$\left.\begin{array}{l} p(A+B+C+D\ldots+H)+q(B+C+D\ldots+I)\\ \quad + r\,(C+D\ldots+K)+s\,(D\ldots\ldots+L) \end{array}\right\} = 0 ;$$

et si on désigne par $\int$ la somme de tous les termes de la série proposée, on aura

$$\left.\begin{array}{l} p\,(\int - I - K - L) + q\,(\int - A - K - L)\\ + r\,(\int - A - B - L) + s\,(\int - A - B - C) \end{array}\right\} = 0,$$

d'où on tirera $\ldots\ldots\ldots\ldots\ldots\ldots\ldots\ldots\ldots \int =$

$$\frac{p(I+K+L)+q(A+K+L)+r(A+B+L)+s(A+B+C)}{p+q+r+s}$$

On voit par conséquent que la somme demandée ne dépendra que des trois premiers termes et des trois derniers.

84. La même méthode, due à Thomas Simpson, fait connoître aussi la fraction d'où la série proposée tire son origine. Il faut pour cela considérer cette série comme indéfinie, c'est-à-dire, faire abstraction des derniers termes. Dans cette hypothèse, le nombre des équations

$$p\,A + q\,B + r\,C + s\,D = 0$$
$$p\,B + q\,C + r\,D + s\,E = 0$$
$$p\,C + q\,D + r\,E + s\,F = 0$$
$$p\,D + q\,E + r\,F + s\,G = 0$$

etc.

devient illimité ; en les ajoutant ensemble on a

$$\left.\begin{array}{l} p(A+B+C+D+\text{etc.})+q(B+C+D+\text{etc.}) \\ + r(C+D+\text{etc.})+s(D+\text{etc.}) \end{array}\right\} = 0,$$

ce qui donnera

$$p\,f+q(f-A)+r(f-A-B)+s(f-A-B-C)=0,$$

si on représente par f la somme de tous les termes de la série continuée à l'infini, ou, ce qui revient au même, la fraction qui l'a produite par son développement. De cette équation, on tire

$$f = \frac{A(q+r+s)+B(r+s)+Cs}{p+q+r+s}.$$

Soit, par exemple, la série

$$1 + 2x + 8x^2 + 28x^3 + 100x^4 + \text{etc.}$$

dans laquelle chaque terme est formé des deux précédens, multipliés respectivement par $2x^2$ et par $3x$, comme on peut s'en assurer en remarquant que

$$8x^2 = 1 \times 2x^2 + 2x \times 3x, \quad 28x^3 = 2x \times 2x^2 + 8x^2 \times 3x, \text{etc.}$$

on aura

$$A = 1, \quad B = 2x, \quad C = 8x^2, \quad D = 28x^3, \text{etc.}$$

$$\left.\begin{array}{l} C = 2x^2 A + 3x B \\ D = 2x^2 B + 3x C \\ \text{etc.} \end{array}\right\} \text{ou} \left\{\begin{array}{l} -2x^2 A - 3x B + C = 0 \\ -2x^2 B - 3x C + D = 0 \\ \text{etc.} \end{array}\right.$$

ce qui donne

$$p = -2x^2, \quad q = -3x, \quad r = 1, \quad s = 0,$$

et
$$f = \frac{1-x}{-2x^2 - 3x + 1} = \frac{x-1}{2x^2 + 3x - 1};$$

et si on développe en effet cette fraction, on retombera sur la série proposée.

Ce qui précède suppose que la série proposée soit ordonnée suivant les puissances d'une même quantité x; si l'on avoit la série numérique

$$1 + 2 + 8 + 28 + 100 + \text{etc.}$$

il faudroit prendre à sa place la suivante :

$$1 + 2x + 8x^2 + 28x^3 + 100x^4 + \text{etc.}$$

qui rentre dans la série proposée, lorsqu'on fait $x = 1$.

En rapprochant ceci de l'expression de S_{m+n}, obtenue n°. 5, on verra que les sommes S_{m+1}, S_{m+2}, S_{m+3}, etc. des puissances des racines d'une équation algébrique, font une suite récurrente ; et on trouvera facilement la fraction dont elle dérive.

85. Passons maintenant à la seconde question, qui a pour objet la recherche du terme général. Pour donner une idée de la manière dont elle peut se résoudre, examinons quelques-unes des séries récurrentes les plus simples. La première est celle qui tire son origine de la fraction $\dfrac{a}{a' + b'x}$, et qui revient à une progression géométrique dont la raison seroit $-\dfrac{b'x}{a'}$, et le premier terme $\dfrac{a}{a'}$; il est facile de voir, d'après cela (*Elém.* 232), que le terme général, celui dont le rang est marqué par n, doit être

$$\frac{a}{a'}\left(-\frac{b'x}{a'}\right)^{n-1} = \pm \frac{a b'^{n-1}}{a'^n} x^{n-1},$$

le signe supérieur ayant lieu lorsque $n - 1$ sera pair, et le signe inférieur dans le cas contraire.

On donnera à ce résultat une forme plus simple, en faisant $\frac{a}{b'} = \alpha$, $\quad \frac{a'}{b'} = \alpha'$; la fraction proposée, la série qui en dérive et le terme général de cette série deviendront alors

$$\frac{\alpha}{\alpha' + x}, \qquad \frac{\alpha}{\alpha'} - \frac{\alpha\, x}{\alpha'^2} + \frac{\alpha\, x^2}{\alpha'^3} - \text{etc.} \qquad \text{et} \pm \frac{\alpha\, x^{n-1}}{\alpha'^n}.$$

86. Vient ensuite la série qui résulte du développement de la fraction $\dfrac{a + bx}{a' + b'x + c'x^2}$, fraction qu'on peut écrire comme il suit : $\dfrac{\dfrac{a}{c'} + \dfrac{b}{c'}x}{\dfrac{a'}{c'} + \dfrac{b'}{c'}x + x^2}$; faisant, pour abréger, $\dfrac{a}{c'} = \alpha$, $\dfrac{b}{c'} = \beta$, $\dfrac{a'}{c'} = \alpha'$, $\dfrac{b'}{c'} = \beta'$, elle se changera en $\dfrac{\alpha + \beta x}{\alpha' + \beta' x + x^2}$. Si p et q désignent les deux racines de l'équation du second degré $x^2 + \beta' x + \alpha' = 0$, la quantité $x^2 + \beta' x + \alpha'$ sera le produit des deux facteurs $x - p$ et $x - q$; on aura donc

$$\frac{\alpha + \beta x}{\alpha' + \beta' x + x^2} = \frac{\alpha + \beta x}{(p - x)(q - x)}.$$

Il est naturel de penser qu'une fraction dont le dénominateur est composé de plusieurs facteurs simples, peut résulter de la réduction au même dénominateur, et de l'addition de fractions ayant ces facteurs simples pour dénominateurs ; et c'est ce qui se voit de la manière suivante. On suppose $\dfrac{\alpha + \beta x}{(p - x)(q - x)} = \dfrac{P}{p - x} + \dfrac{Q}{q - x}$,

P et Q étant des quantités indéterminées et indépendantes de x ; en réduisant au même dénominateur les deux fractions du second membre, on trouve

$$\alpha + \beta x = (Pq + Qp) - (P + Q)x,$$

ce qui peut avoir lieu, quel que soit x, si $\alpha = (Pq + Qp)$ et $\beta = -(P + Q)$; et pour remplir ces conditions, il suffit de déterminer, par les équations ci-dessus, les quantités P et Q: on trouvera

$$P = -\frac{\alpha + p\beta}{p - q}, \qquad Q = \frac{\alpha + q\beta}{p - q}.$$

Au moyen de ces valeurs, on aura

$$\frac{\alpha + \beta x}{\alpha' + \beta' x + x^2} = \frac{P}{p - x} + \frac{Q}{q - x};$$

et comme chaque fraction du second membre peut se développer dans une série ordonnée suivant les puissances de x, il s'ensuit que la somme des termes qui se correspondent dans ces séries, sera égale au terme qui occuperoit le même rang qu'eux dans la série résultante de la seconde fraction; le terme général de cette dernière s'obtiendra donc en ajoutant ceux des deux premières, qui, d'après ce qui précède, seront $\dfrac{P x^{n-1}}{p^n}$, $\dfrac{Q x^{n-1}}{q^n}$. Il suit encore de-là que la série résultante de deux progressions par quotiens, ajoutées terme à terme, est récurrente.

87. Dans le cas où on auroit $p = q$, c'est-à-dire, où les deux facteurs du dénominateur seroient égaux entre eux, on ne sauroit décomposer la fraction $\dfrac{\alpha + \beta x}{\alpha' + \beta' x + x^2}$ en deux autres de la forme $\dfrac{P}{p - x}$, $\dfrac{Q}{q - x}$, car on trouveroit

$$P = -\frac{\alpha + p\beta}{o}, \qquad Q = \frac{\alpha + q\beta}{o};$$

et on voit que cela doit être ainsi, parce que les deux
fractions $\dfrac{P}{p-x}$, $\dfrac{Q}{q-x}$, s'ajoutant immédiatement, ne
peuvent donner qu'un résultat semblable à chacune
d'elles, et non pas semblable à la fraction proposée : il
faut donc alors tenter une autre décomposition. On voit
d'abord que la fraction $\dfrac{\alpha+\beta x}{(x-p)^2}$ équivaut aux deux suivantes : $\dfrac{\alpha}{(x-p)^2}$, $\dfrac{\beta x}{(x-p)^2}$, et que la dernière, en s'écrivant ainsi : $\dfrac{\beta}{x-p}\times\dfrac{x}{x-p}$ revient à

$$\frac{\beta}{x-p}\times\left(1+\frac{p}{x-p}\right);$$

puisque

$$\frac{x}{x-p}=1+\frac{p}{x-p}:$$

on tire de-là

$$\frac{\alpha+\beta x}{(x-p)^2}=\frac{\alpha}{(x-p)^2}+\frac{\beta}{x-p}+\frac{p\,\beta}{(x-p)^2}=$$
$$\frac{\alpha+\beta p}{(p-x)^2}-\frac{\beta}{p-x}.$$

Nous voilà donc parvenus à substituer à la fraction proposée deux autres fractions dont les numérateurs sont
indépendans de x. Le développement de la première est

$$(\alpha+\beta p)(p-x)^{-2}=\frac{(\alpha+\beta p)}{p^2}\left(1+\frac{2x}{p}+\frac{3x^2}{p^2}+\frac{4x^3}{p^3}+\text{etc.}\right)$$

série dont le terme général est évidemment

$$\frac{(\alpha+\beta p)}{p^2}\cdot\frac{n\,x^{n-1}}{p^{n-1}};$$

et celui de la seconde fraction étant exprimé par $\dfrac{\beta x^{n-1}}{p^n}$,
il en résultera

$$\left[\frac{n\alpha + (n-1)\beta p}{p^2}\right]\frac{x^{n-1}}{p^{n-1}}$$

pour le terme général de la série donnée par la fraction

$$\frac{\alpha + \beta x}{(x-p)^2}.$$

88. Il nous reste encore un cas à examiner, celui où les racines de l'équation $x^2 + \beta' x + \alpha' = 0$ sont imaginaires. Les facteurs $x - p$ et $x - q$ devenant imaginaires, le terme général $\dfrac{P x^{n-1}}{p^n} + \dfrac{Q x^{n-1}}{q^n}$ se trouve compliqué d'imaginaires; mais ces imaginaires ne sont qu'apparentes, et se détruisent mutuellement, lorsqu'on réduit les quantités $\dfrac{P x^{n-1}}{p^n}$, $\dfrac{Q x^{n-1}}{q^n}$, au même dénominateur, et qu'on développe les puissances indiquées. En effet, si on met pour P et Q les valeurs trouvées précédemment, qu'on rassemble les termes multipliés par β et ceux qui le sont par α, on aura

$$-\frac{(\alpha + \beta p)x^{n-1}}{(p-q)p^n} + \frac{(\alpha + \beta q)x^{n-1}}{(p-q)q^n}$$

$$= \left\{\frac{\alpha(p^n - q^n)}{(p-q)p^n q^n} + \frac{\beta(p^{n-1} - q^{n-1})}{(p-q)p^{n-1} q^{n-1}}\right\}x^{n-1};$$

or, quand p et q sont imaginaires, ils peuvent être représentés par

$$a + b\sqrt{-1} \quad \text{et} \quad a - b\sqrt{-1},$$

ce qui donne

$$p - q = 2b\sqrt{-1}, \qquad pq = a^2 + b^2,$$

et les quantités

$$p^n - q^n = (a + b\sqrt{-1})^n - (a - b\sqrt{-1})^n,$$

$$p^{n-1} - q^{n-1} = (a + b\sqrt{-1})^{n-1} - (a - b\sqrt{-1})^{n-1},$$

deviennent alors de la forme $2\,B\sqrt{-1}$ et $2\,B'\sqrt{-1}$ (25),
substituant ces expressions dans la formule ci-dessus ,
elle se changera en

$$\left(\frac{\alpha\,B}{b\,(a^2+b^2)^n} + \frac{\beta\,B'}{b\,(a^2+b^2)^{n-1}} \right) x^{n-1},$$

résultat réel.

89. C'est en décomposant ainsi la fraction génératrice
en d'autres fractions plus simples , qu'on peut arriver au
terme général de la série récurrente qu'elle produit, et
qui par-là se trouve décomposée elle-même en suites récurrentes d'un ordre plus simple. Il faut que les fractions
partielles , dont l'ensemble représente la fraction proposée , aient des numérateurs constans , et pour dénominateurs les binomes qu'on obtiendra en cherchant les
facteurs simples du dénominateur de celle-ci. Ces facteurs se tirent des racines de l'équation que donne le
dénominateur de la fraction proposée , égalé à zéro ;
et les numérateurs peuvent s'obtenir par la méthode des
coefficiens indéterminés , comme dans l'exemple du
numéro 86 ; mais quand on rencontre des racines égales,
la forme des fractions partielles éprouve des modifications analogues à ce qui a eu lieu dans le numéro 87 ;
et lorsqu'il y a des racines imaginaires , on met le terme
général sous une forme réelle, en le développant, de
même que dans le numéro précédent. Tout cela exige
des détails dans lesquels nous ne saurions entrer ; nous
observerons seulement que la recherche du terme général d'une suite récurrente est comprise dans celle du
terme général de la formule du n°. 76 , puisque la fraction

$$\frac{a+b\,x+c\,x^2\ldots\ldots+p\,x^{m-1}}{a'+b'\,x+c'\,x^2\ldots\ldots+p'\,x^{m-1}+q'\,x^m}$$

revient à

$$(a+bx\ldots\ldots+px^{m-1})(a'+b'x\ldots\ldots+p'x^{m-1}+q'x^m)^{-1},$$

et que par conséquent la méthode dont on s'est servi jusqu'à présent pour trouver ce terme général , est très-indirecte. La résolution des équations qu'elle exige introduit dans l'expression demandée des quantités irrationnelles qui ne doivent point y entrer : la réduction de toutes les parties de cette expression au même dénominateur, et l'emploi des formules relatives aux fonctions symétriques des racines des équations , feroient, à la vérité, disparoître les irrationnelles ; mais il n'en résulte pas moins que la résolution des équations est une difficulté étrangère à la recherche du terme général d'une série récurrente.

La théorie des suites est une des branches les plus importantes et les plus étendues de l'Analyse ; elle réunit les parties élémentaires aux parties transcendantes ; mais c'est principalement dans celles-ci qu'elle est d'une application plus fréquente , et elle leur doit aussi ses principaux accroissemens. Rien n'est donc plus inconvenant que de la morceler, ainsi qu'on le fait presque par-tout, et j'avoue que je me serois abstenu d'en parler , si je n'y avois pas été forcé pour éviter le reproche de n'avoir pas rendu cet ouvrage aussi complet que ceux qui existoient auparavant. On trouvera d'ailleurs tout ce qui concerne la doctrine des séries à la suite du *Traité du Calcul différentiel et intégral* déjà cité. Je terminerai ce sujet en exposant succinctement la méthode que Lagrange a donnée dans les *Mémoires de l'Académie des Sciences de Paris*, année 1772, pour reconnoître si une série proposée est récurrente.

90. Soit $S = A + Bx + Cx^2 + Dx^3 +$ etc. une suite dans laquelle les quantités A, B, C, etc. désignent

des nombres donnés : si cette suite est récurrente, elle doit résulter du développement d'une fraction rationnelle (84). Supposons, comme dans tout ce qui précède, que le plus haut exposant de x, dans le numérateur de cette fraction, soit moindre d'une unité que dans le dénominateur, si le contraire avoit lieu, le procédé même nous le feroit connoître, ainsi qu'on le verra plus bas.

Cherchons d'abord si la série S peut être le développement de la fraction $\dfrac{a'}{a+bx}$, et faisons pour cela

$$S = \frac{a'}{a+bx} : \text{nous en tirerons}$$

$$\frac{1}{S} = \frac{a+bx}{a'} = \frac{a}{a'} + \frac{b}{a'}x = p + qx;$$

ce qui nous fait voir que l'unité divisée par la série S donne un quotient qui, étant ordonné par rapport à x, sera composé de deux termes seulement, si cette série vient de la fraction que nous considérons pour le moment.

Prenons pour exemple

$$S = 2 + 4x + 8x^2 + 16x^3 + \text{etc.}$$

on fera la division comme il suit, en prenant 2 pour diviseur :

$$
\begin{array}{r|l}
1 & 2 + 4x + 8x^2 + 16x^3 + \text{etc.} \\
\hline
 & \frac{1}{2} - x \\
\hline
\end{array}
$$

$$
\begin{aligned}
&- 1 - 2x - 4x^2 - 8x^3 - 16x^4 - \text{etc.} \\
&+ 2x + 4x^2 + 8x^3 + 16x^4 + \text{etc.} \\
\hline
&\quad 0 \quad\ 0 \quad\ 0 \quad\ 0 \quad\ 0
\end{aligned}
$$

on aura

$$p = \tfrac{1}{2}, \quad q = -1 \text{ et } \frac{1}{S} = \tfrac{1}{2} - x,$$

d'où on tirera facilement

$$S = \frac{2}{1 - 2x}.$$

Si la division ne se termine pas ainsi au second terme, la série proposée ne sera point le développement d'une fraction telle que $\dfrac{a'}{a + bx}$; il faudra essayer alors si elle ne vient pas d'une fraction de la forme $\dfrac{a' + b'x}{a + bx + cx^2}$: dans cette hypothèse, on aura

$$\frac{1}{S} = \frac{a + bx + cx^2}{a' + b'x}.$$

Si on effectue la division indiquée dans le second membre, et qu'on ne la pousse que jusqu'à ce qu'on ait un quotient de la forme $p + qx$, ce qui arrivera après deux divisions partielles, il y aura un reste qu'on pourra représenter par $a''x^2$; et il viendra par conséquent

$$\frac{1}{S} = p + qx + \frac{a''x^2}{a' + b'x},$$

ce qui prouve que le reste de la division de 1 par S sera divisible par x^2; et si on désigne par $S_1 x^2$ ce reste, qui sera une série de la forme

$$A_1 x^2 + B_1 x^3 + C_1 x^4 + \text{etc.}$$

on aura

$$\frac{1}{S} = p + qx + \frac{S_1 x^2}{S} = p + qx + \frac{a''x^2}{a' + b'x},$$

d'où il suit

$$\frac{S_1}{S} = \frac{a''}{a' + b'x}, \qquad \frac{S}{S_1} = \frac{a' + b'x}{a''};$$

et

$$\frac{S_1}{S} = \frac{a'}{a''} + \frac{b'}{a''}x = p_1 + q_1 x.$$

en faisant la division indiquée dans le second membre.

M 4

Ainsi $\dfrac{S}{S_{\iota}}$ doit donner un quotient de deux termes, comme

nous l'avons obtenu plus haut pour $\dfrac{1}{S}$; et des deux equa-

tions

$$\frac{1}{S} = p + q\,x + \frac{S_{\iota}\,x^{2}}{S}, \quad \frac{S}{S_{\iota}} = p_{\iota} + q_{\iota}\,x,$$

nous tirerons

$$S = \cfrac{1}{p + q\,x + \cfrac{x^{2}}{p_{\iota} + q_{\iota}\,x}} :$$

réduisant cette fraction, il viendra

$$S = \frac{p_{\iota} + q_{\iota}\,x}{(p + q\,x)(p_{\iota} + q_{\iota}\,x) + x^{2}}.$$

Supposons encore que l'on n'ait pas exactement

$\dfrac{S}{S_{\iota}} = p_{\iota} + q_{\iota}\,x$: il faudra faire alors

$$S = \frac{a' + b'\,x + c'\,x^{2}}{a + bx + cx^{2} + dx^{3}} ;$$

et en opérant comme dans les cas précédens, on trouvera

$$\frac{1}{S} = \frac{a + bx + cx^{2} + dx^{3}}{a' + b'x + c'x^{2}} = p + q\,x + \frac{a''x^{2} + b''x^{3}}{a' + b'x + c'x^{2}}.$$

La série qui reste après qu'on a poussé la division dans

$\dfrac{1}{S}$ jusqu'aux deux premiers termes $p + q\,x$, étant divi-

sible par x^{2}, pourra être représentée par $S_{\iota}\,x^{2}$, en sorte

qu'on aura

$$\frac{1}{S} = p + q\,x + \frac{S_{\iota}\,x^{2}}{S} = p + q\,x + \frac{a''x^{2} + b''x^{3}}{a' + b'x + c'x^{2}},$$

ce qui donnera

$$\frac{S_{\iota}}{S} = \frac{a'' + b''x}{a' + b'x + c'x^{2}}, \quad \frac{S}{S_{\iota}} = \frac{a' + b'x + c'x^{2}}{a'' + b''x},$$

et
$$\frac{S}{S_1} = p_1 + q_1 x + \frac{a''' x^2}{a'' + b'' x},$$

en faisant la division indiquée dans le second membre, et s'arrêtant aux deux premiers termes du quotient. Cette dernière expression montre que la division de S par S_1, poussée de même jusqu'à ce qu'on ait un résultat de la forme $p_1 + q_1 x$, laissera pour reste une série divisible par x^2; et nommant $S_2 x^2$ cette série, on aura

$$\frac{S}{S_1} = p_1 + q_1 x + \frac{S_2 x^2}{S_1} = p_1 + q_1 x + \frac{a''' x^2}{a'' + b'' x^2},$$

d'où

$$\frac{S_2}{S_1} = \frac{a'''}{a'' + b'' x}, \quad \frac{S_1}{S_2} = \frac{a'' + b'' x}{a'''} = \frac{a''}{a'''} + \frac{b''}{a'''} x = p_2 + q_2 x :$$

combinant les équations

$$\frac{1}{S} = p + q x + \frac{S_1 x^2}{S}, \qquad \frac{S}{S_1} = p_1 + q_1 x + \frac{S_2 x^2}{S_1},$$

$$\frac{S_1}{S_2} = p_2 + q_2 x,$$

que nous venons d'obtenir, on en déduira

$$S = \frac{(p_1 + q_1 x)(p_2 + q_2 x) + x^2}{(p + q x)(p_1 + q_1 x)(p_2 + q_2 x) + ((p + q x) + (p_2 + q_2 x)) x^2}$$

pour la fraction génératrice de la série proposée. Il seroit facile maintenant de pousser plus loin l'opération, si la division de S_1 par S_2 ne donnoit pas un quotient exact, et on doit voir qu'elle conduira toujours, comme ci-dessus, à un nombre fini d'équations entre S, S_1, S_2, S_3, etc. desquelles on déduira l'expression de la fraction génératrice. La règle à suivre dans tous les cas peut s'énoncer ainsi : *Divisez l'unité par la série proposée* S, *jusqu'à ce qu'il y ait au quotient deux termes tels que* p $+$ q x, *et désignant le reste par* $S_1 x^2$, *divisez* S *par* S_1, *jusqu'à ce qu'il y ait au quotient deux termes comme* $p_1 + q_1 x$; *désignant encore le reste par* $S_2 x^2$, *divisez* S_1 *par* S_2, *jusqu'à ce que vous trouviez un quotient de la forme* $p_2 + q_2 x$, *et ainsi de suite. Si la série proposée est vraiment récurrente, vous arriverez enfin à un quotient exact qui pourra être représenté par* $p_n + q_n x$. Il vient alors cette suite d'équations :

$$\frac{1}{S} = p + qx + \frac{S_1 x^2}{S}$$

$$\frac{S}{S_1} = p_1 + q_1 x + \frac{S_2 x^2}{S_1}$$

$$\frac{S_1}{S_2} = p_2 + q_2 x + \frac{S_3 x^2}{S_2}$$

$$\cdots\cdots\cdots\cdots\cdots$$

$$\frac{S_{n-1}}{S_n} = p_n + q_n x$$

d'où on tire

$$S = \cfrac{1}{p + q x + \cfrac{S_1 x^2}{S}}$$

$$\frac{S_1}{S} = \cfrac{1}{p_1 + q_1 x + \cfrac{S_2 x^2}{S_1}}$$

$$\frac{S_2}{S_1} = \cfrac{1}{p_2 + q_2 x + \cfrac{S_3 x^2}{S_2}}$$

$$\cdots\cdots\cdots\cdots\cdots$$

$$\frac{S_n}{S_{n-1}} = \cfrac{1}{p_n + q_n x}$$

91. Appliquons la règle précédente à la série des nombres 1, 1, 3, 7, 18, 47, 123, 322, 843, 2207, 5778, etc. et pour cela donnons-lui la forme

$$S = 1 + x + 3 x^2 + 7 x^3 + 18 x^4 + 47 x^5 + 123 x^6$$
$$+ 322 x^7 + 843 x^8 + \text{etc.}$$

nous aurons

$$p + q x = 1 - x,$$
$$S_1 = -2 - 4 x - 11 x^2 - 29 x^3 - 76 x^4 - 199 x^5$$
$$- 521 x^6 - \text{etc.}$$
$$p_1 + q_1 x = -\tfrac{1}{2} + \tfrac{1}{2} x,$$
$$S_2 = -\tfrac{1}{2} - 2 x - \tfrac{11}{2} x^2 - \tfrac{29}{2} x^3 - 38 x^4 - \tfrac{199}{2} x^5 - \text{etc.}$$
$$p_2 + q_2 x = 4 - 8 x,$$
$$S_3 = -5 - 15 x - 40 x^2 - 105 x^3 - \text{etc.}$$

et enfin $p_3 + q_3 x = \frac{1}{10} + \frac{1}{10} x$, sans reste. Formant alors les équations

$$\frac{S_3}{S_2} = \frac{1}{\frac{1}{10} + \frac{1}{10} x}, \qquad \frac{S_2}{S_1} = \frac{1}{4 - 8x + \dfrac{S_3 x^2}{S_2}},$$

$$\frac{S_1}{S} = \frac{1}{-\frac{1}{2} + \frac{1}{2} x + \dfrac{S_2 x^2}{S_1}}, \qquad S = \frac{1}{1 - x + \dfrac{S_1 x^2}{S}},$$

nous trouverons

$$S = \frac{1 - 2x + x^2 - x^3}{1 - 3x + x^2}.$$

Le numérateur étant d'un degré plus élevé que le dénominateur, on peut ôter un entier de la fraction, et il viendra

$$S = -x - 2 + \frac{3 - 7x}{1 - 3x + x^2},$$

d'où on voit que la série proposée est la suite récurrente produite par la fraction proprement dite.....
$\dfrac{3 - 7x}{1 - 3x + x^2}$, à laquelle on a ajouté les termes -2 et $-x$; aussi dans la première, la loi de la *récurrence* ne se manifeste qu'au cinquième terme, au lieu qu'elle se montrera dès le troisième, si on en retranche -2 et $-x$, car il viendra

$$3 + 2x + 3x^2 + 7x^3 + \text{etc.}$$

et déjà

$$3x^2 = 3 \times -x^2 + 2x \times 3x,$$
$$7x^3 = 2x \times -x^2 + 3x^2 \times 3x, \text{etc.}$$

Développement en séries des exponentielles et des logarithmes.

92. Nous avons tiré les logarithmes de l'équation $y = a^x$ (*Elém.* 240), y étant le nombre, x le logarithme, et a la base ; cette équation présente deux questions : *trouver* y, *connoissant* x ; et *trouver* x, *connoissant* y. Nous commencerons d'abord par chercher y en x, et pour cela nous supposerons

$$a^x = A + Bx + Cx^2 + Dx^3 + \text{etc.}$$

A, B, C, D, etc. étant des coefficiens indépendans de x ; en prenant donc une autre quantité z, nous aurons également

$$a^z = A + Bz + Cz^2 + Dz^3 + \text{etc.}$$

d'où nous tirerons

$$\frac{a^x - a^z}{x - z} = \frac{B(x - z) + C(x^2 - z^2) + D(x^3 - z^3) + \text{etc.}}{x - z}.$$

La division du second membre par $x - z$ s'exécute d'après la formule du n°. 177 des *Elémens*, et il vient

$$\frac{a^x - a^z}{x - z} =$$

$$B + C(x+z) + D(x^2 + xz + z^2) + E(x^3 + x^2 z + xz^2 + z^3) + \text{etc.}$$

Pour pouvoir développer de même le premier membre, j'écris ainsi son numérateur : $a^z(a^{x-z} - 1)$; faisant ensuite $a = 1 + b$ dans la quantité a^{x-z}, je la développe suivant les puissance de b, au moyen de la formule du binome, et j'ai

$$(1+b)^{x-z} = 1 + \frac{(x-z)}{1}b + \frac{(x-z)(x-z-1)}{1 \cdot 2} b^2 + \text{etc.}$$

d'où il suit

$$a^z(a^{x-z}-1)=a^z\left[\frac{(x-z)}{1}b+\frac{(x-z)(x-z-1)}{1\cdot 2}b^2+\text{etc.}\right]$$

Ce dernier développement étant divisible par $x-z$, il en résulte

$$a^z(b+\frac{x-z-1}{2}b^2+\frac{(x-z-1)(x-z-2)}{2\cdot 3}b^3+\text{etc.})=$$

$$B+C(x+z)+D(x^2+xz+z^2)+E(x^3+x^2z+xz^2+z^3)+\text{etc.}$$

Si maintenant on suppose $x=z$, l'équation ci-dessus deviendra

$$a^x\left(b-\frac{b^2}{2}+\frac{b^3}{3}-\frac{b^4}{4}+\text{etc.}\right)=$$

$$B+2Cx+3Dx^2+4Ex^3+\text{etc.}$$

faisant pour abréger

$$b-\frac{b^2}{2}+\frac{b^3}{3}-\frac{b^4}{4}+\text{etc.}=k,$$

et substituant pour a^x la série

$$A+Bx+Cx^2+Dx^3+Ex^4+\text{etc.}$$

on trouvera

$$Ak+Bkx+Ckx^2+Dkx^3+Ekx^4+\text{etc.}=$$
$$B+2Cx+3Dx^2+4Ex^3+5Fx^4+\text{etc.}$$

d'où on tirera

$$B=Ak,\quad C=\frac{Bk}{2},\quad D=\frac{Ck}{3},\quad E=\frac{Dk}{4},\quad F=\frac{Ek}{5},\quad \text{etc.}$$

Tous les coefficiens, excepté A, seront déterminés par ces équations ; mais lorsque $x=o$, l'équation......
$a^x=A+Bx+Cx^2+\text{etc.}$ donnant $1=A$, il s'ensuit que $A=1$, $\quad B=\frac{k}{1},\quad C=\frac{k^2}{1\cdot 2},\quad D=\frac{k^3}{1\cdot 2\cdot 3}$,

$$E=\frac{k^4}{1\cdot 2\cdot 3\cdot 4},\quad F=\frac{k^5}{1\cdot 2\cdot 3\cdot 4\cdot 5},\quad \text{etc. et que}$$

$$y = a^x = 1 + \frac{kx}{1} + \frac{k^2 x^2}{1.2} + \frac{k^3 x^3}{1.2.3} + \frac{k^4 x^4}{1.2.3.4} + \text{etc.}$$

93. Il est à propos de remarquer que, quelque valeur qu'on donne à x, la série ci-dessus finira toujours par être convergente. En effet, il est aisé de voir qu'on peut représenter le terme général de cette série par $\dfrac{k^n x^n}{1.2\ldots n}$, celui qui vient immédiatement après sera $\dfrac{k^{n+1} x^{n+1}}{1.2\ldots n(n+1)}$; et le rapport de l'un à l'autre aura pour expression $\dfrac{kx}{n+1}$. Or, en prolongeant la série, on doit nécessairement rencontrer un terme dans lequel $n+1$ surpassera kx, et qui par conséquent sera moindre que celui qui le précède ; et il est clair que le décroissement continuera toujours dans les termes ultérieurs.

94. Il s'agit maintenant de déterminer la quantité k. Mettons, au lieu de b, sa valeur $a-1$, et nous aurons

$$k = \frac{(a-1)}{1} - \frac{(a-1)^2}{2} + \frac{(a-1)^3}{3} - \frac{(a-1)^4}{4} + \text{etc.}$$

Cette série ne sera convergente qu'autant que $a-1$ sera moindre que l'unité ; mais elle est susceptible de devenir aussi convergente qu'on voudra, au moyen de la dépendance qui se trouve entre a et k, et que nous allons faire connoître.

Lorsqu'on suppose $x = 1$ dans la série

$$a^x = 1 + \frac{kx}{1} + \frac{k^2 x^2}{1.2} + \frac{k^3 x^3}{1.2.3} + \text{etc.}$$

elle devient

$$a = 1 + \frac{k}{1} + \frac{k^2}{1.2} + \frac{k^3}{1.2.3} + \text{etc.}$$

et donnera la valeur de a quand celle de k sera connue. Faisons $k = 1$, et désignons par e la valeur correspondante de a, nous aurons

$$e = 1 + \frac{1}{1} + \frac{1}{2} + \frac{1}{2.3} + \frac{1}{2.3.4} + \text{etc.}$$

d'où il résultera $e = 2{,}7182818$, en s'arrêtant à la septième décimale. Si nous substituons e au lieu de a, et 1 au lieu de k, dans l'équation $a^x = 1 + \frac{kx}{1} + \text{etc.}$ nous obtiendrons

$$e^x = 1 + \frac{x}{1} + \frac{x^2}{1.2} + \frac{x^3}{1.2.3} + \frac{x^4}{1.2.3.4} + \text{etc.}$$

Cette équation devant subsister, quel que soit x, nous y supposerons $x = k$; elle se changera en

$$e^k = 1 + \frac{k}{1} + \frac{k^2}{1.2} + \frac{k^3}{1.2.3} + \text{etc.}$$

et donnera par sa comparaison avec la valeur de a,

$$a = e^k.$$

Prenant les logarithmes, on trouvera

$$k\, l\, e = l\, a;$$

si a est la base du système des logarithmes représentés par la caractéristique l, on aura

$$k = \frac{1}{l\, e},$$

et par conséquent dans cette hypothèse,

$$y = a^x =$$
$$1 + \frac{x}{1\,.\,l\,e} + \frac{x^2}{1\,.\,2\,.\,(l e)^2} + \frac{x^3}{1\,.\,2\,.\,3\,.\,(l e)^3} + \text{etc.}$$

Telle est l'expression du nombre y par son logarithme x.

95. La question proposée est résolue, puisque voilà y exprimé en x, c'est-à-dire, qu'étant donné le loga-

rithme x, et celui du nombre e relativement à la base a, on aura le nombre y; mais l'expression de k en a nous conduit aussi à la solution de la seconde question : *étant donné un nombre, trouver son logarithme.*

En effet, si l'on suppose que a soit une quantité quelconque, et que l'on mette pour k la série qu'il représente dans l'équation $k\,\mathrm{l}\,e=\mathrm{l}\,a$, il en résultera

$$\mathrm{l}\,a=\mathrm{l}\,e\left\{\frac{(a-1)}{1}-\frac{(a-1)^2}{2}+\frac{(a-1)^3}{3}-\frac{(a-1)^4}{4}+\text{etc.}\right\}.$$

Voilà donc le logarithme d'un nombre quelconque a exprimé au moyen de ce nombre et du seul logarithme d'un nombre déterminé e.

Cette série n'est convergente qu'autant que le nombre a est très-voisin de l'unité; mais comme $\mathrm{l}\,.\sqrt[m]{a}=\frac{1}{m}\,\mathrm{l}\,a$ (*Elém.* 240), si on change dans le second membre, a en $\sqrt[m]{a}$, il viendra

$$\mathrm{l}\,a=m\,\mathrm{l}\,e\left\{\frac{(\sqrt[m]{a}-1)}{1}-\frac{(\sqrt[m]{a}-1)^2}{2}+\frac{(\sqrt[m]{a}-1)^3}{3}-\text{etc.}\right\}:$$

or, en prenant pour m un très-grand nombre, on pourra toujours faire en sorte que la quantité $\sqrt[m]{a}$ diffère aussi peu qu'on voudra de l'unité.

Nous avons ainsi un moyen très-simple de calculer le logarithme de a; car en prenant m égale à quelqu'un des nombres compris dans la série 2, 4, 8, 16, etc. on n'aura qu'à effectuer des extractions successives de racines quarrées (*Elém.* 172). Cependant ce procédé deviendroit pénible pour les nombres un peu considérables, c'est pourquoi les analystes ont cherché de nouvelles

velles séries qui pussent s'appliquer à ces nombres , séries qui ne sont que des transformations de la première expression de l a.

96. Le nombre a étant supposé dans les séries précédentes , indépendant de la base des logarithmes, il est évident qu'on pourra appliquer ces séries à un nombre quelconque y, et qu'on aura en général

$$x = ly = le \left\{ \frac{(y-1)}{1} - \frac{(y-1)^2}{2} + \frac{(y-1)^3}{3} - \text{etc.} \right\}$$

En substituant dans cette expression $1 + u$ au lieu de y, elle deviendra

$$l(1+u) = le \left\{ \frac{u}{1} - \frac{u^2}{2} + \frac{u^3}{3} - \frac{u^4}{4} + \text{etc.} \right\}$$

changeant ensuite $+u$ en $-u$, on aura

$$l(1-u) = le \left\{ -\frac{u}{1} - \frac{u^2}{2} - \frac{u^3}{3} - \frac{u^4}{4} - \text{etc.} \right\}$$

retranchant le second résultat du premier, on trouvera,

$$l(1+u) - l(1-u) = l \left(\frac{1+u}{1-u} \right) =$$
$$2le \left\{ \frac{u}{1} + \frac{u^3}{3} + \frac{u^5}{5} + \text{etc.} \right\}$$

série dont la marche est plus rapide que celle des précédentes.

Soit fait $\frac{1+u}{1-u} = z$; on aura $u = \frac{z-1}{z+1}$ et $lz =$

$$2le \left\{ \left(\frac{z-1}{z+1} \right) + \frac{1}{3} \left(\frac{z-1}{z+1} \right)^3 + \frac{1}{5} \left(\frac{z-1}{z+1} \right)^5 + \text{etc.} \right\}$$

Pour donner un exemple, on prendra $z = 2$; il viendra

$$l2 = 2le \left(\frac{1}{3} + \frac{1}{3 \cdot 3^3} + \frac{1}{5 \cdot 3^5} + \frac{1}{7 \cdot 3^7} + \text{etc.} \right)$$

2.   N

série très-convergente, et dont le huitième terme ne va pas à $\frac{1}{1000000000}$: en réduisant en décimales tous ceux qui le précèdent, on obtiendra

$$l\,2 = 0{,}6931472 \,.\, l\,e.$$

97. On ne peut avoir la valeur absolue de $l\,2$ sans fixer celle de $l\,e = l\,(2{,}7182818)$, qui dépend du système de logarithme que l'on adopte. L'hypothèse la plus simple consiste à supposer $l\,e = 1$, et on a alors

$$l\,2 = 0{,}6931472\,;$$

dans ce système particulier, qui répond à l'équation $y = e^x$ (94), la base est e. Je le désignerai sous le nom de *systême nepérien*, pour rappeler le nom de l'Ecossais Neper (ou Napier), auquel on doit l'importante découverte des logarithmes, et j'accentuerai la lettre l toutes les fois qu'il s'agira des logarithmes de ce système ; ainsi j'écrirai $l'\,e = 1$, $l'\,2 = 0{,}6931472$ (*).

Pour passer du système nepérien à celui dont la base seroit une quantité quelconque, il faut, d'après l'équation $L\,y = \dfrac{l\,y}{l\,A}$ (*Elém.* 249), qui devient dans le cas actuel, $l'\,z = \dfrac{l\,z}{l\,e}$, prendre $l\,e = \dfrac{l\,z}{l'\,z}$; et comme le logarithme de la base est toujours l'unité, il sera commode de faire $z = a$, on aura ainsi

$$l\,e = \frac{1}{l'\,a}:$$

il n'y aura plus qu'à calculer $l'\,a$ par la dernière série

(*) Les logarithmes nepériens sont appelés ordinairement *logarithmes hyperboliques* ; mais cette dénomination est vicieuse, car il n'y a pas de système de logarithmes qui ne réponde à quelqu'une des courbes que les Géomètres ont nommées hyperboles.

donnée ci-dessus, en y supposant $le = 1$. Pour les logarithmes ordinaires, dans lesquels $a = 10$, on trouvera

$$l'10 = 2\left\{\frac{9}{11} + \frac{1}{3}\left(\frac{9}{11}\right)^3 + \frac{1}{5}\left(\frac{9}{11}\right)^5 + \text{etc.}\right\}$$

Cette série est trop peu convergente pour en faire usage;
mais en observant que $10 = 5 \cdot 2$, on verra qu'il suffit
d'avoir $l'5$, parce que $l'10 = l'5 + l'2$, et que $l'2$
est déjà connu. Faisant donc $z = 5$, on trouvera

$$l'5 = 2\left\{\frac{2}{3} + \frac{1}{3}\left(\frac{2}{3}\right)^3 + \frac{1}{5}\left(\frac{2}{3}\right)^5 + \text{etc.}\right\},$$

résultat beaucoup plus convergent que le précédent.

98. Nous en trouverons un qui le sera encore davantage, en faisant dans la série

$$l\frac{1+u}{1-u} = 2\,le\left(\frac{u}{1} + \frac{u^3}{3} + \frac{u^5}{5} + \text{etc.}\right)(96),$$

$$\frac{1+u}{1-u} = 1 + \frac{z}{n},$$

ce qui donnera

$$u = \frac{z}{2n+z},\ l\left(1 + \frac{z}{n}\right) = l\frac{(n+z)}{n} = l(n+z) - ln =$$

$$2\,le\left\{\frac{z}{2n+z} + \frac{1}{3}\left(\frac{z}{2n+z}\right)^3 + \frac{1}{5}\left(\frac{z}{2n+z}\right)^5 + \text{etc.}\right\},$$

d'où on tirera

$$l(n+z) = ln +$$

$$2\,le\left\{\frac{z}{2n+z} + \frac{1}{3}\left(\frac{z}{2n+z}\right)^3 + \frac{1}{5}\left(\frac{z}{2n+z}\right)^5 + \text{etc.}\right\}.$$

Cette dernière série fera connoître le logarithme du
nombre $n+z$, par le moyen de celui de n, et sera
d'autant plus convergente, que n sera plus considérable.
Pour en déduire le logarithme de 5, on supposera $n = 4$

et $z = 1$; et comme $l'4 = 2\,l'2$, il viendra, en prenant $l'e = 1$,

$$l'5 = 2\,l'2 + 2\left\{\frac{1}{9} + \frac{1}{3}\left(\frac{1}{9}\right)^3 + \frac{1}{5}\left(\frac{1}{9}\right)^5 + \text{etc.}\right\}.$$

Les trois premiers termes de cette série suffisent pour obtenir un résultat exact jusqu'à la septième décimale, et elle donne

$$l'5 = 1,6094379 ;$$

en ajoutant à ce logarithme celui de 2 trouvé plus haut, on a

$$l'10 = 2,3025851 ,$$

et par conséquent

$$l e = \frac{1}{l'10} = 0,4342945.$$

En multipliant par ce nombre les logarithmes nepériens de 2 et de 5, obtenus dans le n°. 97 et dans celui-ci, on trouvera

$$l2 = 0,3010300 \quad \text{et} \quad l5 = 0,6989700,$$

tels qu'ils sont dans les tables de logarithmes ordinaires.

99. La quantité $l e$ est nommée en général *module ;* on voit que celui des logarithmes nepériens est 1, et que celui des logarithmes ordinaires est $0,4342945$. On passe des logarithmes nepériens à des logarithmes quelconques, en multipliant les premiers par le module des seconds, et on revient de ceux-ci aux autres, en les divisant par leur module, ou, ce qui revient au même, en les multi-pliant par $\frac{1}{l e}$. Lorsque la base est 10, on a

$$\frac{1}{l e} = 2,3025851 ;$$

c'est par ce nombre qu'il faut multiplier les logarithmes

ordinaires, pour les convertir en logarithmes nepériens, ce qui est souvent nécessaire.

La série obtenue en dernier lieu, donne pour le logarithme de $n+1$, cette expression très-simple et toujours convergente, lorsque n est > 1,

$$l(n+1) = ln +$$
$$2\,l\,e\left\{\frac{1}{2n+1} + \frac{1}{3}\frac{1}{(2n+1)^3} + \frac{1}{5}\frac{1}{(2n+1)^5} + \text{etc.}\right\}.$$

100. Borda et Haros ont donné des formules qui expriment, au moyen de séries très-convergentes, les relations entre plusieurs logarithmes de nombres consécutifs, et qui feroient trouver très-promptement ces logarithmes. Voici les premières, qu'on trouve aussi dans la préface des *Tables trigonométriques décimales*, calculées par Borda, revues et augmentées par Delambre.

Si dans la série

$$l\left(\frac{1+u}{1-u}\right) = 2\,l\,e\left\{\frac{u}{1} + \frac{u^2}{3} + \frac{u^5}{5} + \text{etc.}\right\}$$

on fait

$$1+u = (p-1)(p-1)(p+2) = p^3 - 3p + 2$$
$$1-u = (p+1)(p+1)(p-2) = p^3 - 3p - 2$$

on aura

$$l\frac{p^3 - 3p + 2}{p^3 - 3p - 2} = l\frac{1 + \dfrac{2}{p^3 - 3p}}{1 - \dfrac{2}{p^3 - 3p}}$$
$$= 2\,l\,e\left\{\frac{2}{p^3 - 3p} + \frac{1}{3}\left(\frac{2}{p^3 - 3p}\right)^3 + \text{etc.}\right\},$$

d'où l'on conclura

$$l(p+2) + 2l(p-1) - l(p-2) - 2l(p+1)$$
$$= 2\,l\,e\left\{\frac{2}{p^3 - 3p} + \frac{1}{3}\left(\frac{2}{p^3 - 3p}\right)^3 + \text{etc.}\right\}.$$

Si l'on prend successivement

$$p = 5, \quad p = 6, \quad p = 7, \quad p = 8,$$

on aura ces quatre équations

$$l7 + 4l2 - l3 - 2l3 - 2l2 = 2le\left\{\tfrac{1}{11} + \text{etc.}\right\}$$
$$3l2 + 2l5 - 2l2 - 2l7 = 2le\left\{\tfrac{1}{99} + \text{etc.}\right\}$$
$$2l3 + 2l3 + 2l2 - l5 - 6l2 = 2le\left\{\tfrac{1}{161} + \text{etc.}\right\}$$
$$l5 + l2 + 2l7 - l3 - l2 - 4l3 = 2le\left\{\tfrac{1}{144} + \text{etc.}\right\}$$

Ces quatre équations ne renferment que les logarithmes des nombres 2, 3, 5 et 7, logarithmes que l'on peut alors déterminer par une simple élimination ; on obtient de cette manière

$$l2 = 2le\left\{
\begin{aligned}
&28\left\{\tfrac{1}{11} + \tfrac{1}{3}\left(\tfrac{1}{11}\right)^3 + \text{etc.}\right\} \\
&+ 10\left\{\tfrac{1}{99} + \tfrac{1}{3}\left(\tfrac{1}{99}\right)^3 + \text{etc.}\right\} \\
&+ 16\left\{\tfrac{1}{161} + \tfrac{1}{3}\left(\tfrac{1}{161}\right)^3 + \text{etc.}\right\} \\
&- 4\left\{\tfrac{1}{144} + \tfrac{1}{3}\left(\tfrac{1}{144}\right)^3 + \text{etc.}\right\}
\end{aligned}
\right\},$$

et ainsi des autres.

Si l'on prend encore $p = 15$, il viendra

$$l17 + 2l7 - l13 - 6l2 = 2le\left\{\tfrac{1}{1665} + \tfrac{1}{3}\left(\tfrac{1}{1665}\right)^3 + \text{etc.}\right\}.$$

Enfin on aura aussi, en faisant $p = 1007$,

$$l1009 + 2l1006 - l1005 - 2l1008$$
$$= 2le\left\{\tfrac{1}{510571161} + \tfrac{1}{3}\left(\tfrac{1}{510571161}\right)^3 + \text{etc.}\right\}.$$

Ces exemples suffisent pour montrer le parti qu'on peut tirer de la formule de Borda ; passons à celle de Haros.

101. Pour obtenir cette dernière, il faut, dans l'équation

$$lz = 2le\left\{\frac{z-1}{z+1} + \tfrac{1}{3}\left(\frac{z-1}{z+1}\right)^3 + \text{etc.}\right\},$$

faire en premier lieu $z = \dfrac{p}{q}$, ce qui donne

$$l\frac{p}{q} = 2le\left\{\frac{p-q}{p-q} + \tfrac{1}{3}\left(\frac{p-q}{p+q}\right)^3 + \text{etc.}\right\},$$

puis supposer

$$p = x^4 - 25x^2 = x^2(x+5)(x-5)$$
$$q = x^4 - 25x^2 + 144 = (x+3)(x-3)(x+4)(x-4),$$

et l'on aura

$$2lx + l(x+5) + l(x-5) - l(x+3) - l(x-3) \atop - l(x+4) - l(x-4) \Big\} =$$

$$- 2le \left\{ \frac{72}{x^4 - 25x^2 + 72} + \tfrac{1}{3}\left(\frac{72}{x^4 - 25x^2 + 72}\right)^3 + \text{etc.} \right\},$$

d'où l'on tirera la valeur de $l(x+5)$ au moyen de celle de $l(x+4)$, $l(x+3)$, lx, $l(x-3)$, $l(x-4)$, $l(x-5)$. La série est très-convergente dès que le nombre x devient un peu grand; son second terme, lorsque $x = 1000$, est seulement

$$0,00000 \ 00000 \ 00000 \ 00000 \ 00000 \ 00000 \ 12.$$

102. Nous allons terminer en montrant comment, sans la considération des logarithmes, on déduiroit immédiatement de l'équation $y = a^x$, le développement de x en y. On peut donner à ce développement la forme

$$x = A(y-1) + B(y-1)^2 + C(y-1)^3 + \text{etc.}$$

puisque x doit s'évanouir lorsque $y = 1$; et faisant $y - 1 = u$, on aura

$$x = Au + Bu^2 + Cu^3 + \text{etc.}$$

désignant aussi par w la valeur de $y - 1$ ou de u, correspondante à une valeur de x représentée par z, nous aurons également

$$z = Aw + Bw^2 + Cw^3 + \text{etc.}$$

et par conséquent

$$\frac{x-z}{u-w} = A + B(u+w) + C(u^2 + uw + w^2) + \text{etc.}$$

L'équation $y = a^x$ donne

$$y - 1 \quad \text{ou} \quad u = a^x - 1,$$

d'où il suit

$$w = a^z - 1 \quad \text{et} \quad u - w = a^x - a^z = a^z (a^{x-z} - 1);$$

or, on a trouvé (92)

$$\frac{a^z (a^{x-z} - 1)}{x - z} =$$

$$a^z \left\{ b + \frac{(x-z-1)}{2} b^2 + \frac{(x-z-1)(x-z-2)}{2 \cdot 3} b^3 + \text{etc.} \right\}$$

tirant de cette équation la valeur de $\dfrac{x-z}{a^z (a^{x-z} - 1)}$, on l'égalera à la série

$$A + B (u + w) + \text{etc.}$$

supposant ensuite $x = z$, d'où il résulte $u = w$, on aura

$$\frac{1}{a^z \left(b - \dfrac{b^2}{2} + \dfrac{b^3}{3} - \dfrac{b^4}{4} + \text{etc.} \right)} =$$

$$A + 2 B u + 3 C u^2 + 4 D u^3 + \text{etc.}$$

mettant k au lieu de $b - \dfrac{b^2}{2} + \dfrac{b^3}{3} - \dfrac{b^4}{4} + \text{etc.}$ et $1 + u$ au lieu de a^x, il viendra

$$\frac{1}{k (1 + u)} = A + 2 B u + 3 C u^2 + 4 D u^3 + \text{etc.}$$

ou en faisant disparoître le dénominateur, et passant tout dans un seul membre,

$$\left. \begin{array}{l} A k + 2 B k u + 3 C k u^2 + 4 D k u^3 + \text{etc.} \\ -1 + \quad A k u + 2 B k u^2 + 3 C k u^3 + \text{etc.} \end{array} \right\} = 0,$$

équation de laquelle on tire

$$A = \frac{1}{k}, \quad B = -\frac{1}{2k}, \quad C = \frac{1}{3k}, \quad D = -\frac{1}{4k}, \quad \text{etc.}$$

et par conséquent

$$x = \frac{1}{k}\left\{ \frac{(y-1)}{1} - \frac{(y-1)^2}{2} + \frac{(y-1)^3}{3} - \text{etc.} \right\}$$

Si a est la base du système des logarithmes, on aura donc, comme ci-dessus (95),

$$\mathrm{l}y = \frac{1}{k}\left\{ \frac{(y-1)}{1} - \frac{(y-1)^2}{2} + \frac{(y-1)^3}{3} - \text{etc.} \right\}$$

Du retour des suites.

103. Le fréquent usage que nous avons fait dans ce qui précède, de la méthode des coefficiens indéterminés, nous permettra d'exposer en peu de mots celle du retour des suites, qui sert à trouver l'expression d'une quantité engagée dans une série dont la valeur est donnée.

Soit $y = \alpha + a x + b x^2 + c x^3 + d x^4 +$ etc. pour obtenir x en y, on passera le terme α dans le premier membre, et faisant pour abréger, $y - \alpha = z$, il viendra

$$z = a x + b x^2 + c x^3 + d x^4 + \text{etc.} \dots \dots (1).$$

La supposition de $x = 0$ donnant $z = 0$, il est facile d'en conclure que l'on peut faire

$$x = A z + B z^2 + C z^3 + D z^4 + \text{etc.} \dots \dots (2);$$

les coefficiens A, B, C, D, etc. indépendans de x, se détermineront au moyen des équations qu'on obtiendra après avoir substitué au lieu des puissances de x, dans l'équation (1), celle de la série (2) (*), passé tous les termes dans un seul membre, et égalé séparément à zéro les quantités qui multiplient chaque puissance de z. Voici le résultat de la substitution :

***

(*) Ces puissances peuvent se trouver par des multiplications successives ou par les formules du n°. 73.

$$\left.\begin{array}{l}
ax = a\,Az + a\,Bz^2 + \quad aCz^3 + \quad aDz^4 + \text{etc.}\\
+\,bx^2 = \ldots\ldots + bA^2z^2 + 2b\,ABz^3 + 2\,bACz^4 + \text{etc.}\\
\qquad\qquad\qquad\qquad\qquad + bB^2z^4\\
+\,cx^3 = \ldots\ldots\ldots\ldots + cA^3 z^3 + 3cA^2Bz^4 + \text{etc.}\\
+\,dx^4 = \ldots\ldots\ldots\ldots\ldots + dA^4 z^4 + \text{etc.}\\
\ldots\ldots\ldots\ldots\ldots\ldots\ldots\ldots\ldots\ldots\ldots\\
-z = -z
\end{array}\right\} = 0.$$

En égalant à zéro les coefficiens de z, de z^2, de z^3, etc.
on trouve

$$aA - 1 = 0,\; aB + bA^2 = 0,\; aC + 2bAB + cA^3 = 0,$$
$$aD + 2bAC + bB^2 + 3cA^2B + dA^4 = 0,\text{ etc.}$$

ces équations donnent

$$A = \frac{1}{a},\quad B = -\frac{b}{a^3},\quad C = \frac{2b^2 - ac}{a^5},$$
$$D = -\frac{5b^3 - 5abc + a^2 d}{a^7},\text{ etc.}$$

et on a par conséquent

$$x = \frac{1}{a}z - \frac{b}{a^3}z^2 + \frac{2b^2 - ac}{a^5}z^3$$
$$- \frac{5b^3 - 5abc + a^2 d}{a^7}z^4 + \text{etc.}$$

104. Proposons-nous pour exemple de tirer par ce
moyen la valeur de x de la série

$$y = 1 + \frac{x}{1} + \frac{x^2}{1 \cdot 2} + \frac{x^3}{1 \cdot 2 \cdot 3} + \frac{x^4}{1 \cdot 2 \cdot 3 \cdot 4} + \text{etc.}$$

dans laquelle $y = e^x$ (94); nous aurons

$$z = y - 1,$$

et

$$a = 1,\quad b = \frac{1}{1 \cdot 2},\quad c = \frac{1}{1 \cdot 2 \cdot 3},\quad d = \frac{1}{1 \cdot 2 \cdot 3 \cdot 4},\text{ etc.}$$

d'où nous tirerons

$$A = 1, \quad B = -\tfrac{1}{2}, \quad C = \tfrac{1}{3}, \quad D = -\tfrac{1}{4}, \quad \text{etc.}$$

et

$$x = \frac{(y-1)}{1} - \frac{(y-1)^2}{2} + \frac{(y-1)^3}{3} - \text{etc.}$$

ce qui s'accorde avec l'expression du n°. 96, en y faisant k ou $le = 1$. On tireroit de même la valeur de y en x de la série

$$x = \frac{(y-1)}{1} - \frac{(y-1)^2}{2} + \frac{(y-1)^3}{3} - \text{etc.}$$

en supposant $y-1 = z$ et $z = Ax + Bx^2 + Cx^3 +$ etc. Nous laissons au lecteur à s'exercer sur ce calcul; les coefficiens A, B, C, etc, étant déterminés, on remettra $y-1$ pour z, et il viendra

$$y = 1 + Ax + Bx^2 + Cx^3 + \text{etc.}$$

105. Si on avoit l'équation

$$\alpha y + \beta y^2 + \gamma y^3 + \delta y^4 + \text{etc.} = ax + bx^2 + cx^3 + dx^4 + \text{etc.}$$

formée par deux séries, et qu'on voulût obtenir l'expression de y, on supposeroit

$$y = Ax + Bx^2 + Cx^3 + Dx^4 + \text{etc.}$$

et on opéreroit comme précédemment, après avoir passé tous les termes du premier membre dans le second. Nous insistons peu sur ces calculs, parce qu'ils ne conduisent qu'à des formules dont on n'apperçoit pas facilement la loi.

Des Fractions continues.

Obs. Cet article est, à quelques légers chan‑
gemens près, le premier paragraphe des addi‑
tions faites par Lagrange à l'Algèbre d'Euler.

106. Pour approcher de la valeur de l'inconnue dans
une équation d'un degré quelconque, nous avons pres‑
crit (*Elém.* 225) de faire successivement

$$x = a + \frac{1}{y}, \quad y = b + \frac{1}{y'}, \quad y' = b' + \frac{1}{y''},$$

$$y'' = b'' + \frac{1}{y'''}, \text{ etc.}$$

a, b, b', b'', etc. étant les nombres entiers immédiate‑
ment inférieurs aux vraies valeurs des quantités x, y,
y', y'', etc. Si dans la valeur de x on met celle de y,
tirée de la seconde équation, il viendra

$$x = a + \cfrac{1}{b + \cfrac{1}{y'}};$$

substituant dans cette expression, pour y', sa valeur
prise dans la troisième équation, on aura

$$x = a + \cfrac{1}{b + \cfrac{1}{b' + \cfrac{1}{y''}}} :$$

chassant y'' au moyen de la quatrième équation, on par‑
viendra à

$$x = a + \cfrac{1}{b + \cfrac{1}{b' + \cfrac{1}{b'' + \cfrac{1}{y'''}}}},$$

et ainsi de suite.

La fraction qui accompagne l'entier a dans cette ex‑

pression, semblable à celles que nous avons fait connoître en Arithmétique (163), est une *fraction continue*; et l'on comprend en général sous ce nom toute fraction dont le dénominateur est composé d'un entier plus une fraction, laquelle a encore pour dénominateur un entier plus une fraction, et ainsi de suite.

On rencontre les fractions continues sous deux formes différentes : les unes ont, comme la précédente, l'unité à tous les numérateurs des fractions *intégrantes*; et les autres ont des dénominateurs et des numérateurs quelconques ; telle est la suivante :

$$\alpha + \cfrac{b}{\beta + \cfrac{c}{\gamma + \cfrac{d}{\delta + \text{etc.}}}}$$

mais nous ne nous occuperons que des premières, les autres étant plus curieuses qu'utiles.

107. En rapprochant le n°. 163 de l'*Arithmétique* et les n°ˢ. 225 et 242 des *Elémens*, on voit que « les fractions » continues se présentent naturellement toutes les fois » qu'il s'agit d'exprimer en nombres des quantités qu'on » ne peut obtenir que par des approximations succes- » sives. En effet, supposons qu'on ait à évaluer une » quantité quelconque donnée a, qui ne soit pas ex- » primable par un nombre entier; la voie la plus simple » est de commencer par chercher le nombre entier qui » sera le plus proche de la valeur de a, et qui n'en » différera que par une fraction moindre que l'unité. » Soit ce nombre α, et l'on aura $a - \alpha$ égal à une frac- » tion plus petite que l'unité; de sorte que $\dfrac{1}{a-\alpha}$ sera au » contraire un nombre plus grand que l'unité. Soit donc » $\dfrac{1}{a-\alpha} = b$, et comme b doit être un nombre plus grand

» que l'unité, on pourra chercher de même le nombre
» entier qui approchera le plus de la valeur de b; et ce
» nombre étant nommé β, on aura de nouveau $b - \beta$
» égal à une fraction plus petite que l'unité, et par con-

» séquent $\dfrac{1}{b - \beta}$ sera égal à une quantité plus grande que

» l'unité, qu'on pourra désigner par c: ainsi, pour éva-
» luer c, il n'y aura qu'à chercher pareillement le nom-
» bre entier le plus proche de c, lequel étant désigné
» par γ, on aura $c - \gamma$ égal à une quantité plus petite

» que l'unité, et par conséquent $\dfrac{1}{c - \gamma}$ sera égal à une

» quantité d plus grande que l'unité, et ainsi de suite.
» Par ce moyen, il est clair qu'on doit épuiser peu à peu
» la valeur de a, et cela de la manière la plus simple et
» la plus prompte qu'il est possible, puisqu'on n'emploie
» que des nombres entiers dont chacun approche, autant
» qu'il est possible, de la valeur cherchée.

» Maintenant, puisque $\dfrac{1}{a - \alpha} = b$, on aura

$$a - \alpha = \frac{1}{b} \quad \text{et} \quad a = \alpha + \frac{1}{b};$$

» de même, à cause de $\dfrac{1}{b - \beta} = c$, on aura

$$b = \beta + \frac{1}{c};$$

» et à cause de $\dfrac{1}{c - \gamma} = d$, on aura pareillement

$$c = \gamma + \frac{1}{d},$$

» et ainsi de suite; de sorte qu'en substituant successi-
» vement ces valeurs, on aura

$$a = \alpha + \frac{1}{b},$$

$$= \alpha + \frac{1}{\beta} + \frac{1}{c},$$

$$= \alpha + \frac{1}{\beta} + \frac{1}{\gamma} + \frac{1}{d};$$

» et en général

$$a = \alpha + \frac{1}{\beta} + \frac{1}{\gamma} + \frac{1}{\delta} + \text{etc.}$$

» Il est bon de remarquer ici que les nombres α, β,
» γ, etc. qui représentent, comme nous venons de le
» voir, les valeurs entières approchées des quantités a,
» b, c, etc. peuvent être pris chacun de deux manières
» différentes, puisqu'on peut prendre également pour
» la valeur entière approchée d'une quantité donnée,
» l'un ou l'autre des deux nombres entiers entre lesquels
» se trouve cette quantité; il y a cependant une différence
» essentielle entre ces deux manières de prendre les va-
» leurs approchées, par rapport à la fraction continue
» qui en résulte; car si on prend toujours les valeurs
» approchées plus petites que les véritables, les dénomi-
» nateurs β, γ, δ, etc. seront tous positifs ; au lieu
» qu'ils seront tous négatifs, si on prend les valeurs ap-
» prochées toutes plus grandes que les véritables, et ils
» seront en partie positifs et en partie négatifs, si les
» valeurs approchées sont prises tantôt trop petites et
» tantôt trop grandes.

» En effet, si α est plus petit que a, $a - \alpha$ sera une
» quantité positive; donc b sera positif, et β le sera aussi ;
» au contraire, $a - \alpha$ sera négatif, si α est plus grand
» que a : donc b sera négatif, et β le sera aussi. De même

» si β est plus petit que b, $b - \beta$ sera toujours une quan-
» tité positive; donc c le sera aussi, et par conséquent
» aussi γ : mais si β est plus grand que b, $b - \beta$ sera
» une quantité négative; de sorte que c, et par consé-
» quent aussi γ, seront négatifs, et ainsi de suite.

» Au reste, lorsqu'il s'agit de quantités négatives,
» j'entends par quantités plus petites celles qui, prises
» positivement, seroient plus grandes.

» Je dois remarquer encore que si parmi les quantités
» a, b, c, d, etc. il s'en trouve une qui soit égale à un
» nombre entier, alors la fraction continue sera termi-
» née, parce qu'on pourra y conserver cette quantité
» même. Par exemple, si c est un nombre entier, la
» fraction continue qui donne la valeur de a sera

$$a = \alpha + \frac{1}{\beta} + \frac{1}{c}.$$

» En effet, il est clair qu'il faudroit prendre $\gamma = c$,
» ce qui donneroit

$$d = \frac{1}{c - \gamma} = \frac{1}{0} = \infty \; (*),$$

» et par conséquent $\delta = \infty$; de sorte que l'on auroit

$$a = \alpha + \frac{1}{\beta} + \frac{1}{\gamma} + \frac{1}{\infty},$$

» les termes suivans s'évanouissant vis-à-vis de la quan-
» tité infinie ∞ : or, $\frac{1}{\infty} = 0$; donc on aura simplement

---

(*) Le caractère ∞ est, comme on voit, celui dont les analystes
se servent pour désigner une quantité infinie, ou ce que devient une
fraction dont le dénominateur s'évanouit (*Élémens* 101).

$$a = \alpha + \cfrac{1}{\beta + \cfrac{1}{\gamma}}.$$

» Ce cas arrivera toutes les fois que la quantité a sera
» commensurable, c'est-à-dire, qu'elle sera exprimée
» par une fraction rationnelle; mais lorsque a sera une
» quantité irrationnelle, alors la fraction continue ira
» nécessairement à l'infini.

»108. Supposons que la quantité a soit une fraction
» ordinaire $\dfrac{A}{B}$, A et B étant des nombres entiers donnés;
» il est d'abord évident que le nombre entier α qui ap-
» prochera le plus de $\dfrac{A}{B}$, sera le quotient de la division
» de A par B; ainsi, supposant la division faite à la
» manière ordinaire, et nommant α le quotient et C le
» reste, on aura

$$\frac{A}{B} - \alpha = \frac{C}{B};$$

» donc $b = \dfrac{B}{C}$; pour avoir de même la valeur entière
» approchée β de la fraction $\dfrac{B}{C}$, il n'y aura qu'à diviser
» B par C, et prendre pour β le quotient de cette divi-
» sion; alors nommant D le reste, on aura

$$b - \beta = \frac{D}{C},$$

» et par conséquent

$$c = \frac{C}{D};$$

» on continuera donc à diviser C par D, et le quotient
» sera la valeur du nombre γ, et ainsi de suite; d'où
» résulte cette règle fort simple pour réduire les fractions
» ordinaires en fractions continues :

2.   O

» *Divisez d'abord le numérateur de la fraction propo-*
» *sée par son dénominateur, et nommez le quotient α;*
» *divisez ensuite le dénominateur par le reste, et nommez*
» *le quotient β; divisez après cela le premier reste par*
» *le second reste, et soit le quotient γ; continuez ainsi*
» *en divisant toujours l'avant-dernier reste par le der-*
» *nier, jusqu'à ce qu'il se présente une division qui se*
» *fasse sans reste, ce qui doit nécessairement arriver,*
» *puisque les restes sont tous des nombres entiers qui vont*
» *en diminuant; vous aurez la fraction continue*

$$\alpha + \cfrac{1}{\beta + \cfrac{1}{\gamma + \cfrac{1}{\delta + \text{etc.}}}}$$

» *qui sera égale à la fraction donnée.*

» 109. Soit proposé de réduire en fraction continue
» la fraction $\frac{1103}{887}$. On divisera donc 1103 par 887, on
» aura le quotient 1 et le reste 216 ; on divisera 887
» par 216, on aura le quotient 4 et le reste 23; on divi-
» sera 216 par 23, ce qui donnera le quotient 9 et le
» reste 9; on divisera encore 23 par 9, on aura le quo-
» tient 2 et le reste 5; on divisera 9 par 5, on aura le
» quotient 1 et le reste 4; on divisera 5 par 4, on aura
» le quotient 1 et le reste 1; enfin, divisant 4 par 1; on
» aura le quotient 4 et le reste nul, de sorte que l'opé-
» ration sera terminée. Rassemblant donc par ordre tous
» les quotiens trouvés, on aura cette série : 1, 4, 9, 2,
» 1, 1, 4, d'où l'on formera la fraction continue

$$\frac{1103}{887} = 1 + \cfrac{1}{4 + \cfrac{1}{9 + \cfrac{1}{2 + \cfrac{1}{1 + \cfrac{1}{1 + \cfrac{1}{4}}}}}}$$

» 110. Comme dans la manière ordinaire de faire les
» divisions, on prend toujours pour quotient le nombre
» entier qui est égal ou moindre que la fraction proposée,
» il s'ensuit que, par la méthode précédente, on n'aura
» que des fractions continues dont tous les dénominateurs
» seront des nombres positifs.

» Or, on peut aussi prendre pour quotient le nombre
» entier qui est immédiatement plus grand que la valeur
» de la fraction, lorsque cette fraction n'est pas réduc-
» tible à un nombre entier, et pour cela, il n'y a qu'à
» augmenter d'une unité la valeur du quotient trouvé à
» la manière ordinaire ; alors le reste sera négatif, et le
» quotient suivant sera nécessairement négatif. Ainsi on
» pourra, à volonté, rendre les termes de la fraction
» continue positifs ou négatifs.

» Dans l'exemple précédent, au lieu de prendre 1 pour
» le quotient de 1103 divisé par 887, je puis prendre 2;
» mais j'aurai le reste négatif —671, par lequel il faudra
» maintenant diviser 887 : on divisera donc 887 par
» —671, et l'on aura ou le quotient —1 et le reste 216,
» ou le quotient —2 et le reste —455. Prenons le quo-
» tient plus grand —1, et alors il faudra diviser le reste
» —671 par le reste 216, d'où l'on aura ou le quotient
» —3 et le reste —23, ou le quotient —4 et le reste
» 193. Je continue la division en adoptant le quotient plus
» grand —3; j'aurai à diviser le reste 216 par le reste
» —23, ce qui me donnera ou le quotient —9 et le reste
» 9, ou le quotient —10 et le reste —14, et ainsi de suite.

» De cette manière on aura

$$\frac{1103}{887} = 2 + \cfrac{1}{-1 + \cfrac{1}{-3 + \cfrac{1}{-9 + \text{etc.}}}}$$

» où l'on voit que tous les dénominateurs sont négatifs

» 111. On peut au reste rendre positif chaque déno-
» minateur négatif, en changeant le signe du numéra-
» teur ; mais il faut alors changer aussi le signe du nu-
» mérateur suivant ; car il est clair qu'on a

$$\mu + \cfrac{1}{-\nu + \cfrac{1}{\pi + \text{etc.}}} = \mu - \cfrac{1}{\nu - \cfrac{1}{\pi + \text{etc.}}}$$

» Ensuite on pourra , si l'on veut , faire disparoître
» tous les signes — de la fraction continue, et la réduire
» à une autre où tous les termes soient positifs ; car on a
» en général

$$\mu - \cfrac{1}{\nu + \text{etc.}} = \mu - 1 + \cfrac{1}{1 + \cfrac{1}{\nu - 1 + \text{etc.}}}$$

» comme on peut s'en convaincre aisément, en réduisant
» ces deux quantités en fractions ordinaires.

» On pourroit aussi , par un moyen semblable, intro-
» duire des termes négatifs à la place des positifs, car
» on a

$$\mu + \cfrac{1}{\nu + \text{etc.}} = \mu + 1 - \cfrac{1}{1 + \cfrac{1}{\nu - 1 + \text{etc.}}}$$

» d'où l'on voit que, par ces sortes de transformations ,
» on peut quelquefois simplifier une fraction continue,
» et la réduire à un moindre nombre de termes ; ce qui
» aura lieu toutes les fois qu'il y aura des dénominateurs
» égaux à l'unité positive ou négative.

» En général, il est clair que, pour avoir la fraction
» continue la plus convergente qu'il est possible vers la
» valeur de la quantité donnée, il faut toujours prendre
» pour α, β, γ, etc. les nombres entiers qui approchent
» le plus des quantités a, b, c, etc. soit qu'ils soient plus
» petits ou plus grands que ces quantités : or, il est facile

» de voir que si, par exemple, on ne prend pas pour α
» le nombre entier qui approche le plus, soit en excès
» ou en défaut de a, le nombre suivant β sera nécessaire-
» ment égal à l'unité. En effet, la différence entre a
» et α sera alors plus grande que $\frac{1}{2}$, par conséquent on

» aura $b = \dfrac{1}{a - \alpha}$, plus petit que 2 : donc β ne pourra

» être qu'égal à l'unité.

» Ainsi, toutes les fois que, dans une fraction conti-
» nue, on trouvera des dénominateurs égaux à l'unité,
» ce sera une marque que l'on n'a pas pris les dénomi-
» nateurs précédens aussi approchans qu'il est possible,
» et que par conséquent la fraction peut se simplifier en
» augmentant ou en diminuant ces dénominateurs d'une
» unité; ce qu'on pourra exécuter par les formules pré-
» cédentes , sans être obligé de refaire en entier le
» calcul.

» 112. La méthode du n°. 108 peut servir aussi à ré-
» duire en fraction continue toute quantité quelconque,
» pourvu qu'elle soit auparavant exprimée en décimales;
» mais comme la valeur en décimales ne peut être qu'ap-
» prochée, et qu'en augmentant d'une unité le dernier
» caractère, on a deux limites entre lesquelles doit se
» trouver la vraie valeur de la quantité proposée, il
» faudra, pour ne pas sortir de ces limites, faire à la
» fois le même calcul sur les deux fractions dont il s'a-
» git, et n'admettre ensuite dans la fraction continue
» que les quotiens qui résulteront également des deux
» opérations.

» Soit, par exemple , proposé d'exprimer par une
» fraction continue la racine quarrée de 2 , dont la valeur
» en décimales est entre 1,414213 et 1,414214, on aura

» à réduire en fractions continues les fractions ordinaires
» suivantes : $\frac{1414211}{1000000}$, $\frac{1414212}{1000000}$; on trouvera pour toutes deux
» les 6 premiers quotiens égaux à deux, mais le 7e seroit
» 3 pour l'une et 1 pour l'autre : on a donc de cette
» manière

$$\sqrt{2} = 1 + \cfrac{1}{2 + \cfrac{1}{2 + \cfrac{1}{2 + \cfrac{1}{2 + \cfrac{1}{2 + \cfrac{1}{2 + \text{etc.}}}}}}}$$

» Au reste , il est à propos de remarquer que, quelque
» nombre de décimales qu'on ait dans la valeur de la
» racine quarrée de 2, la fraction continue conserve la
» même forme , comme nous le prouverons plus bas.

» 113. Occupons-nous encore de la fraction déci-
» male qui exprime le rapport de la circonférence du
» cercle au diamètre.

» Ce rapport exprimé en décimales est, par le calcul
» de Viète, 3,1415926535..... de sorte qu'on aura la
» fraction $\frac{31415926535}{10000000000}$ à réduire en fraction continue par
» la méthode ci-dessus : or, si on ne prend que la frac-
» tion $\frac{314159}{100000}$, on trouve les quotiens 3, 7, 15, 1, etc. et
» si on prenoit la fraction plus grande $\frac{314160}{100000}$, on trouve-
» roit les quotiens 3, 7, 16, etc. de sorte que le troi-
» sième quotient demeureroit incertain ; d'où l'on voit
» que pour pouvoir pousser seulement la fraction con-
» tinue au-delà de trois termes, il faudra nécessairement
» adopter une valeur de la circonférence qui ait plus de
» six caractères.

» Si on prend la valeur donnée par Ludolph (Van
» Ceulen) en trente-cinq caractères, et qui est

3, 14159 26535 89793 23846 26433 83279 50288 ,

» et qu'on opère en même temps sur cette fraction et sur
» la même, en y augmentant le dernier caractère 8 d'une
» unité, on trouvera cette suite de quotiens: 3, 7, 15,
» 1, 292, 1, 1, 1, 2, 1, 3, 1, 14, 2, 1, 1, 2, 2, 2, 2,
» 1, 84, 2, 1, 1, 15, 3, 13, 1, 4, 2, 6, 6, 1; de
» sorte que l'on aura

$$\frac{circonf.}{diamètr.} = 3 + \frac{1}{7} + \cfrac{1}{15 + \cfrac{1}{1 + \cfrac{1}{292 + \cfrac{1}{1 + \cfrac{1}{1}}}}} + \text{etc.}$$

» Comme il y a ici des dénominateurs égaux à l'unité,
» on pourra simplifier la fraction, en y introduisant des
» termes négatifs, par les formules du n°. 111, et l'on
» trouvera

$$\frac{circonf.}{diamètr.} = 3 + \frac{1}{7} + \cfrac{1}{16 - \cfrac{1}{294 - \cfrac{1}{3 - \cfrac{1}{5}}}} + \text{etc.}$$

» ou bien

$$\frac{circonf.}{diamètr.} = 3 + \frac{1}{7} + \cfrac{1}{16 + \cfrac{1}{-294 + \cfrac{1}{3 + \cfrac{1}{-3}}}} + \text{etc.}$$

» 114. Après avoir expliqué la génération des frac-
» tions continues, nous allons en montrer les usages et
» les principales propriétés.

» Il est d'abord évident que plus on prend de termes
» dans une fraction continue, plus on doit approcher de
» la vraie valeur de la quantité qu'on a exprimée par
» cette fraction; de sorte que si on s'arrête successive-
» ment à chaque terme de la fraction, on aura une suite

O 4

» de quantités qui seront nécessairement convergentes
» vers la quantité proposée.

» Ainsi, ayant réduit la valeur de a à la fraction con-
» tinue

$$\alpha + \frac{1}{\beta} + \frac{1}{\gamma} + \frac{1}{\delta} + \text{etc.}$$

» on aura les quantités

$$\alpha, \quad \alpha + \frac{1}{\beta}, \quad \alpha + \frac{1}{\beta} + \frac{1}{\gamma}, \quad \text{etc.}$$

» ou bien, en réduisant,

$$\alpha, \quad \frac{\alpha\beta + 1}{\beta}, \quad \frac{\alpha\beta\gamma + \alpha + \gamma}{\beta\gamma + 1}, \quad \text{etc.}$$

» qui approcheront de plus en plus de la valeur de a.

» Pour pouvoir mieux juger de la loi et de la conver-
» gence de ces quantités, nous remarquerons que, par
» les formules du n°. 107, on a

$$a = \alpha + \frac{1}{b}, \quad b = \beta + \frac{1}{c}, \quad c = \gamma + \frac{1}{d}, \quad \text{etc.}$$

» d'où l'on voit d'abord que α est la première valeur ap-
» prochée de a; qu'ensuite, si on prend la valeur exacte
» de a, qui est $\dfrac{\alpha b + 1}{b}$, et qu'on y substitue pour b sa
» valeur approchée β, on aura cette valeur plus appro-
» chée $\dfrac{\alpha\beta + 1}{\beta}$; qu'on aura de même une troisième
» valeur plus approchée de a, en mettant d'abord pour
» b sa valeur exacte $\dfrac{\beta c + 1}{c}$, ce qui donne

$$a = \frac{(\alpha\beta + 1)c + \alpha}{\beta c + 1},$$

» et prenant ensuite pour c la valeur approchée γ; par
» ce moyen, la nouvelle valeur approchée de a sera

$$\frac{(\alpha\beta+1)\gamma+\alpha}{\beta\gamma+1}:$$

» continuant le même raisonnement, on pourra appro-
» cher davantage, en mettant dans l'expression de a
» trouvée ci-dessus, à la place de c, sa valeur exacte
» $\dfrac{\gamma\,d+1}{d}$, ce qui donnera

$$a=\frac{((\alpha\beta+1)\gamma+\alpha)d+\alpha\beta+1}{(\beta\gamma+1)d+\beta},$$

» et prenant ensuite pour d sa valeur approchée δ; de
» sorte qu'on aura pour la quatrième approximation la
» quantité

$$\frac{((\alpha\beta+1)\gamma+\alpha)\delta+\alpha\beta+1}{(\beta\gamma+1)\delta+\beta},$$

» et ainsi de suite.

» De-là il est facile de voir que si par le moyen des
» nombres α, β, γ, δ, etc. on forme les expressions
» suivantes :

$$
\begin{aligned}
A &= \alpha & A' &= 1\\
B &= \beta A+1 & B' &= \beta\\
C &= \gamma B+A & C' &= \gamma B'+A'\\
D &= \delta C+B & D' &= \delta C'+B'\\
E &= \epsilon D+C & E' &= \epsilon D'+C'\\
&\text{etc.} & &\text{etc.}
\end{aligned}
$$

» on aura cette suite de fractions convergentes vers la
» quantité a :

$$\frac{A}{A'},\quad \frac{B}{B'},\quad \frac{C}{C'},\quad \frac{D}{D'},\quad \frac{E}{E'},\quad \frac{F}{F'},\quad \text{eto.}$$

» Si la quantité a est rationnelle, et représentée par

» une fraction quelconque $\dfrac{V}{V'}$, il est évident que cette
» fraction sera toujours la dernière dans la série précé-
» dente; puisque dans ce cas la fraction continue sera
» terminée, et que la dernière fraction de la série ci-des-
» sus doit toujours équivaloir à toute la fraction con-
» tinue.

» Mais si la quantité a est irrationnelle, alors la frac-
» tion continue allant nécessairement à l'infini, on pourra
» aussi pousser à l'infini la série des fractions conver-
» gentes.

» 115. Examinons maintenant la nature de ces frac-
» tions; et d'abord il est visible que les nombres A, B,
» C, etc. doivent aller en augmentant, aussi bien que
» les nombres A', B', C', etc. car, 1°. si les nombres
» α, β, γ, etc. sont tous positifs, les nombres A, B,
» C, etc. A', B', C', etc. seront aussi tous positifs, et
» l'on aura évidemment

$$B > A, \quad C > B, \quad D > C, \quad \text{etc.}$$

» et

$$B' = \text{ou} > A', \quad C' > B', \quad D' > C', \quad \text{etc.}$$

» 2°. Si les nombres α, β, γ, etc. sont tous ou en partie
» négatifs, alors parmi les nombres A, B, C, etc. et
» A', B', C', etc. il y en aura de positifs et de négatifs;
» mais dans ce cas, on considérera que l'on a en général
» par les formules précédentes,

$$\frac{B}{A} = \beta + \frac{1}{\alpha}, \quad \frac{C}{B} = \gamma + \frac{A}{B}, \quad \frac{D}{C} = \delta + \frac{B}{C}, \quad \text{etc.}$$

» d'où l'on voit d'abord que si les nombres α, β, γ, etc.
» sont différens de l'unité, quels que soient d'ailleurs
» leurs signes, on aura nécessairement, en faisant abs-

» traction des signes, $\dfrac{B}{A}$ plus grand que l'unité; donc $\dfrac{A}{B}$

» moindre que l'unité, par conséquent $\dfrac{C}{B}$ plus grand que

» l'unité, et ainsi de suite : donc B plus grand que A,
» C plus grand que B, etc.

» Il n'y aura d'exception que lorsque parmi les nom-
» bres α, β, γ, etc. il s'en trouvera d'égaux à l'unité.
» Supposons, par exemple, que le nombre γ soit le pre-
» mier qui soit égal à ± 1; on aura d'abord B plus grand
» que A, mais C sera moindre que B, s'il arrive que la

» fraction $\dfrac{A}{B}$ soit de signe différent de γ, ce qui est clair

» par l'équation $\dfrac{C}{B} = \gamma + \dfrac{A}{B}$, parce que dans ce cas,

» $\gamma + \dfrac{A}{B}$ sera un nombre moindre que l'unité; or, je

» dis qu'alors on aura nécessairement D plus grand que
» B; car puisque $\gamma = \pm 1$, on aura (113)

$$c = \pm 1 + \frac{1}{d} \quad \text{et} \quad c - \frac{1}{d} = \pm 1:$$

» or, comme c et d sont des quantités plus grandes que
» l'unité (107), il est clair que cette équation ne pourra
» subsister, à moins que c et d ne soient de même signe ;
» donc, puisque γ et δ sont les valeurs entières appro-
» chées de c et d, ces nombres γ et δ devront être aussi

» de même signe ; mais la fraction $\dfrac{C}{B} = \gamma + \dfrac{A}{B}$ doit être

» de même signe que γ, à cause que γ est un nombre

» entier, et $\dfrac{A}{B}$ une fraction moindre que l'unité; donc

» $\dfrac{C}{B}$ et δ seront des quantités de même signe; par con-

» séquent $\dfrac{\delta\,C}{B}$ sera une quantité positive. Or, on a

$$\frac{D}{C}=\delta+\frac{B}{C} :$$

» donc multipliant par $\dfrac{C}{B}$, on aura

$$\frac{D}{B}=\delta\,\frac{C}{B}+1 ;$$

» donc $\dfrac{\delta\,C}{B}$ étant une quantité positive, il est clair que

» $\dfrac{D}{B}$ sera plus grande que l'unité ; donc D sera plus

» grand que B.

» De-là on voit que s'il arrive que dans la série A, B,
» C, etc. il se trouve un terme qui soit moindre que le
» précédent, le terme suivant sera nécessairement plus
» grand ; de sorte qu'en mettant à part ces termes plus
» petits, la série ne laissera pas d'aller en augmentant.

» Au reste, on pourra toujours éviter, si l'on veut,
» cet inconvénient, soit en prenant les nombres α, β,
» γ, etc. tous positifs, soit en les prenant tous différens
» de l'unité, ce qui est toujours possible.

» On fera les mêmes raisonnemens par rapport à la
» série A^{1}, B^{1}, C^{1}, etc. dans laquelle on a pareillement

$$\frac{B^{1}}{A^{1}}=\beta, \qquad \frac{C^{1}}{B^{1}}=\gamma+\frac{A^{1}}{B^{1}}, \qquad \frac{D^{1}}{C^{1}}=\delta+\frac{B^{1}}{C^{1}}, \qquad \text{etc.}$$

» d'où l'on déduira des conclusions semblables aux pré-
» cédentes.

» 116. Maintenant si on multiplie en croix les termes

» des fractions voisines dans la série $\dfrac{A}{A^{1}}$, $\dfrac{B}{B^{1}}$, $\dfrac{C}{C^{1}}$, etc.

» on trouvera

$$BA^1 - AB^1 = 1, \qquad CB^1 - BC^1 = AB^1 - BA^1,$$
$$DC^1 - CD^1 = BC^1 - CB^1, \text{ etc.}$$

» d'où je conclus qu'on aura en général

$$BA^1 - AB^1 = 1$$
$$CB^1 - BC^1 = -1$$
$$DC^1 - CD^1 = 1$$
$$ED^1 - DE^1 = -1$$

etc.

» Cette propriété est très-remarquable, et donne lieu à
» plusieurs conséquences importantes.

» D'abord on voit que les fractions $\dfrac{A}{A^1}$, $\dfrac{B}{B^1}$, $\dfrac{C}{C^1}$, etc.

» doivent être déjà réduites à leurs moindres termes; car
» si, par exemple, C et C^1 avoient un commun diviseur
» autre que l'unité, le nombre entier $CB^1 - BC^1$ seroit
» aussi divisible par ce même diviseur, ce qui ne se peut,
» à cause de $CB^1 - BC^1 = -1$.

» Ensuite si on met les équations précédentes sous
» cette forme :

$$\frac{B}{B^1} - \frac{A}{A^1} = \frac{1}{A^1 B^1}$$
$$\frac{C}{C^1} - \frac{B}{B^1} = -\frac{1}{B^1 C^1}$$
$$\frac{D}{D^1} - \frac{C}{C^1} = \frac{1}{C^1 D^1}$$
$$\frac{E}{E^1} - \frac{D}{D^1} = -\frac{1}{D^1 E^1},$$

etc.

» il est aisé de voir que les différences entre les fractions
» voisines de la série $\dfrac{A}{A^1}$, $\dfrac{B}{B^1}$, $\dfrac{C}{C^1}$, etc. vont conti-
» nuellement en diminuant, de sorte que cette série est
» nécessairement convergente.

» Or, je dis que la différence entre deux fractions
» consécutives est aussi petite qu'il est possible ; en sorte
» qu'entre ces mêmes fractions il ne sauroit tomber au-
» cune autre fraction quelconque, à moins qu'elle n'ait
» un dénominateur plus grand que ceux de ces frac-
» tions-là.

» Car, prenons, par exemple, les deux fractions
» $\dfrac{C}{C^{\text{\tiny I}}}$ et $\dfrac{D}{D^{\text{\tiny I}}}$, dont la différence est $\dfrac{1}{C^{\text{\tiny I}} D^{\text{\tiny I}}}$, et supposons

» s'il est possible, qu'il existe une autre fraction $\dfrac{m}{n}$, dont

» la valeur tombe entre celles de ces deux fractions, et
» dans laquelle le dénominateur n soit moindre que $C^{\text{\tiny I}}$

» ou que $D^{\text{\tiny I}}$; donc puisque $\dfrac{m}{n}$ doit se trouver entre $\dfrac{C}{C^{\text{\tiny I}}}$

» et $\dfrac{D}{D^{\text{\tiny I}}}$, il faudra que la différence entre $\dfrac{m}{n}$ et $\dfrac{C}{C^{\text{\tiny I}}}$, qui

» est $\dfrac{m\,C^{\text{\tiny I}} - n\,C}{n\,C^{\text{\tiny I}}}$ ou $\dfrac{n\,C - m\,C^{\text{\tiny I}}}{n\,C^{\text{\tiny I}}}$, soit plus petite que

» $\dfrac{1}{C^{\text{\tiny I}} D^{\text{\tiny I}}}$, différence entre $\dfrac{D}{D^{\text{\tiny I}}}$ et $\dfrac{C}{C^{\text{\tiny I}}}$; mais il est clair que

» celle-là ne sauroit être moindre que $\dfrac{1}{n\,C^{\text{\tiny I}}}$: donc si $n < D^{\text{\tiny I}}$,

» elle sera nécessairement plus grande que $\dfrac{1}{C^{\text{\tiny I}} D^{\text{\tiny I}}}$; de

» même la différence entre $\dfrac{m}{n}$ et $\dfrac{D}{D^{\text{\tiny I}}}$ ne pouvant être plus

» petite que $\dfrac{1}{n\,D^{\text{\tiny I}}}$, sera nécessairement plus grande que

» $\dfrac{1}{C^{\text{\tiny I}} D^{\text{\tiny I}}}$, si $n < C'$, au lieu qu'elle devroit être plus

» petite.

» 117. Voyons présentement de combien chaque

» fraction de la série $\dfrac{A}{A^{\iota}}$, $\dfrac{B}{B^{\iota}}$, etc. approchera de la va-
» leur de la quantité a. Pour cela, on remarquera que
» les formules trouvées dans le n°. 114 donnent

$$a = \frac{A\,b + 1}{A^{\iota}\,b}$$

$$a = \frac{B\,c + A}{B^{\iota}\,c + A^{\iota}}$$

$$a = \frac{C\,d + B}{C^{\iota}\,d + B^{\iota}}$$

$$a = \frac{D\,e + C}{D^{\iota}\,e + C^{\iota}}$$

» et ainsi de suite.

» Donc si on veut savoir de combien la fraction $\dfrac{C}{C^{\iota}}$,
» par exemple, approche de la quantité a, on cherchera
» la différence entre $\dfrac{C}{C^{\iota}}$ et a ; en prenant pour a la quan-
» tité $\dfrac{C\,d + B}{C^{\iota}\,d + B^{\iota}}$, on aura

$$a - \frac{C}{C^{\iota}} = \frac{C\,d + B}{C^{\iota}d + B^{\iota}} - \frac{C}{C^{\iota}} = \frac{B\,C^{\iota} - C\,B^{\iota}}{C^{\iota}(C^{\iota}d + B^{\iota})} = \frac{1}{C^{\iota}(C^{\iota}d + B^{\iota})} \text{,}$$

» à cause de $B^{\iota}C^{\iota} - C\,B^{\iota} = 1$ (116) : or, comme on
» suppose que δ soit la valeur approchée de d, en sorte
» que la différence entre d et δ soit moindre que l'unité
» (107), il est clair que la valeur de d sera renfermée
» entre les deux nombres δ et $\delta \pm 1$ (le signe supérieur
» étant pour le cas où la valeur approchée δ est moindre
» que la véritable d, et le signe inférieur pour le cas où
» δ est plus grand que d), et que par conséquent la
» valeur de $C^{\iota}d + B^{\iota}$ sera aussi renfermée entre ces
» deux-ci, $C^{\iota}\delta + B^{\iota}$ et $C^{\iota}(\delta \pm 1) + B^{\iota}$, c'est-à-dire,

» entre D' et $D' \pm C'$: donc la différence $a - \dfrac{C}{C'}$, sera

» renfermée entre ces deux limites $\dfrac{1}{C' D'}$, $\dfrac{1}{C'(D' \pm C')}$;

» d'où l'on pourra juger de la quantité de l'approxima-

» tion de la fraction $\dfrac{C}{C'}$.

» 118. En général, on aura

$$a = \frac{A}{A'} + \frac{1}{A' b}$$

$$a = \frac{B}{B'} - \frac{1}{B'(B' c + A')}$$

$$a = \frac{C}{C'} + \frac{1}{C'(C' d + B')}$$

$$a = \frac{D}{D'} - \frac{1}{D'(D' e + C')}$$

» et ainsi de suite.

» Or, si on suppose que les valeurs approchées α, β,
» γ, etc. soient toujours prises moindres que les véri-
» tables, ces nombres seront tous positifs, aussi bien que
» les quantités b, c, d, etc. (107) ; donc les nombres
» A, B, C, etc. A', B', C', etc. seront aussi tous positifs ;
» d'où il suit que les différences entre la quantité a et

» les fractions $\dfrac{A}{A'}$, $\dfrac{B}{B'}$, $\dfrac{C}{C'}$, etc. seront alternative-

» ment positives et négatives ; c'est-à-dire, que ces frac-
» tions seront alternativement plus petites et plus grandes
» que la quantité a.

» De plus, comme $b > \beta$, $c > \gamma$, $d > \delta$, etc. (*hyp.*)
» on aura

$$b > B', \quad B' c + A' > B' \gamma + A' > C',$$
$$C' d + B' > C' \delta + B' > D', \text{ etc.}$$

» et

» et comme $b < \beta + 1$, $c < \gamma + 1$, $d < \delta + 1$, on aura

$$b < B' + 1,\ B'c + A' < B'(\gamma + 1) + A' < C' + B',$$
$$C'd + B' < C'(\delta + 1) + B' < D' + C',\ \text{etc.}$$

» de sorte que les erreurs qu'on commettroit en prenant

» les fractions $\dfrac{A}{A'}$, $\dfrac{B}{B'}$, $\dfrac{C}{C'}$, etc. pour la valeur de a,

» seroient respectivement moindres que

$$\frac{1}{A'B'},\quad \frac{1}{B'C'},\quad \frac{1}{C'D'},\quad \text{etc.}$$

» mais plus grandes que

$$\frac{1}{A'(B'+A')},\quad \frac{1}{B'(C'+B')},\quad \frac{1}{C'(D'+C')},\quad \text{etc.}$$

» d'où l'on voit combien ces erreurs sont petites, et com-
» bien elles vont en diminuant d'une fraction à l'autre.

» Mais il y a plus : puisque les fractions $\dfrac{A}{A'}$, $\dfrac{B}{B'}$, $\dfrac{C}{C'}$, etc.

» sont alternativement plus petites et plus grandes que la
» quantité a, il est clair que la valeur de cette quantité
» se trouvera toujours entre deux fractions consécutives
» quelconques ; or, nous avons vu ci-dessus (116) qu'il
» est impossible qu'entre deux telles fractions puisse se
» trouver une autre fraction quelconque qui ait un déno-
» minateur moindre que l'un de ceux de ces deux frac-
» tions ; d'où l'on peut conclure que chacune des fractions
» dont il s'agit exprime la quantité a plus exactement que
» ne pourroit faire toute autre fraction quelconque, dont
» le dénominateur seroit plus petit que celui de la fraction

» suivante, c'est-à-dire, que la fraction $\dfrac{C}{C'}$ par exemple,

» exprimera la valeur de a plus exactement que toute

2.   P

» autre fraction $\dfrac{m}{n}$, dans laquelle n seroit moindre

» que D.

119. Si les valeurs approchées α, β, γ, etc. sont
» toutes ou en partie plus grandes que les véritables ,
» alors parmi ces nombres , il y en aura nécessairement
» de négatifs (107) ; ce qui rendra aussi négatifs quel-
» ques-uns des termes des séries A, B, C, etc. A', B',
» C', etc. par conséquent les différences entre les fractions
» $\dfrac{A}{A'}$, $\dfrac{B}{B'}$, $\dfrac{C}{C'}$, etc. et la quantité a , ne seront plus al-
» ternativement positives et négatives , comme dans le cas
» du numéro précédent ; de sorte que ces fractions n'au-
» ront plus l'avantage de donner toujours des limites en
» *plus* et en *moins* de la quantité a , avantage d'une très-
» grande importance , et qui doit par conséquent faire
» préférer toujours dans la pratique les fractions continues
» où les dénominateurs seront tous positifs. Ainsi , nous
» ne considérerons plus dans la suite que des fractions
» de cette espèce.

» 120. Considérons donc la série

$$\frac{A}{A'}, \quad \frac{B}{B'}, \quad \frac{C}{C'}, \quad \frac{D}{D'}, \quad \text{etc.}$$

» dans laquelle les fractions sont alternativement plus
» petites et plus grandes que la quantité a; il est clair
» qu'on pourra partager cette série en ces deux-ci :

$$\frac{A}{A'}, \quad \frac{C}{C'}, \quad \frac{E}{E'}, \quad \text{etc.}$$

$$\frac{B}{B'}, \quad \frac{D}{D'}, \quad \frac{F}{F'}, \quad \text{etc.}$$

» La première sera composée de fractions toutes plus pe-

» tites que a, et qui iront en augmentant vers la quantité
» a; la seconde sera composée de fractions toutes plus
» grandes que a, mais qui iront en diminuant vers cette
» même quantité. Examinons maintenant chacune de ces
» deux séries en particulier : dans la première, on aura
» (114 et 116),

$$\frac{C}{C^1} - \frac{A}{A^1} = \frac{\gamma}{A^1\,C^1},$$

$$\frac{E}{E^1} - \frac{C}{C^1} = \frac{\epsilon}{C^1\,E^1}, \text{ etc.}$$

» et dans la seconde, on aura

$$\frac{B}{B^1} - \frac{D}{D^1} = \frac{\delta}{B^1\,D^1},$$

$$\frac{D}{D^1} - \frac{F}{F^1} = \frac{\zeta}{D^1\,F^1}, \text{ etc.}$$

» Si les nombres γ, δ, ϵ, etc. étoient tous égaux à
» l'unité, on pourroit prouver, comme dans le n°. 116,
» qu'entre deux fractions consécutives quelconques de
» l'une ou de l'autre des séries précédentes, il ne pourroit
» jamais se trouver aucune autre fraction dont le déno-
» minateur seroit moindre que ceux de ces deux frac-
» tions ; mais il n'en sera pas de même, lorsque les nom-
» bres γ, δ, ϵ, etc. seront différens de l'unité ; car dans
» ce cas, on pourra insérer entre les fractions dont il
» s'agit autant de fractions *intermédiaires* qu'il y aura
» d'unités dans les nombres $\gamma - 1$, $\delta - 1$, $\epsilon - 1$, etc.
» et pour cela, il n'y aura qu'à mettre successivement
» dans les valeurs de C et C^1 (114), les nombres 1,
» 2, 3.......$\gamma - 1$ à la place de γ; et de même dans
» les valeurs de D et D^1, les nombres 1, 2, 3....$\delta - 1$
» à la place de δ, et ainsi de suite.

P 2

» 121. Supposons, par exemple, que γ soit $= 4$;
» on aura

$$C = 4B + A \text{ et } C^1 = 4B^1 + A^1,$$

» et on pourra insérer entre les fractions $\dfrac{A}{A^1}$ et $\dfrac{C}{C^1}$, trois
» fractions *intermédiaires*, qui seront

$$\frac{B+A}{B^1+A^1}, \quad \frac{2B+A}{2B^1+A^1}, \quad \frac{3B+A}{3B^1+A^1}.$$

» Il est clair que les dénominateurs de ces fractions
» forment une suite croissante par des différences égales,
» depuis A^1 jusqu'à C^1, et les numérateurs depuis A
» jusqu'à C; et nous allons voir que les fractions elles-
» mêmes croissent aussi continuellement depuis $\dfrac{A}{A^1}$ jus-

» qu'à $\dfrac{C}{C^1}$, en sorte qu'il seroit maintenant impossible
» d'insérer dans la série

$$\frac{A}{A^1}, \; \frac{B+A}{B^1+A^1}, \; \frac{2B+A}{2B^1+A^1}, \; \frac{3B+A}{3B^1+A^1}, \; \frac{4B-A}{4B^1+A^1} \text{ ou } \frac{C}{C^1},$$

» aucune fraction dont la valeur tombât entre celle des
» deux fractions consécutives, et dont le dénominateur
» se trouvât aussi entre ceux des mêmes fractions. Car si
» on prend les différences entre les fractions précédentes,
» on aura, à cause de $B A^1 - A B^1 = 1$,

$$\frac{B+A}{B^1+A^1} - \frac{A}{A^1} = \frac{1}{A^1(B^1+A^1)}$$

$$\frac{2B+A}{2B^1+A^1} - \frac{B+A}{B^1+A^1} = \frac{1}{(B^1+A^1)(2B^1+A^1)}$$

$$\frac{3B+A}{3B^1+A^1} - \frac{2B+A}{2B^1+A^1} = \frac{1}{(2B^1+A^1)(3B^1+A^1)}$$

$$\frac{C}{C^1} - \frac{3B+A}{3B^1+A^1} = \frac{1}{(3B^1+A^1)C^1};$$

» d'où l'on voit d'abord que les fractions $\dfrac{A}{A^1}$, $\dfrac{B+A}{B^1+A^1}$, etc.

» vont en augmentant, puisque leurs différences sont
» toutes positives ; ensuite, comme ces différences sont
» égales à l'unité divisée par le produit des deux dénomi-
» nateurs, on pourra prouver, par un raisonnement ana-
» logue à celui que nous avons fait dans le n°. 116, qu'il
» est impossible qu'entre deux fractions consécutives de
» la série précédente, il puisse tomber une fraction quel-
» conque $\dfrac{m}{n}$, si le dénominateur n tombe entre les déno-
» minateurs de ces fractions, ou en général s'il est plus
» petit que le plus grand des deux dénominateurs.

» De plus, comme les fractions dont nous parlons sont
» toutes plus petites que la vraie valeur de a, et que la
» fraction $\dfrac{B}{B^1}$ est plus grande, il est évident que chacune
» de ces fractions approchera de la quantité a, en sorte
» que la différence en sera plus petite que celle de la
» même fraction et de la fraction $\dfrac{B}{B^1}$; or, on trouve

$$\frac{A}{A^1} - \frac{B}{B^1} = -\frac{1}{A^1 B^1}$$

$$\frac{B+A}{B^1+A^1} - \frac{B}{B^1} = -\frac{1}{(B^1+A^1)B^1}$$

$$\frac{2B+A}{2B^1+A^1} - \frac{B}{B^1} = -\frac{1}{(2B^1+A^1)B^1}$$

$$\frac{3B+A}{3B^1+A^1} - \frac{B}{B^1} = -\frac{1}{(3B^1+A^1)B^1}$$

$$\frac{C}{C^1} - \frac{B}{B^1} = -\frac{1}{C^1 B^1}$$

» Donc, puisque ces différences sont aussi égales à
» l'unité divisée par le produit des dénominateurs, on y
» pourra appliquer le même raisonnement du n°. 116,

» pour prouver qu'aucune fraction $\dfrac{m}{n}$ ne sauroit tomber

» entre une quelconque des fractions $\dfrac{A}{A^1}$, $\dfrac{B+A}{B^1+A^1}$,

» $\dfrac{2B+A}{2B^1+A^1}$, etc. et la fraction $\dfrac{B}{B^1}$, si le dénominateur n

» est plus petit que celui de la même fraction ; d'où il
» suit que chacune de ces fractions approche plus de la
» quantité a que ne pourroit faire toute autre fraction
» plus petite que a, et qui auroit un dénominateur plus
» petit, c'est-à-dire, qui seroit conçue en termes plus
» simples.

» 122. Nous n'avons considéré dans le numéro précé-
» dent que les fractions *intermédiaires* entre $\dfrac{A}{A^1}$ et $\dfrac{C}{C^1}$,

» il en sera de même des fractions *intermédiaires* entre
» $\dfrac{C}{C^1}$ et $\dfrac{E}{E^1}$, entre $\dfrac{E}{E^1}$ et $\dfrac{G}{G^1}$, etc. si ε, η, etc. sont des
» nombres plus grands que l'unité.

» On peut aussi appliquer à l'autre série $\dfrac{B}{B^1}$, $\dfrac{D}{D^1}$,

» $\dfrac{F}{F^1}$, etc. tout ce que nous venons de dire relativement à

» la première série $\dfrac{A}{A^1}$, $\dfrac{C}{C^1}$, etc. de sorte que si les nom-

» bres δ, ζ, etc. sont plus grands que l'unité, on pourra

» insérer entre les fractions $\dfrac{B}{B^1}$ et $\dfrac{D}{D^1}$, entre $\dfrac{D}{D^1}$ et $\dfrac{F}{F^1}$, etc.

» différentes fractions *intermédiaires*, toutes plus grandes
» que a, mais qui iront continuellement en diminuant, et
» qui seront telles qu'elles exprimeront la quantité a plus
» exactement que ne pourroit faire aucune autre fraction

» plus grande que a, et qui seroit conçue en termes plus
» simples.

» De plus, si β est aussi un nombre plus grand que
» l'unité, on pourra pareillement placer avant la fraction
» $\frac{B}{B^1}$, les fractions $\frac{A+1}{1}$, $\frac{2A+1}{2}$, $\frac{3A+1}{3}$, etc. jus-
» qu'à $\frac{\beta A+1}{\beta}$, savoir, $\frac{B}{B^1}$, et ces fractions auront les
» mêmes propriétés que les autres fractions *intermé-*
» *diaires.*

» De cette manière, on aura donc ces deux suites
» complètes de fractions convergentes vers la quantité a.

Fractions croissantes et plus petites que a.

$$\frac{A}{A^1}, \; \frac{B+A}{B^1+A^1}, \; \frac{2B+A}{2B^1+A^1}, \ldots \frac{(\gamma-1)B+A}{(\gamma-1)B^1+A^1},$$

$$\frac{C}{C^1}, \; \frac{D+C}{D^1+C^1}, \; \frac{2D+C}{2D^1+C^1}, \ldots \frac{(\epsilon-1)D+C}{(\epsilon-1)D^1+C^1},$$

$$\frac{E}{E^1}, \; \frac{F+E}{F^1+E^1}, \; \text{etc. etc. etc.}$$

Fractions décroissantes et plus grandes que a.

$$\frac{A+1}{1}, \; \frac{2A+1}{2}, \; \frac{3A+1}{3}, \ldots \frac{(\beta-1)A+1}{\beta-1},$$

$$\frac{B}{B^1}, \; \frac{C+B}{C^1+B^1}, \; \frac{2C+B}{2C^1+B^1}, \ldots \frac{(\delta-1)C+B}{(\delta-1)C^1+B^1},$$

$$\frac{D}{D^1}, \; \frac{E+D}{E^1+D^1}, \; \text{etc. etc. etc.}$$

» Si la quantité a est irrationnelle, les deux séries pré-
» cédentes iront à l'infini, puisque la série des fractions
» $\frac{A}{A^1}$, $\frac{B}{B^1}$, $\frac{C}{C^1}$, etc. que nous nommerons dans la suite

» fractions *principales*, pour les distinguer des fractions
» *intermédiaires*, va d'elle-même à l'infini (114).

» Mais si la quantité a est rationnelle et égale à une

» fraction quelconque $\dfrac{V}{V^{\text{i}}}$, nous avons vu dans le numéro

» cité, que la série dont il s'agit sera terminée, et que la
» dernière fraction de cette série sera la fraction même

» $\dfrac{V}{V^{\text{i}}}$, donc cette fraction terminera aussi nécessairement

» une des deux séries ci-dessus, mais l'autre série pourra
» toujours aller à l'infini.

» En effet, supposons que δ soit le dernier dénomina-

» teur de la fraction continue, alors $\dfrac{D}{D^{\text{i}}}$ sera la dernière

» des fractions *principales*, et la série des fractions plus
» grandes que a sera terminée par cette même fraction

» $\dfrac{D}{D^{\text{i}}}$; or, l'autre série des fractions plus petites que a,

» se trouvera naturellement arrêtée à la fraction $\dfrac{C}{C^{\text{i}}}$, qui

» précède $\dfrac{D}{D^{\text{i}}}$; mais pour la continuer, il n'y a qu'à

» considérer que le dénominateur ε, qui devroit suivre
» le dernier dénominateur δ, sera $= \infty$ (107); de

» sorte que la fraction $\dfrac{E}{E^{\text{i}}}$, qui suivroit $\dfrac{D}{D^{\text{i}}}$ dans la suite

» des fractions *principales*, seroit

$$\frac{\infty\, D + C}{\infty\, D^{\text{i}} + C^{\text{i}}} = \frac{D}{D^{\text{i}}};$$

» or, par la loi des fractions *intermédiaires*, il est clair
» qu'à cause de $\varepsilon = \infty$, on pourra insérer entre les frac-

» tions $\dfrac{C}{C^{\text{i}}}$ et $\dfrac{E}{E^{\text{i}}}$ une infinité de fractions *intermédiaires*,

» qui seront

$$\frac{D+C}{D'+C'}, \quad \frac{2D+C}{2D'+C'}, \quad \frac{3D+C}{3D'+C'}, \quad \text{etc.}$$

» Ainsi, dans ce cas, on pourra, après la fraction $\dfrac{C}{C'}$

» dans la première suite de fractions, placer encore les
» fractions *intermédiaires* dont nous parlons, et les con-
» tinuer à l'infini.

123. *Une fraction exprimée par de grands nombres*
» *étant donnée, trouver toutes les fractions en moindres*
» *termes, qui approchent si près de la vérité, qu'il soit*
» *impossible d'en approcher davantage par des fractions*
» *plus simples.*

» Ce problême se résoudra facilement par la théorie
» que nous venons d'expliquer.

» On commencera par réduire la fraction proposée en
» fraction continue, par la méthode du n°. 108, en ayant
» soin de prendre toutes les valeurs approchées plus pe-
» tites que les véritables, pour que les nombres α, β, γ, etc.
» soient tous positifs ; ensuite, à l'aide des nombres trou-
» vés α, β, γ, etc. on formera, d'après les formules du
» n°. 114, les fractions $\dfrac{A}{A'}$, $\dfrac{B}{B'}$, $\dfrac{C}{C'}$, etc. dont la der-
» nière sera nécessairement la même que la fraction pro-
» posée, parce que, dans ce cas, la fraction continue est
» terminée. Ces fractions seront alternativement plus pe-
» tites et plus grandes que la fraction donnée, et seront
» successivement conçues en termes plus grands ; et de
» plus, elles seront telles, que chacune de ces fractions
» approchera plus de la fraction donnée, que ne pourroit
» faire toute autre fraction quelconque qui seroit conçue
» en termes moins simples. Ainsi, on aura par ce moyen
» toutes les fractions conçues en moindres termes que la
» proposée, qui pourront satisfaire au problême.

» Que si on veut considérer en particulier les fractions
» plus petites et les fractions plus grandes que la propo-
» sée, on insérera entre les fractions précedentes autant
» de fractions *intermédiaires* que l'on pourra, et on en
» formera deux suites de fractions convergentes, les unes
» toutes plus petites et les autres toutes plus grandes que
» la fraction donnée (120, 121 et 122) ; chacune de ces
» suites aura en particulier les mêmes propriétés que la
» suite des fractions principales $\frac{A}{A^{\iota}}$, $\frac{B}{B^{\iota}}$, $\frac{C}{C^{\iota}}$, etc. car
» les fractions dans chaque suite seront successivement
» conçues en plus grands termes, et chacune d'elles ap-
» prochera plus de la fraction proposée, que ne pourroit
» faire aucune autre fraction qui seroit pareillement plus
» petite ou plus grande que la proposée, mais qui seroit
» conçue en termes plus simples.

» Au reste, il peut arriver qu'une des fractions *intermé-*
» *diaires* d'une série n'approche pas si près de la fraction
» donnée, qu'une des fractions de l'autre série, quoique
» conçue en termes moins simples que celle-ci, c'est pour-
» quoi il ne convient d'employer les fractions *intermé-*
» *diaires*, que lorsqu'on ve.. que les fractions cherchées
» soient toutes plus petites ou toutes plus grandes que la
» fraction donnée.

» 124. Suivant la Caille, l'année solaire est de 365^{j} 5^{h}
» 48′ 49″, et par conséquent plus longue de 5^{h} 48′ 49″
» que l'année commune de 365^{j} ; si cette différence étoit
» exactement de six heures, elle donneroit un jour au bout
» de quatre années communes ; mais si on veut savoir au
» juste au bout de combien d'années communes cette dif-
» férence peut produire un certain nombre de jours, il
» faut chercher le rapport qu'il y a entre 24^{h} et 5^{h} 48′ 49″,
» et on trouve ce rapport $= \frac{86400}{20929}$; de sorte qu'on peut

DES ÉLÉMENS D'ALGÈBRE.   235

» dire qu'au bout de 86400 années communes, il fau-
» droit intercaler 20929 jours pour les réduire à des an-
» nées tropiques (*).

» Comme le rapport de 86400 à 20929 est exprimé en
» termes fort grands, on propose de trouver en des termes
» plus petits des rapports aussi rapprochés de celui-ci
» qu'il est possible.

» On réduira donc la fraction $\frac{86400}{20929}$ en fraction conti-
» nue par la règle donnée dans le n°. 108, qui est la même
» que celle qui sert à trouver le plus grand commun divi-
» seur de deux nombres donnés : on aura

$$
\begin{array}{l}
20929\,|\,86400\,|\,4=\alpha \\
\quad\;\;\;|\,83716| \\
\hline
\quad\;\;\;\;2684\,|\,20929\,|\,7=\beta \\
\quad\quad\quad\;\;|\,18778| \\
\hline
\quad\quad\quad\;\;2141\,|\,2684\,|\,1=\gamma \\
\quad\quad\quad\quad\;\;|\,2141| \\
\hline
\quad\quad\quad\quad\;\;543\,|\,2141\,|\,3=\delta \\
\quad\quad\quad\quad\quad\;|\,1629| \\
\hline
\quad\quad\quad\quad\quad\;512\,|\,543\,|\,1=\varepsilon \\
\quad\quad\quad\quad\quad\quad|\,512| \\
\hline
\quad\quad\quad\quad\quad\quad\;31\,|\,512\,|\,16=\zeta \\
\quad\quad\quad\quad\quad\quad\quad|\,496| \\
\hline
\quad\quad\quad\quad\quad\quad\quad16\,|\,31\,|\,1=\eta \\
\quad\quad\quad\quad\quad\quad\quad\;\;|\,16| \\
\hline
\quad\quad\quad\quad\quad\quad\quad\;15\,|\,16\,|\,1=\theta \\
\quad\quad\quad\quad\quad\quad\quad\quad|\,15| \\
\hline
\quad\quad\quad\quad\quad\quad\quad\quad1\,|\,15\,|\,15=\kappa \\
\quad\quad\quad\quad\quad\quad\quad\quad\;|\,15| \\
\hline
\quad\quad\quad\quad\quad\quad\quad\quad\quad\quad 0.
\end{array}
$$

(*) On appelle *année solaire* ou *année tropique* l'espace de temps
qu'il faut pour ramener la terre dans la même position à l'égard du
soleil. Les astronomes ont conclu des observations, que cet espace
est de 365 jours 5 heures 48 minutes 49 secondes; et il suit de là

236

COMPLÉMENT

» Connoissant ainsi tous les quotiens α, β, γ, etc. on en
» formera aisément la série $\dfrac{A}{A^{\mathrm{i}}}$, $\dfrac{B}{B^{\mathrm{i}}}$, etc. de la manière
» suivante :

$$4, \quad 7, \quad 1, \quad 3, \quad 1, \quad 16, \quad 1, \quad 1, \quad 15,$$
$$\tfrac{4}{1}, \quad \tfrac{29}{7}, \quad \tfrac{33}{8}, \quad \tfrac{128}{31}, \quad \tfrac{161}{39}, \quad \tfrac{1704}{655}, \quad \tfrac{1865}{694}, \quad \tfrac{5569}{1349}, \quad \tfrac{86400}{20929},$$

» où l'on voit que la dernière fraction est la même que la
» proposée.

» Pour faciliter la formation de ces fractions, on écrira
» d'abord, comme je viens de le faire, la suite des quo-
» tiens 4, 7, 1, etc. et on placera au-dessous de ces
» quotiens les fractions $\tfrac{4}{1}$, $\tfrac{29}{7}$, $\tfrac{33}{8}$, etc. qui en résultent.

» La première fraction aura toujours pour numérateur
» le nombre qui est au-dessus, et pour dénominateur
» l'unité.

» La seconde aura pour numérateur le produit du
» nombre qui y est au-dessus par le numérateur de la
» première, plus l'unité, et pour dénominateur le nombre
» même qui est au-dessus.

» La troisième aura pour numérateur le produit du
» nombre qui y est au-dessus par le numérateur de la se-
» conde, plus celui de la première, et de même pour
» dénominateur le produit du nombre qui est au-dessus
» par le dénominateur de la seconde, plus celui de la
» première.

***

qu'au bout de 365 jours, ou d'une *année civile*, il s'en faut de
5 heures 48 minutes 49 secondes que la terre n'ait achevé sa révo-
lution autour du soleil. Ce complément se trouve compris dans
l'année suivante. S'il étoit précisément de 6 heures, 4 révolutions
rempliroient 4 ans et un jour.

Les jours qu'on ajoute pour accorder les révolutions de la terre
avec les années civiles, s'appellent *jours intercalaires*, ou *intercalations*.

» Et en général chaque fraction aura pour numérateur
» le produit du nombre qui y est au-dessus par le numéra-
» teur de la fraction précédente, plus celui de l'avant-
» précédente ; et pour dénominateur le produit du même
» nombre par le dénominateur de la fraction précédente,
» plus celui de l'avant-précédente.

» Ainsi, $29 = 7 . 4 + 1$, $7 = 7$, $33 = 1 . 29 + 4$;
» $8 = 1 . 7 + 1$, $128 = 3 . 33 + 29$, $31 = 3 . 8 + 7$, et
» ainsi de suite ; ce qui s'accorde avec les formules du
» n°. 114.

» Maintenant on voit par les fractions $\frac{4}{1}$, $\frac{29}{7}$, $\frac{11}{8}$, etc.
» que l'intercalation la plus simple est celle d'un jour dans
» quatre années communes, ce qui est le fondement du
» calendrier julien ; mais qu'on approcheroit plus de
» l'exactitude en n'intercalant que sept jours dans l'espace
» de vingt-neuf années communes, ou huit dans l'espace
» de trente-trois ans, et ainsi de suite.

» On voit de plus que comme les fractions $\frac{4}{1}$, $\frac{29}{7}$, $\frac{11}{8}$,
» sont alternativement plus petites et plus grandes que la
» fraction $\frac{86400}{20919}$, ou $\dfrac{24^{\mathrm{h}}}{5^{\mathrm{h}}\,48'\,49''}$, l'intercalation d'un jour
» sur quatre ans sera trop forte, celle de sept jours sur
» vingt-neuf ans trop foible, celle de huit jours sur trente-
» trois ans trop forte, et ainsi de suite ; mais chacune de
» ces intercalations sera toujours la plus exacte qu'il est
» possible dans le même espace de temps.

» Or, si on range dans deux séries particulières les
» fractions plus petites et les fractions plus grandes que la
» fraction donnée, on y pourra encore insérer différentes
» fractions secondaires pour compléter les séries ; et pour
» cela on suivra le même procédé que ci-dessus, mais en
» prenant successivement à la place de chaque nombre de

» la série supérieure tous les nombres entiers moindres » que ce nombre (lorsqu'il y en a).

» Ainsi, considérant d'abord les fractions croissantes

$$\begin{array}{ccccc} & 1, & 1, & 1, & 15, \\ \frac{4}{1}, & \frac{33}{8}, & \frac{161}{39}, & \frac{2865}{694}, & \frac{86400}{20929}, \end{array}$$

» on voit qu'à cause que l'unité est au-dessus de la se- » conde, de la troisième et de la quatrième, on ne pourra » placer aucune fraction *intermédiaire*, ni entre la pre- » mière et la seconde, ni entre la seconde et la troisième, » ni entre la troisième et la quatrième; mais comme la » dernière fraction a au-dessus d'elle le nombre 15, on » pourra, entre cette fraction et la précédente, placer » quatorze fractions *intermédiaires*, dont les numérateurs » formeront la progression par différences 2865+5569, » 2865 + 2.5569, 2865 + 3.5569, etc. et dont les déno- » minateurs formeront aussi la progression 694 + 1349, » 694 + 2.1349, 694 + 3.1349, etc.

» Par ce moyen, la suite complète des fractions crois- » santes sera

$$\frac{4}{1}, \frac{33}{8}, \frac{161}{39}, \frac{2865}{694}, \frac{8434}{2043}, \frac{14003}{3392}, \frac{19572}{4741}, \frac{25141}{6090}, \frac{30710}{7439},$$
$$\frac{36279}{8788}, \frac{41848}{10137}, \frac{47417}{11486}, \frac{52986}{12835}, \frac{58555}{14184}, \frac{64124}{15533}, \frac{69693}{16882}, \frac{75262}{18231},$$
$$\frac{80831}{19580}, \frac{86400}{20929}.$$

» Et comme la dernière fraction est la même que la » fraction donnée, il est clair que cette série ne peut pas » être poussée plus loin.

» De-là on voit que si on ne veut admettre que des » intercalations qui pèchent par excès, les plus simples et » les plus exactes seront celles d'un jour sur quatre an- » nées, ou de huit jours sur trente-trois ans, ou de trente- » neuf sur cent soixante-un ans, et ainsi de suite.

» Considérons maintenant les fractions décroissantes

$$7,\quad 3,\quad 16,\quad 1,$$
$$\frac{29}{7},\ \frac{128}{31},\ \frac{2704}{655},\ \frac{5569}{1349},$$

» et d'abord, à cause du nombre 7 qui est au-dessus
» de la première fraction, on pourra en placer six autres
» avant celle-ci, dont les numérateurs formeront la pro-
» gression par différences $4+1, 2.4+1, 3.4+1$, etc. et
» dont les dénominateurs formeront la progression 1,
» 2, 3, etc. de même, à cause du nombre 3, on pourra
» placer entre la première et la seconde fraction, deux
» fractions *intermédiaires* ; et entre la seconde et la troi-
» sième, on en pourra placer 15, à cause du nombre 16
» qui est au-dessus de la troisième ; mais entre celle-ci et
» la dernière, on n'en pourra insérer aucune, à cause que
» le nombre qui est au-dessus est l'unité.

» De plus, il faut remarquer que comme la série pré-
» cédente n'est pas terminée par la fraction donnée, on
» peut encore la continuer aussi loin que l'on veut, comme
» nous l'avons fait voir dans le n°. 122. Ainsi on aura
» cette série de fractions décroissantes :

$$\frac{5}{1},\ \frac{9}{2},\ \frac{13}{3},\ \frac{17}{4},\ \frac{21}{5},\ \frac{25}{6},\ \frac{29}{7},\ \frac{62}{15},\ \frac{95}{23},\ \frac{128}{31},\ \frac{289}{70},\ \frac{450}{109},\ \frac{611}{148},\ \frac{772}{187},$$

$$\frac{933}{226},\ \frac{1094}{265},\ \frac{1255}{304},\ \frac{1416}{343},\ \frac{1577}{382},\ \frac{1738}{421},\ \frac{1899}{460},\ \frac{2060}{499},\ \frac{2221}{538},$$

$$\frac{2382}{577},\ \frac{2543}{616},\ \frac{2704}{655},\ \frac{5569}{1349},\ \frac{91969}{22278},\ \frac{178369}{43207},\ \frac{264769}{64136},\ \frac{351169}{85065},$$

$$\frac{437569}{105994},\ \text{etc.}$$

» lesquelles sont toutes plus grandes que la fraction pro-
» posée, et en approchent plus que toutes autres frac-
» tions qui seroient conçues en termes moins simples.

» On peut conclure de-là que si on ne vouloit avoir
» égard qu'aux intercalations qui pécheroient par dé-
» faut, les plus simples et les plus exactes seroient celles
» d'un jour sur cinq ans, ou de deux jours sur neuf ans,
» ou de trois jours sur treize ans, etc.

» Dans le calendrier grégorien, on intercale seulement

» quatre-vingt-dix-sept jours dans quatre cents années ;
» on voit par la table précédente qu'on approcheroit
» beaucoup plus de l'exactitude en intercalant cent neuf
» jours en quatre cent cinquante années.

» Mais il faut remarquer que dans la réformation gré-
» gorienne, on s'est servi de la détermination de l'année
» donnée par Copernic, laquelle est de 365 jours 5 heures
» 49 minutes 20 secondes. En employant cet élément, on
» aura, au lieu de la fraction $\frac{86400}{20929}$, celle-ci, $\frac{86400}{20960}$, ou
» bien $\frac{540}{131}$, d'où l'on trouveroit, par la méthode précé-
» dente, les quotiens 4, 8, 5, 3, et de-là ces fractions
» *principales*,

$$4, \quad 8, \quad 5, \quad 3,$$
$$\frac{4}{1}, \quad \frac{11}{8}, \quad \frac{169}{41}, \quad \frac{540}{131},$$

» qui sont, à l'exception des deux premières, assez diffé-
» rentes de celles que nous avons trouvées ci-dessus.
» Cependant on ne trouve pas parmi ces fractions la
» fraction $\frac{400}{97}$, adoptée dans le calendrier grégorien, et
» cette fraction ne peut pas même se trouver parmi les
» fractions *intermédiaires* qu'on pourroit insérer dans les
» deux séries $\frac{4}{1}$, $\frac{169}{41}$, et $\frac{11}{8}$, $\frac{540}{131}$; car il est clair qu'elle
» ne pourroit tomber qu'entre ces deux dernières frac-
» tions, entre lesquelles, à cause du nombre 3 qui est
» au-dessus de la fraction $\frac{540}{131}$, il peut tomber deux frac-
» tions *intermédiaires*, qui seront $\frac{101}{49}$ et $\frac{171}{90}$; d'où l'on
» voit qu'on auroit approché plus de l'exactitude, si,
» dans la réformation grégorienne, on avoit prescrit de
» n'intercaler que quatre-vingt-dix jours dans l'espace
» de trois cent soixante-onze ans.

» Si on réduit la fraction $\frac{400}{97}$ à avoir pour numérateur
» le nombre 86400, elle deviendra $\frac{86400}{20952}$, ce qui suppo-
» seroit l'année tropique de 365 jours 5 heures 49 minutes
» 12 secondes.

» Dans

» Dans ce cas , l'intercalation grégorienne seroit tout-
» à-fait exacte ; mais comme les observations donnent
» l'année plus courte de 23 secondes, il est clair qu'il
» faudra nécessairement, au bout d'un certain espace
» de temps, introduire une nouvelle intercalation.

» Si on vouloit s'en tenir à la détermination de Lacaille,
» comme le dénominateur 97 de la fraction $\frac{400}{97}$ se trouve
» entre les dénominateurs de la cinquième et de la sixième
» des fractions principales trouvées ci-devant, il suit
» de ce que nous avons démontré n°. 118, que la frac-
» tion $\frac{161}{39}$, approcheroit plus de la vérité que la fraction
» $\frac{400}{97}$; au reste, comme les astronomes sont encore par-
» tagés sur la véritable longueur de l'année, nous nous
» abstiendrons de prononcer sur ce sujet ; aussi n'avons-
» nous eu d'autre objet dans les détails que nous venons
» de donner, que de faciliter les moyens de se mettre au
» fait des fractions continues et de leurs usages ; dans
» cette vue, nous ajouterons encore l'exemple suivant.

» 125. Nous avons déjà donné (113) la fraction con-
» tinue qui exprime le rapport de la circonférence du
» cercle au diamètre, en tant qu'elle résulte de la frac-
» tion de Ludolph ; ainsi, il n'y aura qu'à calculer de
» la manière enseignée dans l'exemple précédent, la
» série des fractions convergentes vers ce même rapport,
» laquelle sera

$$3,\ 7,\ 15,\ 1,\ 292,\ 1,\ 1,\ 1,\ 2,$$
$$\frac{3}{1},\ \frac{22}{7},\ \frac{333}{106},\ \frac{355}{113},\ \frac{103993}{33102},\ \frac{104348}{33215},\ \frac{208341}{66317},\ \frac{312689}{99532},\ \frac{833719}{265381},$$

$$1,\ 3,\ 1,\ 14,\ 2,\ 1,$$
$$\frac{1146408}{364913},\ \frac{4272943}{1360120},\ \frac{5419351}{1725033},\ \frac{80143857}{25510582},\ \frac{165707065}{52746197},\ \frac{245850922}{78256779},$$

$$1,\ 2,\ 2,\ 2,\ 2,$$
$$\frac{411557987}{131002976},\ \frac{1068966896}{340262731},\ \frac{2549491779}{811528438},\ \frac{6167950454}{1963319607},\ \frac{14885392687}{4738167652},$$

$$2.$$

$$1,\qquad 84,\qquad 2,\qquad 1,$$

$$\frac{310533431141}{6701487259},\quad \frac{1781166116531}{507663097408},\quad \frac{1187858776101}{1142027682101},\quad \frac{51711519017514}{1709690779453},$$

$$1,\qquad 15,\qquad 3,$$

$$\frac{89589177768917}{28517184615558},\quad \frac{1397552118516789}{4446854677028555},\quad \frac{4181124591349304}{1163108121570117},$$

$$13,\qquad 1,\qquad 4,$$

$$\frac{5706674912067741}{18164910481143743},\quad \frac{611489951541045}{19517991696304491},\quad \frac{10246271031715911}{962768771685131158},$$

$$2,\qquad 6,$$

$$\frac{66617445592888887}{21203174625389167},\quad \frac{41991024659106924 1}{11687673546718734 0},$$

$$6,\qquad 1.$$

$$\frac{16466911151193104145}{84440818744615113 07},\quad \frac{10767042717104716 88}{979145111871700547}.$$

» Ces fractions seront donc alternativement plus pe-
» tites et plus grandes que le vrai rapport de la circonfe-
» rence au diamètre, c'est-à-dire, que la première $\frac{3}{1}$ sera
» plus petite, la seconde $\frac{22}{7}$ plus grande, et ainsi de suite,
» et chacune d'elles approchera plus de la vérité que ne
» pourroit faire toute autre fraction qui seroit exprimee
» en termes plus simples, ou en général, qui auroit un
» dénominateur moindre que le dénominateur de la frac-
» tion suivante ; de sorte que l'on peut assurer que la
» fraction $\frac{22}{7}$ approche plus de la vérité que ne peut faire
» aucune autre fraction dont le dénominateur seroit
» moindre que 7, de même la fraction $\frac{333}{106}$ approchera plus
» de la vérité que toute autre fraction dont le dénomina-
» teur seroit moindre que 106, et ainsi des autres.

» Quant à l'erreur de chaque fraction, elle sera tou-
» jours moindre que l'unité divisée par le produit du
» dénominateur de cette fraction par celui de la fraction
» suivante. Ainsi, l'erreur de la fraction $\frac{22}{7}$ sera moindre
» que $\frac{1}{7}$, celle de la fraction $\frac{333}{106}$ sera moindre que $\frac{1}{7 \cdot 106}$,
» et ainsi de suite. Mais en même temps l'erreur de chaque
» fraction sera plus grande que l'unité divisée par le pro-
» duit du dénominateur de cette fraction, par la somme

» de ce dénominateur et du dénominateur de la fraction » suivante ; de sorte que l'erreur de la fraction $\frac{3}{1}$ sera plus » grande que $\frac{1}{8}$, celle de la fraction $\frac{22}{7}$ plus grande que » $\frac{1}{7\cdot113}$, et ainsi de suite (118).

» Si on vouloit maintenant séparer les fractions plus » petites que le rapport de la circonférence au diamètre, » d'avec les plus grandes, on pourroit, en insérant les » fractions *intermédiaires* convenables, former deux suites » de fractions, les unes croissantes et les autres décrois- » santes vers le vrai rapport dont il s'agit ; on auroit de » cette manière

Fractions plus petites que $\frac{circonf.}{diamètr.}$.

$$\frac{3}{1},\ \frac{25}{8},\ \frac{47}{15},\ \frac{69}{22},\ \frac{91}{29},\ \frac{113}{36},\ \frac{135}{43},\ \frac{157}{50},\ \frac{179}{57},\ \frac{201}{64},\ \frac{223}{71},\ \frac{245}{78},\ \frac{267}{85},$$
$$\frac{289}{92},\ \frac{311}{99},\ \frac{333}{106},\ \frac{688}{219},\ \frac{1043}{332},\ \frac{1398}{445},\ \frac{1753}{558},\ \frac{2108}{671},\ \frac{2463}{784},\ \text{etc.}$$

Fractions plus grandes que $\frac{circonf.}{diamètr.}$.

$$\frac{4}{1},\ \frac{7}{2},\ \frac{10}{3},\ \frac{13}{4},\ \frac{16}{5},\ \frac{19}{6},\ \frac{22}{7},\ \frac{355}{113},\ \frac{104348}{33215},\ \frac{312689}{99532},\ \frac{1146408}{364913},$$
$$\frac{5419351}{1725033},\ \frac{85563208}{27235615},\ \frac{165707065}{52746197},\ \frac{411557987}{131002976},\ \frac{1480524883}{471265707},\ \text{etc.}$$

» Chaque fraction de la première série approche plus » de la vérité que ne peut faire aucune autre fraction » exprimée en termes plus simples, et qui pécheroit aussi » par défaut ; et chaque fraction de la seconde série ap- » proche aussi plus de la vérité que ne peut faire aucune » autre fraction exprimée en termes plus simples et pé- » chant par excès.

» Au reste, ces séries deviendroient fort prolixes, si on » vouloit les pousser aussi loin que nous avons fait à » l'égard des fractions *principales* données ci-dessus ».

Q 2

126. Après les exemples ci-dessus, les lecteurs trou‑
veront sans peine les diverses valeurs approchées de $\sqrt{2}$,

$$\tfrac{1}{1},\ \tfrac{1}{1},\ \tfrac{7}{5},\ \tfrac{17}{12},\ \tfrac{99}{70},\ \tfrac{112}{169},\ \text{etc.}$$

au moyen de la fraction continue

$$1 + \cfrac{1}{2 + \cfrac{1}{2 + \cfrac{1}{2 + \text{etc.}}}}\quad(112).$$

Une semblable fraction, dans laquelle les dénomina‑
teurs sont toujours les mêmes, ou reviennent dans un
certain ordre, se nomme *fraction continue periodique*,
et peut toujours être regardée comme la racine d'une
équation du second degré.

Soit la fraction $a + \cfrac{1}{b + \cfrac{1}{b + \cfrac{1}{b + \text{etc.}}}}$

en la faisant égale à x, on aura

$$x - a = \cfrac{1}{b + \cfrac{1}{b + \cfrac{1}{b + \cfrac{1}{b + \text{etc.}}}}}$$

Le nombre de fractions intégrantes étant illimité, il est
évident qu'on peut substituer encore $x - a$ à l'ensemble
des fractions qui suivent la première, en sorte qu'on aura

$$x - a = \cfrac{1}{b + x - a},$$

d'où il suit

$$x^2 - (2a - b)x + a^2 - ab - 1 = 0,$$

équation de laquelle dépend l'inconnue x, qui repré‑
sente la fraction proposée. En supposant $a = 1$ et $b = 2$,
elle devient

$$x^2 - 2 = 0,$$

et donne

$$x = \sqrt{2};$$

ce qui justifie l'expression indéfinie rapportée plus haut.

Soit encore la fraction continue

$$a + \cfrac{1}{b} + \cfrac{1}{c} + \cfrac{1}{b} + \cfrac{1}{c} + \text{etc.}$$

dont la période embrasse deux fractions intégrantes; on aura dans ce cas

$$x - a = \cfrac{1}{b} + \cfrac{1}{c} + \cfrac{1}{b} + \cfrac{1}{c} + \text{etc.}$$

et on substituera $x - a$ au lieu de toutes les fractions qui suivent la seconde; il viendra

$$x - a = \cfrac{1}{b + \cfrac{1}{c + x - a}},$$

dont on tirera

$$b x^2 - (2ab - bc)x + a^2 b - abc - c = 0.$$

Il est facile d'étendre ce procédé à telle fraction périodique que ce soit.

Réciproquement une équation du second degré étant donnée, on en tirera une fraction continue périodique, en lui appliquant la méthode donnée (*Elém.* 225) pour résoudre les équations par approximation. On trouvera la démonstration de cette même proposition dans les Mémoires de l'Académie de Berlin, ann. 1768, pag. 135, et dans les *Additions à l'Algèbre* d'Euler, pag. 476.

De quelques autres transformations des fractions.

127. On a vu dans le n°. 108 que la fraction continue équivalente au nombre fractionnaire $\frac{A}{B}$ s'obtenoit de la même manière qu'on procède à la recherche du plus grand commun diviseur, c'est-à-dire, en divisant A par B, puis B par le reste C, puis ce premier reste C par le second D, et ainsi de suite. On peut, au lieu de prendre à chaque opération partielle un nouveau dividende et un nouveau diviseur, diviser le premier nombre A par B, puis par le reste C de cette première division, puis par le reste C' de la seconde, et ainsi de suite. On obtiendra d'après ce procédé une espèce de fractions convergentes, remarquées d'abord par Lambert, et traitées depuis par Lagrange dans le volume des *débats* de l'école Normale, et dans le 5ᵉ cahier du journal de l'école Polytechnique.

Si nous faisons successivement

$$A = m\,B + C$$
$$A = n\,C + C'$$
$$A = n'\,C' + C''$$
$$A = n''\,C'' + C'''$$

etc.

nous en déduirons

$$\frac{A}{B} = m + \frac{C}{B}$$

$$C = \frac{A - C'}{n}$$

$$C' = \frac{A - C''}{n'}$$

$$C'' = \frac{A - C'''}{n''}$$

etc.

d'où nous conclurons ces diverses valeurs :

$$\frac{A}{B} = m + \frac{C}{B}$$

$$\frac{A}{B} = m + \frac{A}{Bn} - \frac{C'}{Bn}$$

$$\frac{A}{B} = m + \frac{A}{Bn} - \frac{A}{Bnn'} + \frac{C''}{Bnn'}$$

$$\frac{A}{B} = m + \frac{A}{Bn} - \frac{A}{Bnn'} + \frac{A}{Bnn'n''} - \frac{C'''}{Bnn'n''}$$

etc.

La fraction $\frac{A}{B}$ est ainsi transformée dans une suite convergente ; car il est visible que les quotiens n, n', n'', etc. vont en croissant, tandis que les restes C, C', C'', etc. diminuent sans cesse : on voit de plus que cette série doit s'arrêter toutes les fois que le nombre $\frac{A}{B}$ est rationnel. En effet, la suite des divisions prescrites par le procédé ci-dessus conduit nécessairement à un quotient exact, lorsque A et B sont des nombres entiers, puisque les restes diminuant successivement, on doit finir par en trouver un égal à l'unité quand les nombres A et B sont premiers entre eux.

128. Si nous prenons, au lieu du nombre fractionnaire $\frac{A}{B}$, la fraction proprement dite $\frac{C}{B}$, dans laquelle $C < B$; nous aurons

$$B = nC + C' \qquad \frac{C}{B} = \frac{1}{n} - \frac{C'}{Bn}$$

$$B = n'C' + C'' \quad \text{ou} \quad \frac{C'}{B} = \frac{1}{n'} - \frac{C''}{Bn'}$$

$$B = n''C'' + C''' \qquad \frac{C''}{B} = \frac{1}{n''} - \frac{C'''}{Bn''}$$

etc. \qquad etc.

Q 4

d'où nous tirerons successivement

$$\frac{C}{B} = \frac{1}{n} - \frac{C'}{Bn}$$

$$\frac{C}{B} = \frac{1}{n} - \frac{1}{nn'} + \frac{C'}{Bnn'}$$

$$\frac{C}{B} = \frac{1}{n} - \frac{1}{nn'} + \frac{1}{nn'n''} - \frac{C''}{Bnn'n''}$$

etc.

Toutes les fractions convergentes de ces résultats, excepté la dernière, ont pour numérateur l'unité. Cette dernière donne toujours l'erreur qui résulte de l'ensemble des autres. Il est facile de conclure de-là que ces valeurs

$$\frac{1}{n}, \quad \frac{1}{n} - \frac{1}{nn'}, \quad \frac{1}{n} - \frac{1}{nn'} + \frac{1}{nn'n''}, \quad \text{etc.}$$

sont alternativement plus petites et plus grandes que la fraction $\frac{C}{B}$, en supposant toujours les quotiens n, n', n'', etc. pris comme en arithmétique. Il seroit facile de trouver les modifications qu'apporteroient dans cette conclusion et dans les signes des fractions partielles, des quotiens pris tantôt en excès et tantôt en défaut ; les considérations analogues développées dans le n°. 110 · ous dispensent d'entrer ici dans aucun détail à cet é   rd ; nous nous bornerons à faire remarquer que l'on aura une approximation plus rapide en prenant toujours le quotient au plus près, soit en dessus, soit en-dessous.

Nous ferons encore remarquer que l'on peut obtenir, pour le nombre fractionnaire $\frac{A}{B}$, des expressions semblables aux précédentes, en substituant celles-ci à la place de $\frac{C}{B}$ dans l'équation $A = m + \frac{C}{B}$.

Si l'on applique ce qui vient d'être dit à la fraction $\frac{887}{1103}$, on trouvera

$$\frac{887}{1103} = 1 - \frac{1}{5} + \frac{1}{5.47} - \frac{1}{5.47.50}$$
$$+ \frac{1}{5.47.50.367} - \frac{1}{5.47.50.367.551}$$
$$+ \frac{1}{5.47.50.367.551.1103}.$$

On peut employer aussi ce procédé pour obtenir des valeurs approchées de fractions décimales, en ayant égard à ce qui a été dit au commencement du n°. 112. Si l'on en fait usage pour déduire de la fraction $\frac{141421}{100000}$, des valeurs approchées de $\sqrt{2}$, on trouvera

$$\sqrt{2} = 1 + \frac{1}{2} - \frac{1}{2.5} + \frac{1}{2.5.7} - \text{etc.}$$

En partant de la fraction de laquelle dépend le rapport de la circonférence au diamètre (113), et prenant les quotiens au plus près (110), il vient

$$\frac{circonf.}{diamèt.} = 3 + \frac{1}{7} - \frac{1}{7.113} - \frac{1}{7.113.4739}$$
$$+ \frac{1}{7.113.4739.47051} + \text{etc.}$$

129. On a fait voir dans le n°. 116, qu'en désignant par

$$\frac{A}{A'}, \quad \frac{B}{B'}, \quad \frac{C}{C'}, \quad \frac{D}{D'}, \quad \frac{E}{E'}, \quad \frac{F}{F'}, \quad \text{etc.}$$

la suite des fractions convergentes vers la quantité a, déduites de la fraction continue équivalente à cette quantité, on avoit

$$\frac{B}{B'} - \frac{A}{A'} = \frac{1}{A'B'}$$

$$\frac{C}{C'} - \frac{B}{B'} = -\frac{1}{B'C'}$$

$$\frac{D}{D'} - \frac{C}{C'} = \frac{1}{C'D'}$$

$$\frac{E}{E'} - \frac{D}{D'} = -\frac{1}{D'E'}$$

Il suit naturellement de-là que la quantité a peut être représentée ainsi :

$$a = \frac{A}{A'} + \frac{1}{A'B'}$$

$$a = \frac{A}{A'} + \frac{1}{A'B'} - \frac{1}{B'C'}$$

$$a = \frac{A}{A'} + \frac{1}{A'B'} - \frac{1}{B'C'} + \frac{1}{C'D'}$$

etc.

Ce qui nous offre encore une transformation de l'expression de a en série convergente, finie si a est rationnel, et infinie dans le cas contraire.

Cette dernière transformation est d'autant plus remarquable, qu'Euler en a tiré un moyen de convertir en fraction continue toute série dont les termes sont alternativement positifs et négatifs (*Voyez* le chap. XVIII de l'*Introductio in analysin infinitorum*). Il y est revenu depuis dans le 2e volume de ses *Opuscula analytica* (pag. 138); mais ces recherches sont trop compliquées pour trouver place ici.

130. On peut généraliser la réduction des fractions ordinaires en fractions décimales, en se proposant de convertir une fraction quelconque en une autre d'un dé-

nominateur donné. $\dfrac{C}{B}$ étant la première, et b le dénominateur donné, la seconde aura évidemment pour numérateur le quotient $\dfrac{bC}{B}$ évalué en nombres entiers. Si l'on représente ce quotient par n et le reste par C', on aura exactement

$$\frac{bC}{B} = n + \frac{C'}{B}, \quad \text{d'où} \quad \frac{C}{B} = \frac{n}{b} + \frac{C'}{bB},$$

et poursuivant ces divisions, on arrive à

$$\frac{bC'}{B} = n' + \frac{C''}{B}, \qquad \frac{C'}{B} = \frac{n'}{b} + \frac{C''}{bB},$$

$$\frac{bC''}{B} = n'' + \frac{C'''}{B}, \qquad \frac{C''}{B} = \frac{n''}{b} + \frac{C'''}{bB},$$

résultats desquels on tire

$$\frac{C}{B} = \frac{n}{b} + \frac{C'}{bB}$$

$$\frac{C}{B} = \frac{n}{b} + \frac{n'}{b^2} + \frac{C''}{b^2 B}$$

$$\frac{C}{B} = \frac{n}{b} + \frac{n'}{b^2} + \frac{n''}{b^3} + \frac{C'''}{b^3 B}$$

etc.

L'application des raisonnemens faits en arithmétique sur les fractions décimales, conduit facilement aux conséquences que fournissent les expressions ci-dessus; et les considérations qu'on y a développées dans le n°. 97, montrent en particulier que si la fraction $\dfrac{C}{B}$ est rationnelle, les quotiens n, n', n'', etc. doivent nécessairement avoir des retours périodiques.

131. Les diverses transformations dont nous venons d'exposer succinctement les principes, se déduisent de l'équation

$$C b - B c = \pm D,$$

qu'on obtient en comparant deux fractions $\dfrac{C}{B}$ et $\dfrac{c}{b}$ pour connoître leur différence, dont le numérateur est alors exprimé par D.

1°. Si l'on veut, en supposant le numérateur $c=1$, trouver pour b un nombre entier tel, que la différence D soit la plus petite possible, il est visible qu'il faut faire b égal au quotient du dénominateur B par le numérateur C, et désignant ce quotient par n, on retombe sur l'équation

$$\frac{C}{B} = \frac{1}{n} - \frac{C'}{Bn}$$

trouvée dans le n°. 128. Traitant de même la fraction $\dfrac{C'}{B'}$, et les suivantes, on opérera la transformation indiquée dans ce numéro.

2°. Il est visible qu'en se donnant le dénominateur, on tombe sur la transformation du n°. précédent.

3°. Enfin si, laissant les deux termes de la fraction $\dfrac{c}{b}$ indéterminés, on parvenoit à découvrir la plus petite valeur dont ils sont susceptibles en vertu de l'équation

$$C b - B c = \pm 1,$$

dans laquelle D est le plus petit possible, on reproduiroit, dans un ordre inverse, les fractions convergentes qui résultent de la fraction continue équivalente à $\dfrac{C}{B}$. Cela est évident par les équations

$$B A' - A B' = 1$$
$$C B' - B C' = -1$$
$$D C' - C D' = 1$$
$$E D' - D E' = -1$$
$$\text{etc.}$$

déduites de la comparaison des fractions $\dfrac{A}{A'}$, $\dfrac{B}{B'}$, $\dfrac{C}{C'}$,

$\dfrac{D}{D'}$, etc. dans le n°. 116, car la dernière de ces fractions étant la proposée, l'avant-dernière sera identique avec $\dfrac{c}{b}$: faisant ensuite $c\,b' - b\,c' = \pm 1$, la fraction $\dfrac{c'}{b'}$, déterminée comme $\dfrac{c}{b}$, sera nécessairement l'antépénultième fraction convergente, et ainsi de suite.

C'est sur ces rapprochemens qu'est fondé l'excellent mémoire de Lagrange sur la transformation des fractions; on y trouve les moyens d'obtenir les nombres b, c, b', c'; mais comme il ne contient pas toute la théorie des fractions continues, nous avons cru devoir encore préférer le texe de ses additions à l'Algèbre d'Euler, qui, plus complet, se lie d'ailleurs mieux avec les divers ouvrages où l'on traite des fractions continues. Les lecteurs que cette matière peut intéresser auront à consulter

Les œuvres de Wallis,

Descriptio automati Planetarii, Œuvres d'Huygens,

L'*Introductio in analysin infinitorum*, d'Euler,

Plusieurs mémoires de l'Académie de Pétersbourg (Anciens *Comm.* T. IX, T. XI; nouveaux, T. IX, XI, XVIII, Actes 1779, part. 1re),

Ceux de l'Académie de Berlin (années 1767, 1768, 1769, 1776),

Ceux de l'Académie des Sciences de Paris (ann. 1772, 1re partie),

Le 2e vol. des *Elémens d'Algèbre* d'Euler,

Les *Opuscula analytica* d'Euler,

La *Résolution des Equations numériques* de Lagrange,

La *Théorie des Nombres* de Legendre,

Et enfin le 5e cahier du Journal de l'école Polytechnique.

Notions générales sur l'Analyse indéterminée.

132. Lorsque l'énoncé d'une question fournit moins d'équations que d'inconnues, cette question est indéterminée, parce qu'elle est susceptible d'un nombre infini de solutions. S'il s'agissoit, par exemple, de trouver deux nombres dont la somme fût égale à 10, on auroit l'équation

$$x + y = 10,$$

et quelque valeur qu'on donnât à y, on en trouveroit une pour x; mais en se bornant à ne prendre pour l'une et l'autre de ces inconnues que des nombres entiers positifs, il est évident qu'on ne peut avoir que les neuf solutions suivantes :

$$x = 1, 2, 3, 4, 5, 6, 7, 8, 9,$$
$$x = 9, 8, 7, 6, 5, 4, 3, 2, 1,$$

et les quatre dernières ne doivent pas être regardées comme différentes des quatre premières, puisqu'il suffit de changer x en y pour rendre celles-ci identiques avec les autres.

L'exclusion donnée aux nombres négatifs et fractionnaires ne limite pas toujours le nombre des solutions des problèmes indéterminés; mais il faut souvent recourir à des artifices d'analyse très-remarquables, pour ne tomber jamais que sur des valeurs entières et positives des inconnues.

L'équation du premier degré à deux inconnues peut être représentée par

$$a x + b y = c,$$

a, b, c étant des nombres entiers donnés. Il faut que les deux premiers, a et b, n'aient aucun facteur commun,

à moins que ce facteur ne le soit aussi du troisième, etc.
En effet, si on avoit

$$a = km, \qquad b = kn,$$

il en résulteroit

$$mx + kny = c \quad \text{ou} \quad mx + ny = \frac{c}{k},$$

et il seroit par conséquent impossible que x et y fussent
des nombres entiers, si c n'étoit pas divisible par k.

L'équation $ax + by = c$ ne demande aucune prépa-
ration, lorsque l'un des coefficiens a ou b est égal à
l'unité; car soit $a = 1$, on a sur-le-champ

$$x = c - by,$$

et ne prenant pour y que des nombres entiers, on n'en
trouvera non plus que de tels pour x.

133. Occupons-nous donc du cas général, et supposons que dans l'équation $ax + by = c$, on ait $a < b$.
Soit ma le plus grand des multiples de a que puisse contenir b, en sorte que $b = ma + r$, r étant moindre que a,
il viendra

$$ax + may + ry = c.$$

Faisons $x + my = t$, nous aurons

$$ry + at = c.$$

Si r étoit l'unité, la question seroit résolue, car on auroit
alors les équations

$$x + my = t \quad \text{et} \quad y + at = c,$$

desquelles on tireroit

$$y = c - at, \qquad x = t - my,$$

qui donneroient par conséquent des nombres entiers pour
x et y, en prenant de pareils nombres pour t.

Si r surpasse l'unité, nous aurons, à cause de $r < a$,

$$a = m'r + r',$$

$m'r$ étant le plus grand multiple de r que puisse contenir a; et substituant cette expression dans l'équation $ry + at = c$, nous trouverons

$$ry + m'rt + r't = c \quad \text{ou} \quad r(y + m't) + r't = c;$$

nous ferons $y + m't = u$, ce qui donnera

$$r't + ru = c:$$

nous aurons donc les équations

$$x + my = t, \quad y + m't = u, \quad r't + ru = c,$$

qui, si $r' = 1$, donneront

$$x = t - my, \quad y = u - m't, \quad t = c - ru,$$

et prenant pour u un nombre entier, on en déduira aussi des valeurs de t, de y et de x en nombres entiers.

Si r' surpasse l'unité, il faudra opérer sur la dernière équation $r't + ru = c$, comme sur les précédentes, et puisque r' est $< r$, on aura

$$r = m''r' + r'',$$

$m''r'$ étant le plus grand multiple de r' que puisse contenir r. Par cette expression, l'équation $r't + ru = c$ se changera en

$$r'(t + m''u) + r''u = c;$$

faisant $t + m''u = v$, on aura

$$r''u + r'v = c,$$

et dans le cas où r'' seroit égal à l'unité, il en résulteroit les équations

$$x + my = t, \quad y + m't = u, \quad t + m''u = v, \quad u + r'v = c,$$

dont on tireroit

$$x = t - my, \quad y = u - m't, \quad t = v - m''u, \quad u = c - r'v,$$

valeurs qui seront toujours entières, si v est un nombre entier.

Il est facile de voir que ce procédé conduira nécessairement à une équation dans laquelle l'une des inconnues aura l'unité pour coefficient, car les valeurs de $r, r', r'', \ldots\ldots$ s'obtiennent par la même opération que celle qu'il faudroit faire pour trouver le plus grand commun diviseur des deux nombres b et a, et qui donneroit pour dernier résultat l'unité, puisque ces nombres sont premiers entre eux. En effet, dans la suite des expressions

$$b = ma + r, \quad a = m'r + r', \quad r = m''r' + r'', \quad \text{etc.}$$

r est le reste de la division de b par a, r' celui de la division de a par r, r'' celui de la division de r par r', et ainsi de suite.

134. Proposons-nous cette question : *Quelqu'un qui n'a que des pièces de 5 francs et des pièces de 24 francs se propose de payer une somme de 109 francs : combien doit-il donner des unes et des autres ?*

Soit x le nombre des pièces de 5 fr. y celui des pièces de 24, il viendra

$$5x + 24y = 109 ;$$

on a dans ce cas

$$a = 5, \quad b = 24, \quad c = 109,$$

et on trouve

$$m = 4, \quad r = 4, \quad m' = 1, \quad r' = 1 ;$$

ce qui donne

$$x + 4y = t, \quad y + t = u, \quad t + 4u = 109,$$

d'où l'on déduira

$$x = t - 4y, \quad y = u - t, \quad t = 109 - 4u ;$$

remontant de la valeur de t à celles de y et de x, on trouvera enfin

$$x = 545 - 24u, \quad y = 5u - 109.$$

Pour ne tirer de ces valeurs que des résultats positifs, il faut ne prendre pour u que des nombres tels qu'on ait

$5\,u > 109$ et $24\,u < 545$; ces nombres doivent donc être compris entre $\frac{109}{5}$ et $\frac{545}{24}$, c'est-à-dire 21 et 23; il n'y en a par conséquent qu'un seul, savoir 22. En supposant $u = 22$, on trouve

$$x = 17, \quad y = 1;$$

et en effet, 17 pièces de 5 fr. font 85 fr. qui, ajoutés avec 24, donnent 109. Il est bon de remarquer que la question que nous venons de résoudre revient à *partager le nombre 109 en deux parties, dont l'une soit divisible par 5 et l'autre par 24*. Cet exemple est remarquable en ce que le problême est déterminé et n'a qu'une seule solution, lorsqu'on exclut les nombres fractionnaires et les nombres négatifs. Il n'en seroit pas de même du suivant.

135. *Quelqu'un achète des chevaux et des bœufs; il paie les uns 31 pièces de 5 fr. chaque, et les autres 20; et il se trouve que le prix total des bœufs surpasse de 7 pièces celui des chevaux : combien pouvoit-il y avoir de bœufs et de chevaux ?*

En désignant par x le nombre des bœufs, et par y celui des chevaux, on trouvera

$$20\,x = 31\,y + 7 \quad \text{ou} \quad 20\,x - 31\,y = 7;$$

dans le cas actuel, on a

$$a = 20, \quad b = -31, \quad c = 7,$$

et il en résulte par conséquent

$$m = -1, \quad r = -11, \quad m' = -1, \quad r' = +9, \quad m'' = -1,$$
$$r'' = -2, \quad m''' = -4, \quad r''' = +1 :$$

on fera donc

$$x - v = t, \quad y - t = u, \quad t - u = v, \quad u - 4\,v = w,$$

et il viendra en dernier lieu

$$v - 2\,w = 7,$$

ce qui donne, en remontant aux valeurs de x et de y,

$$v = 7 + 2w, \quad u = 28 + 9w, \quad t = 35 + 11w,$$
$$y = 63 + 20w, \quad x = 98 + 31w.$$

Rien ne limite ici les valeurs de x et celles de y, qui sont positives, lors même qu'on donne à w les valeurs négatives -3, -2, -1; et si on fait successivement

$w = -3$, on trouve $y =$	3,	$x =$	5
$= -2$	$= 23$		$= 36$
$= -1$	$= 43$		$= 67$
$= \ 0$	$= 63$		$= 98$
$= \ 1$	$= 83$		$= 129$
$= \ 2$	$= 103$		$= 160$
$= \ 3$	$= 123$		$= 191$
etc.	etc.		etc.

Les valeurs de y et celles de x font, comme l'on voit, deux progressions par différences; dans la progression relative à y, la différence est égale au coefficient de x, et dans la progression relative à x, la différence est égale au coefficient de y. Il est facile de s'assurer que cette circonstance a toujours lieu; il suffit pour cela de remonter des valeurs générales de v, u, t, (133), à celles de x et de y, qu'on trouvera de la forme

$$x = A + b\,v, \quad y = B + a\,v.$$

136. Si on connoissoit *à priori*, ou qu'on eût trouvé par hasard une solution d'une équation indéterminée, on pourroit en obtenir une infinité d'autres, ainsi qu'il suit : soit $x = \alpha$, $y = \beta$, les deux valeurs données, on aura par l'hypothèse

$$a\,\alpha + b\,\beta = c;$$

retranchant cette équation de la proposée $ax + by = c$, il viendra

$$a(x - \alpha) + b(y - \beta) = 0,$$

d'où on tirera

$$x - \alpha = \frac{b}{a}(\beta - y);$$

mais puisque les nombres a et b sont premiers entre eux, la quantité $\frac{b}{a}(\beta - y)$ ne peut être entière, à moins que $\beta - y$ ne soit un multiple de a, condition qu'on remplira en faisant $\beta - y = p\,a$, p étant un nombre quelconque : par ce moyen, on aura, pour déterminer x et y, les deux équations

$$x - \alpha = b\,p, \qquad \beta - y = p\,a,$$

qui donneront

$$x = \alpha + b\,p, \quad y = \beta - p\,a.$$

Ces expressions prouvent d'une manière très-simple que les valeurs de x et de y doivent former des progressions par différences, telles qu'il a été dit plus haut.

137. La théorie des fractions continues donne aussi la solution immédiate de l'équation $a\,x - b\,y = \pm c$; car si l'on suppose d'abord $c = 1$, que l'on développe la fraction $\frac{a}{b}$ en fraction continue, et qu'on représente par $\frac{m}{n}$ la fraction convergente qui précède la proposée, on aura (116)

$$a\,n - b\,m = \pm 1 ;$$

puis multipliant les deux membres de cette équation par c, on aura

$$a\,c\,n - b\,c\,m = \pm c.$$

Ainsi on pourra prendre $x = c\,n$, $y = c\,m$, on aura de cette manière *deux multiples de* a *et de* b, *qui différeront entre eux de la quantité donnée* $\pm c$.

138. La méthode exposée n°. 133 est générale, et s'applique à quelque nombre d'équations que ce soit. Proposons-nous, par exemple, de *trouver un nombre qui, étant divisé par* 2*, donne pour reste* 1 *; étant divisé par* 3 *,*

donne pour reste 2, et étant divisé par 5, donne pour reste 3. Soit N le nombre cherché, et désignons par x, y, z, les quotiens respectifs qu'il donne lorsqu'il est divisé par 2, par 3 et par 5 : il suit de l'énoncé ci-dessus que

$$N = 2x + 1, \quad N = 3y + 2, \quad N = 5z + 3;$$

ces équations se réduisent immédiatement aux suivantes:

$$2x + 1 = 3y + 2, \quad 3y + 2 = 5z + 3;$$

ou $\qquad 2x - 3y = 1, \quad 3y - 5z = 1.$

On résoudra d'abord la première comme si elle étoit seule, et on trouvera

$$y = 2t - 1, \quad x = 3t - 1;$$

substituant la valeur de y dans la seconde, elle deviendra

$$- 5z + 6t = 4,$$

nouvelle équation qu'il faudra résoudre; on en tirera

$$z - t = u, \quad - 5u + t = 4,$$

et par conséquent

$$t = 5u + 4, \quad z = 6u + 4.$$

En remontant aux valeurs de x et de y, on aura

$$x = 15u + 11, \quad y = 10u + 7, \quad z = 6u + 4,$$

et l'une des équations proposées, $N = 2x + 1$, par exemple, donnera

$$N = 30u + 23.$$

La plus petite valeur que puisse avoir N s'obtient en faisant $u = 0$; il vient alors $N = 23$, nombre qui, étant divisé par 2, par 3 et par 5, donne en effet pour restes 1, 2 et 3.

Cet exemple, quoique fort simple, montre assez comment il faut opérer dans les cas plus compliqués. Le lecteur pourra s'exercer encore sur les deux équations

$$3x + 5y + 7z = 560, \quad 9x + 25y + 49z = 2920,$$

il trouvera, en éliminant z, cette équation

$$12x + 10y = 1000,$$

qu'on simplifie en divisant tous ses termes par 2, et qui donne

$$6x + 5y = 500.$$

Faisant ensuite $x + y = t$, il vient

$$x + 5t = 500, \quad \text{ou} \quad x = 500 - 5t, \quad y = 6t - 500;$$

mettant pour x et pour y ces valeurs dans la première des équations proposées, qui est la plus simple, on aura

$$7z + 15t = 1560 :$$

en résolvant cette dernière, on obtiendra

$$t = 1560 - 7u,$$
$$z = 15u - 3120,$$
$$y = 8860 - 42u,$$
$$x = 35u - 7300,$$

et on n'a que deux solutions entières et positives, savoir celles qui répondent à $u = 209$ et $u = 210$, car u doit être $> \frac{7300}{35}$ et $< \frac{8860}{42}$.

139. Si on avoit une équation à trois inconnues, $ax + by + cz = d$, on passeroit le terme cz dans l'autre membre, et il viendroit

$$ax + by = d - cz;$$

on feroit $d - cz = c'$, et on n'auroit plus à traiter que l'équation $ax + by = c'$. Lorsqu'on seroit parvenu à l'équation dans laquelle l'une des inconnues n'a pour coefficient que l'unité, on remonteroit successivement aux valeurs de x et de y, en substituant $d - cz$ à la place de c'; et en supposant que v fût la dernière des inconnues auxiliaires (133), l'expression de x et de y renfermeroit alors deux nombres entiers, v et z, qu'on pourroit prendre arbitrairement.

Soit $5x + 8y + 7z = 50$; on a, d'après ce qui précède,

$$5x + 8u = 50 - 7z = c',$$

et en faisant $a = 5$, $b = 8$, on trouve

$$m = 1, \quad r = 3, \quad m' = 1, \quad r' = 2, \quad m'' = 1, \quad r'' = 1,$$

ce qui donne

$$x + u = t, \quad u + t = u, \quad t + u = v, \quad u + 2v = c',$$

d'où on tire

$$u = c' - 2v, \ t = 3v - c', \ u = 2c' - 5v, \ x = 8v - 3c',$$

et remettant pour c' sa valeur, on a enfin

$$x = 8v + 21z - 150, \quad y = 100 - 14z - 5v,$$

expressions dans lesquelles on pourra prendre z et v arbitrairement, mais de manière cependant à ne donner pour x et pour u que des valeurs positives.

Nous nous étendrons fort peu sur les problêmes indéterminés qui passent le premier degré, et pour lesquels la difficulté de trouver des solutions, soit entières, soit au moins rationnelles, est beaucoup plus grande que celle d'obtenir des nombres entiers dans les problêmes du premier degré.

140. Occupons-nous premièrement de l'équation

$$u = \frac{a + bx + cx^2 + dx^3 + ex^4 + \text{etc.}}{a' + b'x + c'x^2 + d'x^3 + e'x^4 + \text{etc.}}$$

où l'inconnue u ne se trouve qu'à la première puissance.

Soit $a + bx + cx^2 + dx^3 + ex^4 + \text{etc.} = p$,
$$a' + b'x + c'x^2 + d'x^3 + e'x^4 + \text{etc.} = q;$$
en éliminant x de ces deux dernières équations, on en trouvera une de la forme

$$A + Bp + Cq + D\,p^2 + E\,p\,q + F\,q^2 + \text{etc.} = 0,$$

entre p et q. Mais par l'hypothèse, $y = \dfrac{p}{q}$, ou $p = qy$: substituant cette valeur, l'équation précédente deviendra

$$A + Bqy + Cq + D\,q^2\,y^2 + E\,q^2\,y + F\,q^2 + \text{etc.} = 0 ;$$

tous les termes étant alors divisibles par q, excepté le premier A, il faudra que celui-là le soit aussi, autrement x et y ne pourroient pas avoir des valeurs entières. On cherchera donc tous les diviseurs du nombre A; en les désignant par α, β, γ, etc. et en prenant successivement chacun d'eux pour q, on aura les équations

$$\alpha = a' + b'x + c'x^2 + \text{etc.}$$
$$\beta = a' + b'x + c'x^2 + \text{etc.}$$
$$\text{etc.}$$

desquelles on cherchera les racines entières, et celles de ces racines qui rendront p divisible par q, résoudront la question proposée.

Cette méthode ne s'applique point au cas où le dénominateur q ne contient pas x, et dans lequel ou a

$$y = \frac{a + bx + cx^2 + dx^3 + ex^4 + \text{etc.}}{a'} ;$$

mais si on connoît alors une seule solution de la question proposée, on en trouve sur-le-champ une infinité d'autres; car si la supposition de $x = \alpha$ rend la quantité

$$a + bx + cx^2 + dx^3 + ex^4 + \text{etc.}$$

divisible par a', tous les nombres compris dans la formule $\alpha \pm ma'$ jouiront de la même propriété, puisque, par leur substitution, au lieu de x, la quantité . . . .
$$a + bx + cx^2 + dx^3 + \text{etc. prendra la forme}$$

$$a + b\alpha + c\alpha^2 + d\alpha^3 + \text{etc.} + A\,ma' + B\,m^2\,a'^2 + \text{etc.}$$

et que la partie $a + b\alpha + c\alpha^2 + d\alpha^3 + \text{etc.}$ est divisible par a', d'après l'hypothèse.

Ce qui précède prouve aussi que le problême proposé pourra toujours être résolu par quelqu'un des nombres entiers compris entre $\dfrac{a'}{2}$ et $-\dfrac{a'}{2}$; car si α étoit hors de ces limites, on pourroit prendre m de manière que $\alpha \pm m\,a'$ s'y trouvât compris. S'il tomboit, par exemple, entre $3\,a'$ et $4\,a'$, mais plus près de $3\,a'$ que de $4\,a'$, en prenant $m = -3$, on obtiendroit un résultat moindre que $\dfrac{a'}{1}$. Il suit de-là que pour tomber dans une solution, il suffira d'essayer pour x tous les nombres entiers compris entre $\dfrac{a'}{2}$ et $-\dfrac{a'}{2}$.

141. Proposons-nous, par exemple, de *trouver deux nombres tels, que si on ajoute leur produit à leur somme, on obtienne* 79. Désignons ces nombres par x et par y, l'équation à résoudre sera

$$x + y + xy = 79,$$

et prenant la valeur de y, nous trouverons

$$y = \frac{79 - x}{x + 1} = -\frac{x - 79}{x + 1} = -1 + \frac{80}{x + 1},$$

en faisant la division. Le dernier résultat fait voir que la question proposée sera résolue en prenant pour $x + 1$, les diviseurs de 80, qui sont

$$1, \quad 2, \quad 4, \quad 5, \quad 8, \quad 10, \quad 16, \quad 20, \quad 40, \quad 80,$$

et qui donnent respectivement

$$x = 0, \quad 1, \quad 3, \quad 4, \, 7, \, 9, \, 15, \, 19, \, 39, \, 79,$$
$$y = 79, \, 39, \, 19, \, 15, \, 9, \, 7, \quad 4, \quad 3, \quad 1, \quad 0.$$

142. Proposons-nous encore l'équation

$$a + bx + cy + dx^2 + exy + fy^2 = 0,$$

où les deux inconnues montent au second degré; elle revient à

$$y^2 + \left(\frac{ex+c}{f}\right)y = -\frac{a+bx+dx^2}{f},$$

et donne par conséquent

$$y = -\frac{ex+c}{2f} \pm \frac{\sqrt{(ex+c)^2 - 4f(a+bx+dx^2)}}{2f},$$

ou, ce qui revient au même,

$$2fy + ex + c = \pm \sqrt{(ex+c)^2 - 4f(a+bx+dx^2)}.$$

En développant et ordonnant par rapport à x la quantité soumise au radical, on lui donnera la forme.... $m + nx + px^2$, dans laquelle

$$c^2 - 4af = m, \quad 2ce - 4bf = n, \quad e^2 - 4df = p.$$

Si on ne demande pour x et y que des nombres rationnels, soit entiers, soit fractionnaires, la difficulté du problème se réduira à trouver des valeurs de x, qui rendent la quantité $m + nx + px^2$ égale à un quarré parfait ; et ce quarré étant désigné par t^2, on aura

$$2fy + ex + c = \pm t.$$

Pour obtenir x, résolvons l'équation $m + nx + px^2 = t^2$, nous trouverons

$$x = -\frac{n}{2p} \pm \frac{\sqrt{n^2 - 4mp + 4pt^2}}{2p},$$

ou

$$2px + n = \pm \sqrt{4pt^2 + n^2 - 4pm} ;$$

faisant $4p = A$ et $n^2 - 4pm = B$, nous aurons

$$2px + n = \pm \sqrt{At^2 + B}.$$

Par ce résultat la question est ramenée à déterminer t, de manière que $\sqrt{At^2 + B}$ soit un quarré ; car ce quarré étant u^2, les deux inconnues x et y ne dépendront plus que des équations du premier degré,

$$2fy + ex + c = t, \quad 2px + n = u,$$

dont les coefficiens c, e, f, n et p sont rationnels, ainsi que les quantités t et u.

La détermination de t, par la condition énoncée ci-dessus, ou, ce qui est la même chose, la résolution de l'équation $u = \sqrt{A t^2 + B}$ en nombres rationnels, renferme en général de grandes difficultés. L'un des cas les plus simples a lieu, lorsque A est un quarré ; en représentant ce quarré par α^2, on aura

$$u = \sqrt{\alpha^2 t^2 + B} \, ;$$

et supposant $u = \alpha t + \gamma$, il viendra

$$\alpha t + \gamma = \sqrt{\alpha^2 t^2 + B} \, ;$$

quarrant les deux membres et réduisant, on trouvera

$$2 \gamma \alpha t + \gamma^2 = B,$$

et par conséquent

$$t = \frac{B - \gamma^2}{2 \alpha \gamma} \, ;$$

prenant pour γ un nombre rationnel, t deviendra un nombre rationnel, ainsi que u, et il en sera de même de x et y.

Lorsque B est un quarré représenté par β^2, l'équation proposée se résout encore avec la même facilité que tout-à-l'heure, en supposant $u = v t + \beta$, ce qui donne

$$(v t + \beta)^2 = A t^2 + \beta^2,$$

équation qui se réduit à

$$v^2 t^2 + 2 \beta v t = A t^2,$$

ou en divisant par t, à

$$v^2 t + 2 \beta v = A t,$$

et d'où il résulte

$$t = \frac{2 \beta v}{A - v^2}.$$

Enfin si la quantité $A t^2 + B$ peut être décomposée en

deux facteurs rationnels, $\alpha t + \beta$, $\alpha' t + \beta'$, en sorte qu'on ait

$$(\alpha t + \beta)(\alpha' t + \beta') = A t^2 + B,$$

on fera

$$u = v(\alpha t + \beta);$$

on en déduira

$$v^2(\alpha t + \beta)^2 = (\alpha t + \beta)(\alpha' t + \beta');$$

supprimant le facteur commun $\alpha t + \beta$, on trouvera

$$v^2(\alpha t + \beta) = \alpha' t + \beta' \text{ et } t = \frac{\beta' - \beta v^2}{\alpha v^2 - \alpha}.$$

143. Quand on connoît une valeur rationnelle de t, on peut en déduire facilement une infinité d'autres qui satisfont à l'équation proposée. Pour le prouver, soit α la valeur donnée de t, et β celle de u qui en résulte; on aura

$$\beta = \sqrt{A \alpha^2 + B} \text{ ou } \beta^2 = A \alpha^2 + B:$$

retranchant cette équation de $u^2 = A t^2 + B$, il vient

$$u^2 - \beta^2 = A(t^2 - \alpha^2) \text{ ou } u^2 = A(t^2 - \alpha^2) + \beta^2.$$

Mais si on fait $u = (t - \alpha)v + \beta$, il viendra, après l'élévation au quarré et la substitution dans l'équation précédente,

$$v^2(t - \alpha)^2 + 2\beta v(t - \alpha) = A(t^2 - \alpha^2);$$

divisant tout par $t - \alpha$, on trouvera

$$v^2(t - \alpha) + 2\beta v = A(t + \alpha),$$

d'où on tirera

$$t = \frac{2\beta v - A\alpha - \alpha v^2}{A - v^2},$$

formule qui donnera des nombres rationnels pour t, lorsqu'on en prendra de tels pour v.

144. Il est facile de faire autant d'applications qu'on voudra des formules ci-dessus, c'est pourquoi nous nous bornerons aux deux suivantes : *Trouver deux nombres* x *et* y *, tels que la somme ou la différence de leurs quarrés*

soit égale à un quarré donné β^2. Les équations à résoudre sont

$$y^2 + x^2 = \beta^2, \quad y^2 - x^2 = \beta^2,$$

et conduisent à

$$y = \sqrt{\beta^2 - x^2}, \quad y = \sqrt{\beta^2 + x^2},$$

expressions qui se rapportent immédiatement au second cas du numéro précédent. On fera $y = \nu x - \beta$, ce qui donnera pour l'une

$$(\nu x - \beta)^2 = \beta^2 - x^2,$$

et pour l'autre

$$(\nu x - \beta)^2 = \beta^2 + x^2.$$

En développant ces équations, on tirera de la première

$$x = \frac{2\beta\nu}{\nu^2 + 1},$$

et de la seconde

$$x = \frac{2\beta\nu}{\nu^2 - 1};$$

substituant ces valeurs dans celles de y, on aura

$$y = \frac{\beta(\nu^2 - 1)}{\nu^2 + 1} \quad \text{et} \quad y = \frac{\beta(\nu^2 + 1)}{\nu^2 - 1};$$

assignant ensuite des valeurs rationnelles à β et à ν, on en obtiendra pareillement de telles pour x et pour y.

Si on prend $\beta = 5$, les équations proposées deviendront

$$y^2 + x^2 = 25, \quad y^2 - x^2 = 25;$$

on aura dans la première

$$x = \frac{10\nu}{\nu^2 + 1}, \quad y = \frac{5(\nu^2 - 1)}{\nu^2 + 1};$$

dans la seconde

$$x = \frac{10\nu}{\nu^2 - 1}, \quad y = \frac{5(\nu^2 + 1)}{\nu^2 - 1}.$$

On ne peut supposer $v = 1$, car l'une des expressions
de y donneroit alors $\frac{0}{2}$, et l'autre $\frac{10}{0}$; mais en faisant successivement $v = 2$, $v = 3$, $v = 4$, etc. les solutions de
la première équation seront

$$x = 4, \quad x = 3, \quad x = \tfrac{40}{17}, \quad \text{etc.}$$
$$y = 3, \quad y = 4, \quad y = \tfrac{75}{17}, \quad \text{etc.}$$

et celles de la seconde,

$$x = \tfrac{20}{3}, \quad x = \tfrac{30}{8}, \quad x = \tfrac{40}{13},$$
$$y = \tfrac{25}{3}, \quad y = \tfrac{50}{8}, \quad y = \tfrac{85}{13}.$$

On ne parvient point à des nombres entiers dans cette
dernière, lorsqu'on ne donne que des valeurs entières
à v; mais si on fait $v = \tfrac{1}{2}$, il en résulte

$$x = 12 \quad \text{et} \quad y = 13.$$

Rien n'est plus facile que de résoudre la seconde question en nombres entiers, lorsque β^2 est impair; car la
différence entre le quarré de a et celui de $a + 1$ étant
$2a + 1$, il suffira de poser l'équation

$$2a + 1 = \beta^2,$$

de laquelle on tirera

$$a = \frac{\beta^2 - 1}{2},$$

et prenant $x = a$ et $y = a + 1$, il en résultera

$$y^2 - x^2 = \beta^2.$$

Dans l'exemple proposé, où $\beta^2 = 25$, on trouve

$$a = \tfrac{24}{2} = 12,$$

et par conséquent

$$x = 12 \quad \text{et} \quad y = 13,$$

comme ci-dessus.

Nous ne pousserons pas plus loin la résolution des
équations indéterminées : ceux qui voudront s'appliquer

en particulier à cette branche d'Analyse, pourront consulter les Mémoires de l'Académie de Berlin, année 1769,
et le 2e volume de l'Algèbre d'Euler ; ils y trouveront la
solution complète de l'équation $u = \sqrt{A\,t^2 + B}$, par
Lagrange, et beaucoup d'autres recherches non moins
intéressantes.

145. Les nombres, considérés en eux-mêmes indépendamment de tout système de numération et de toute
question particulière, ont des propriétés très-remarquables ; plusieurs sont relatives à leur divisibilité les uns
par les autres, d'autres à leur décomposition en puissances parfaites. Bachet de Meiziriac, qui commenta le
premier avec succès l'ouvrage que Diophante nous a
laissé sur l'Arithmétique, ou plutôt l'Analyse numérique,
remarqua qu'*un nombre quelconque est toujours ou un
quarré, ou la somme de deux quarrés, ou celle de trois,
ou enfin celle de quatre au plus.*

10, par exemple, est la somme des deux quarrés 1 et 9,

24, celle des trois quarrés, 4, 4 et 16,

39, celle des quatre quarrés, 1, 4, 9 et 25.

Cette proposition fut démontrée ensuite par Fermat,
l'un des plus grands géomètres dont la France s'honore,
et qui enrichit de remarques le commentaire de Bachet ;
mais l'écrit où il se proposoit de réunir les grandes dé-
couvertes qu'il avoit faites sur la théorie des nombres,
ne nous est point parvenu, et la propriété précédente
n'étoit qu'un simple fait prouvé par l'expérience, jusqu'à ce que Lagrange l'eût démontrée en 1770, dans ler
Mémoires de l'Académie de Berlin. Euler a prouvé cette
proposition d'une manière un peu plus simple, dans la
deuxième partie de l'année 1777 des Actes de l'Académie
de Pétersbourg.

De nos jours on a découvert aux nombres premiers la propriété suivante : *Si* n *désigne un nombre premier quelconque, le produit* $1.2.3.....(n-1)$, *augmenté de l'unité, sera divisible par* n.

Par exemple, soit $n = 7$; on a

$$1.2.3....(n-1), = 1.2.3.4.5.6 = 720;$$

en ajoutant l'unité, il vient 721, qui, divisé par 7, donne 103 pour quotient. C'est encore Lagrange qui démontra le premier la vérité de cette proposition (Mémoires de l'Académie de Berlin, année 1771).

Il est bon de remarquer que les propriétés des nombres correspondent à des questions d'analyse indéterminée ; celle que nous avons citée la première revient à prouver que l'équation

$$u^2 + x^2 + y^2 + z^2 = A$$

peut toujours être résolue en nombres entiers, quelque nombre entier que l'on prenne pour A; la seconde propriété suppose que dans l'équation

$$1.2.3......(n-1) + 1 = nx,$$

x est toujours un nombre entier, lorsque n est un nombre premier.

Ces recherches n'ont guère été tentées que par les plus grands géomètres de notre siècle. Ils ont démontré la plupart des propositions dont Fermat ne nous avoit laissé que l'énoncé ; leurs travaux sont consignés dans les recueils des Académies de Paris, de Berlin et de Pétersbourg ; et la *Théorie des Nombres*, publiée en dernier lieu par Legendre, est un Traité complet sur cette matière.

F I N.

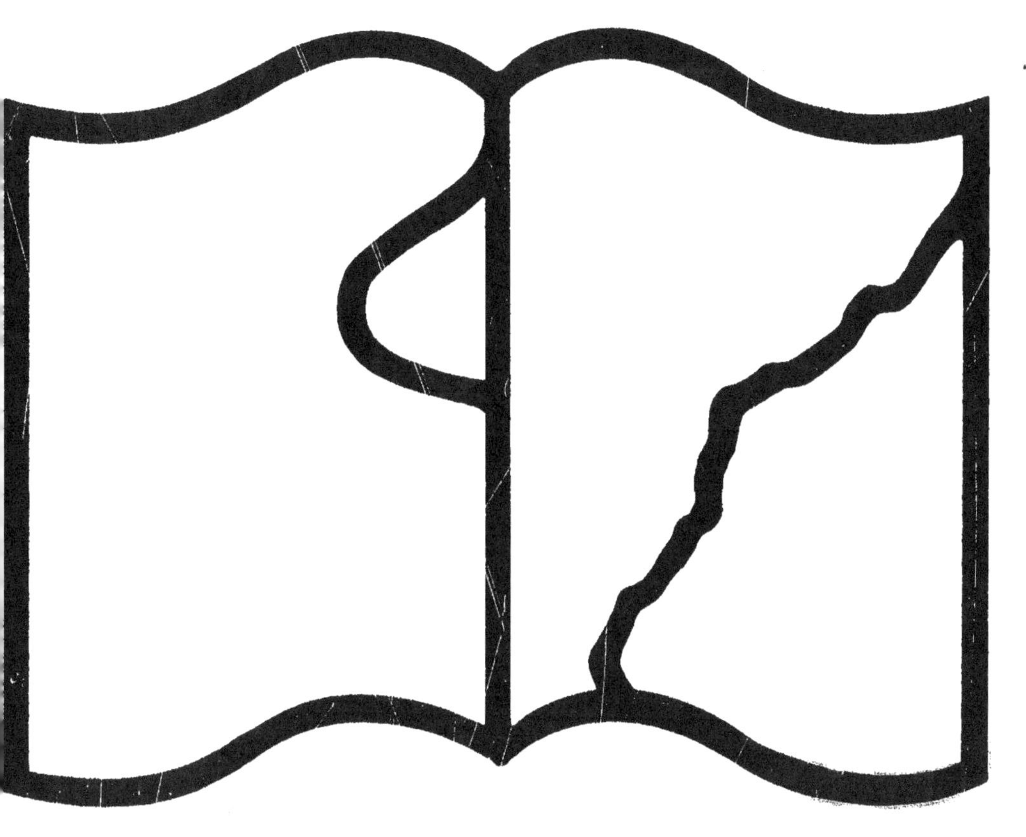

Texte détérioré — reliure défectueuse

NF Z 43-120-11

Contraste insuffisant

NF Z 43-120-14